玉川の文化史

―六玉川の古歌と風土―

玉井建三

創風社出版

はじめに

いつの時代でも、大地に社会生活を営み暮らして、世の中を丸くおさめようとする知恵を、民衆はもっている。とりわけ、知に劣る民衆であっても、自然の心得だけはよく復習して、そこに土着の言葉を工夫して根づかせてきた。山川草木を後景に、雑然とした集合体から、暮らしの場に表情を変える里にしてゆく。そうしたところに、他国人には見えない焦点がかくされている。そこに時代を活き抜く発想もひそむようだ。

地域の文化風土をみると、この自然にそむかない古習のなかに確認できて、人と自然が織りなす、まろやかな生態からうまれてくる。

もっとも、古習への回顧ときちんと処理された発想だけが、民衆の心と技を自由の域に高めて、地域の文化風土を支えてくる。知識欲の旺盛な舞台裏が、そこにひそんでいる。だから、生活文化をさぐる細径が、民衆の知恵として現代にも引き継がれているのである。

それだけに、古人の伝える文化の輪は広くて深い。山野を逍遥する教養のある高貴な人たちのみが編んだ文献だけでは、真の地域の文化風土はみえない。民衆にとって文字なき時代では、文献でのこさない土着のまじめな生活姿勢も、その時代の価値を生む一等資料になりうる。

システム工学者の渡辺茂は文化について「磨き上げられた玉である」と述べている。くらべて、現代の先端技術はどこかギスギスしていて、玉のようなまろやかさに欠けているのではないか。何かと便利なロボットやコンピューターに頼ることの多い今日、乾電池にしても新たな公害源となり、その処理に苦慮するしまつである。最先端の技術といっても、初歩的なミスによって社会の混乱をまねくような仕組みでは、まだまだ玉のような、まろやかな文化に成熟していないという。

天平の色彩感覚やデザインが現代にも通じるというが、それは古の歌謡の世界においても同じで、角をとり化粧をおとした素地の美がひそんでいるからである。自然にそむく体制では、構築された社会秩序に丸くおさまるはずはない。それが創作であっても、つとに自然の意を注いだことで、受容され継承される結果となってくるのである。

また、『万葉集』では三百数十首に玉をちりばめて、歌のまろやかさを一層引き立たせており、角がなく光り輝いて、すべての人に受容されるという、玉本来の思想にも結びつき、歌の世界を超えるような、時代のやわらかさ、まろやかさがある。

本書においては、現代科学の一方法で玉に関する河川名を整理し編んでみた。とりわけ、六玉川が古今を通じて名高いが、その自然と人文、ことに文化風土の面からは、まだ研究が進んでいない。また玉類にしても、玉本来の日本人の思想もひそんでいる。こうしたことから、詩歌や謡曲に語られる日本古来の風姿と合わせて、全国に分布する玉川の文化風土を写真や絵図等を採用しながら整理してまとめてみた。

この小著を上梓しようと思いたったのは以上のような気持ちからである。なお、本書ができるまでに地域伝統文化研究所の諸先生、快く調査に応じて下さった全国各地の市町村役場、図書館、郷土史家の方々に、大変お世話になりました。厚く御礼申し上げます。もちろん、若輩ゆえ未熟なところばかりであるが、大方のご叱正をたまわれば望外の喜びである。

玉川の文化史　—六玉川の古歌と風土—　目次

第Ⅰ章

六玉川の風土

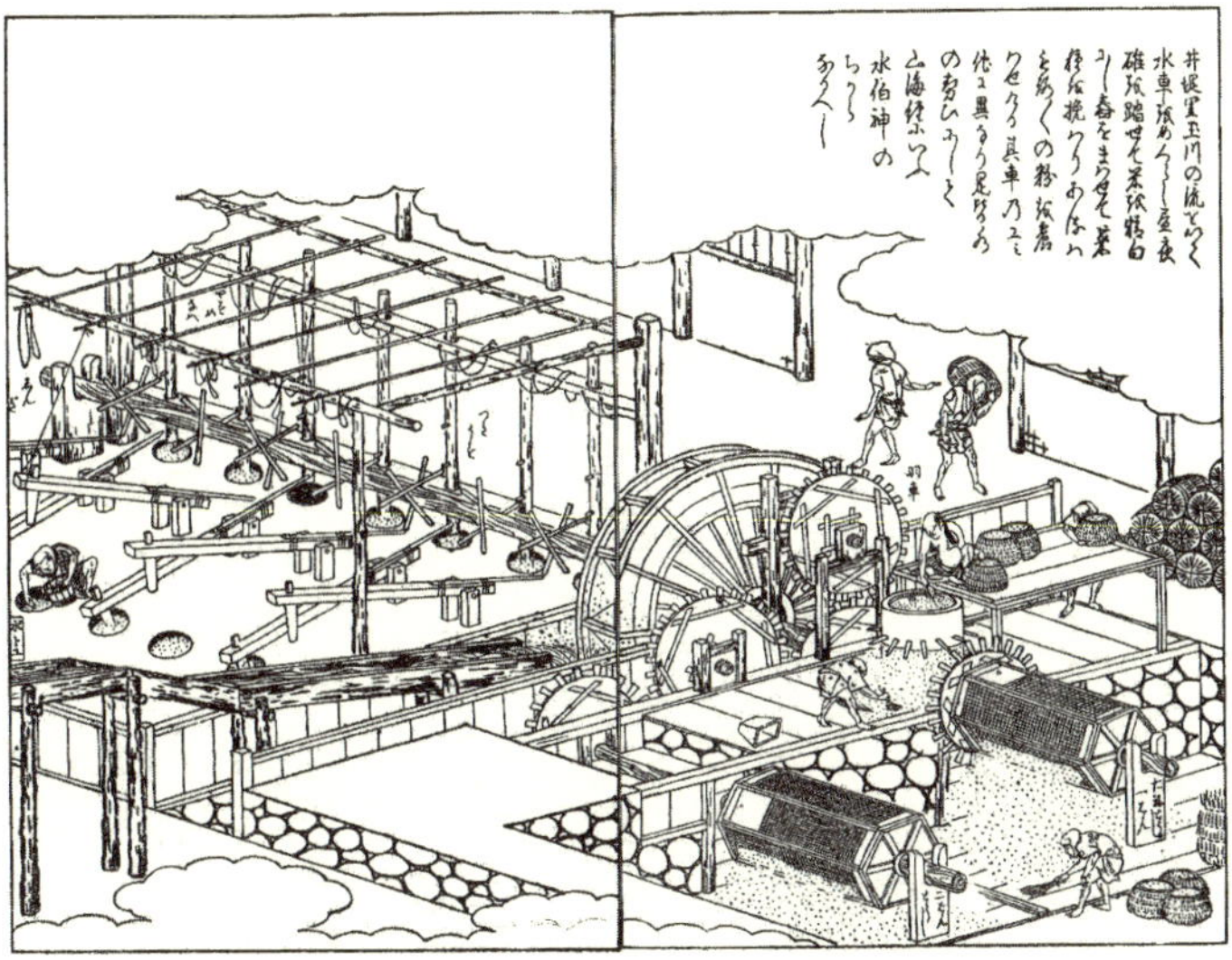

井堤の玉川（拾遺都名所図会）

第一節　六玉川の歌謡と風土

古歌に詠まれ、詩歌や謡曲で語り継がれる六《む》玉川《たまがわ》の流れは、どれをとっても、貴人たちの足跡をのこす川瀬である。この六ヶ所の玉川は、京畿を中心に次の都府県の清流にあてられた流れで、東国の粗野な川面にものこる。六玉川とは、山吹と蛙で知られた井手の玉川（京都府綴喜郡井手町井手）、萩の名所で知られた野路の玉川（滋賀県草津市野路町）、卯の花で知られた三島の玉川（大阪府高槻市玉川、梼衣の玉川ともいう）、東国の布晒しで知られた調布《たつくり》の玉川（東京都調布市から狛江市にかけた多摩川）、桔梗で知られた高野の玉川（和歌山県伊都郡高野町高野山・奥ノ院）、それに奥州の千鳥で知られた野田の玉川（宮城県塩釜市玉川か？）[1]の六ヶ所の玉川である。

このように六玉川の流れは京畿から奥州までの野面に設定されているが、「野田の玉川」については、四ヶ所の候補地が挙げられていて、いまだに場所決定がなされていない。「野田の玉川」の流域設定に関しては節を改めて詳細に述べるが、本節では六ヶ所の玉川の環境を、古の歌人の立場でみつめてみた。

一、井手の玉川

奈良時代の古代官道で、近世の要路であった大和街道の道筋に、井手（井堤・井出）の玉川がある。春季になると堤をソメイヨシノ桜のトンネルで染めて、その後山吹が堤を染める。

駒とめてなおみつかはむ山吹の
はなの露そふ井手の玉川
俊成（新古今集巻二）

蛙鳴く井手の山吹散りにけり
花の盛りにあはましものを
読人不知（古今集巻二）

かつて山吹が河畔に咲き乱れていたこの玉川は、昭和二十八年の水害によって、その面影がなくなってしまったが、その後昔を偲び復活させ、今日においても名所となっている。この山吹の里で知られた

図Ⅰ-1-1　井堤の玉川（都名所図会）

「井手の玉川」は、またカワズの名所でもある。色が黒くカエルよりも小振りで跳ねず、この玉川の水中だけに棲むという、夜になるともの哀れな音色でカジカが鳴き、多くの人びとの心を魅了する詩情豊かな川面である。『五畿内産物図会(2)』にもカワズと山吹が描かれていて、歌詠みの集う故郷をうかがい知ることができる。

また都人たちが「井手の玉川」で、ひそかに美女に逢えるのを期待していたのであろう、古歌や名所図会に描かれている(3)。

ときかへし井手の下帯行めくり
逢瀬嬉しき玉川の水
俊成（玉葉集）

山城の井手の玉水手にむすび
たのみしかひもなき世なりけり
（伊勢物語）

王朝時代の歌人は波うつ畔で乙女との逢瀬を、

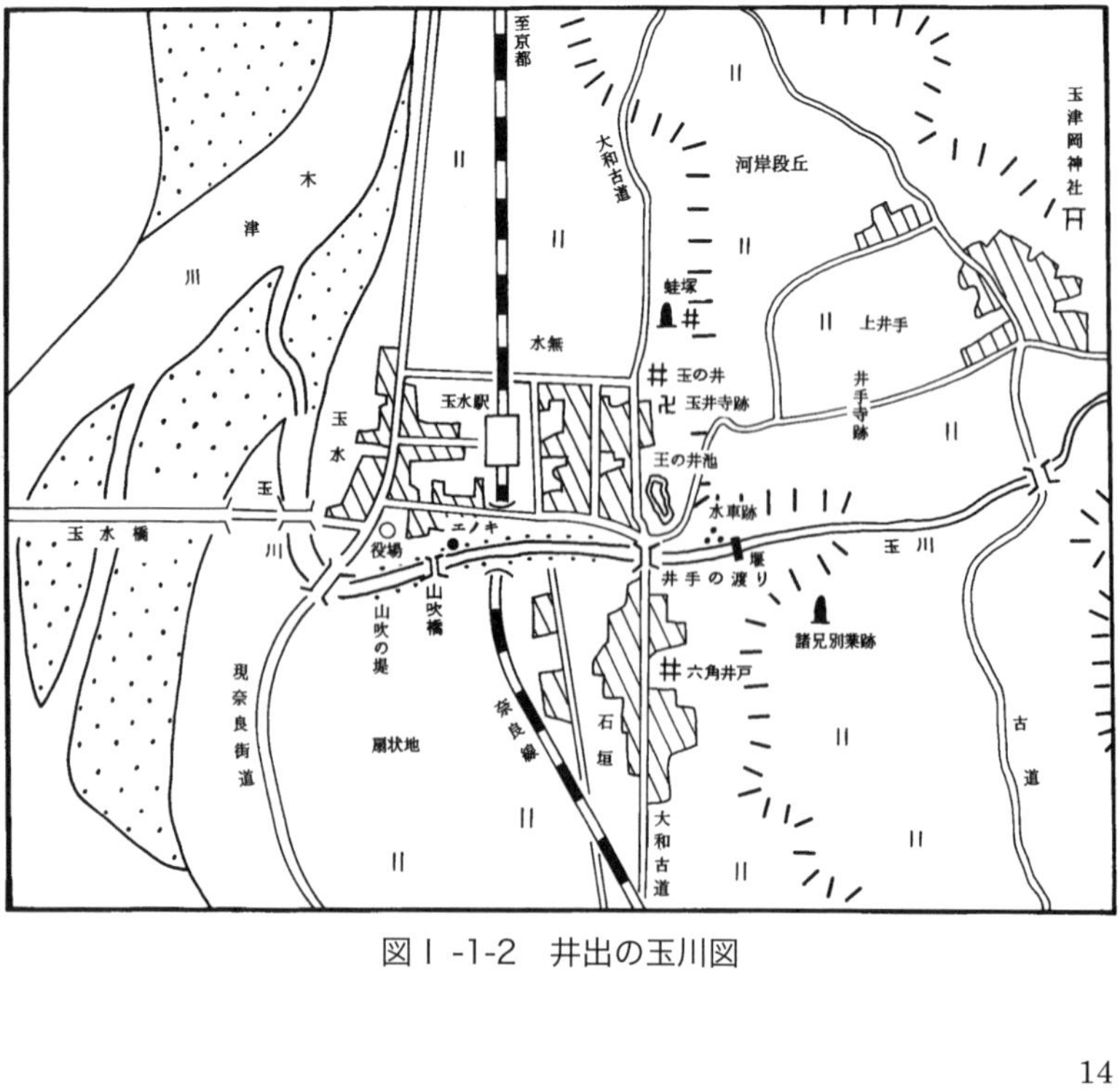

図Ⅰ-1-2　井出の玉川図

きっと迎えにくるからと美女と下帯をとり替える情景や、男女のちぎりの頼りなさのたとえとして、たのみを手飲にかけて嘆く歌までのこる。井手の風土を容れてうたい込んでいるのは『源氏物語』や『大和物語』など諸書にもみえ、平安前期からさかんに詠まれてきた(4)。

山吹の花で染められた故地、それは都人にとってみれば京畿の内でも郊外の、格好の遊里と風雅を偲ぶにふさわしい水面であった。京都と奈良を結ぶ大和街道沿いにあって、井手の渡りは有名で、藤原俊成など、馬をとめて水をやりながら山吹を鑑賞した歌も多く、波のしじまに山吹が映える風情を、時の教養人が回想の遺詠で短文に詰め込んでいる。この山吹は、長い歴史のなかで何度か消長を繰り返しているようであるが、植物や動物の動きや季節の移り変わりに、古人の眼は敏感に感応している。日本人は暮らしのなかに、この自然の変化を知らず知らずのうちに取り入れて、それが暮らしの暦の役割を果たしているのである。

条里の地割と古墳をのこす京郊外の「井手の玉川」の鍬跡は、広くて深い。天平十二年（七四〇）の奈良時代、橘諸兄はこの地に別邸を構え、聖武天皇をお迎えして玉川を取り込んだ宴遊を催している。文人墨客の詩情をさそう井手の風土は、土着の民の生業もまじって、早くから貴人たちの知的媒体だった文字を、歌謡にして古書に遺した。

「井手の玉川」は自然環境のうえからも、扇状地と河岸段丘で構成する地形(5)がもたらす清水の湧く、「平成の名水百選」に選ばれた名水である。その段丘下を清水と関連した史跡の蛙塚、玉の井、玉井寺、玉の井池、井手の渡り、六角井戸と、崖下の大和古道(6)に沿ってのこり、自然の創作する湧水と調和させた舞台づくりがなされている。

そうした玉川を熟知した古の貴人が、歌枕にふさわしい河相を、自然律の形でとらえたところに「井手の玉川」の下地はある。「野路の玉川」にしても同じこと。

二、野路の玉川

野路の宿駅は鎌倉時代、街道筋のなかでも草津（滋賀県草津市）や岡田よりも重要な宿駅として知られていた。草津宿駅が、まだ繁盛をきわめ歴史上に登場する以前のことである。その傍らに「野路の玉川」がある。萩が咲きほこり月影を波間にうつす光景を探り訪ねる古人が、和歌を詠む姿を絵巻物や名所図会に集録している。

草津の昔話に、弘法大師が陸奥行脚のおり、十禅寺川のほとりにさしかかった時、錫杖を大地に刺して、それを抜くと、そこからコンコンと玉のような清水が湧いて小さな池となったという言い伝えが受け継がれている。[7] それが「野路の玉川」である。現在整備された玉川小公園の一角に石碑が建てられている。その碑には、和歌が刻まれていて判読できにくいほど風化が激しいが、そこに平安末期の歌人、源俊頼の歌が萩をしたがえてある。

図Ⅰ-1-3　野路の玉川（東海道名所図会）

あすもこむのぢの玉河はぎこへて
　色なる浪に月やどりけり　　俊頼（千載集）

俊頼のこの歌は『伊勢参宮名所図会』[8]と『近江名所図会』[9]にも載せている。また挿図（表紙カバーの絵図）には、俊頼と思われる者とその従者二名と、蛇行する玉川の清流、咲き乱れる萩、背景の山間からは秋の月が顔を出す風景が描かれている。野路宿辺りは『東関紀行』や『十六夜日記』『春能深山路』が著された十三世紀のころ、衰退の途をたどった時期があったようであるが[10]、その後、近世になっても「水流に沿って咲き乱れる萩はなく、王朝の貴人が愛でた和歌の名所の風情をしのぶすべもなかったようであるが、街道を行く旅人は名所図会に描かれた絵により、往時をしのぶよすがとしたいのであろう。」と『草津市史』第二巻[11]に記されている。

萩の玉川を歌枕に詠みこんだ「野路の玉川」は、滋賀県草津市野路の十禅寺川（玉川）のほとり、草津宿に入る手前の旧東海道筋にある。かつて東海道を行き交う旅びとの喉を潤した川は、名所としての所在を知らせないでいたが、昭和五十二年になって、ハギを添えた歌碑をようやく復元させた。自然が創作する十禅寺川のはこぶ清水と牟札山の湧き水が、美しい流れの玉水となった野面[12]である。

ハギはやさしい花である。萩というだけで人の心を動かす。例えば、庶民の女人が、歌を詠むと聞き伝えて、これはと懐かしむ心に似ているような秋の名草である。

江戸時代の蜀山人が、六玉川を詠んだ六曲一双の屏風のなかにもみえる。

旅人のから尻馬のから綿
　ふみこむ萩の野路の玉川　　蜀山人（大田南畝）

また「野路の秋　わがうしろより　人や来る　蕪村」「萩もはや色なる浪や　夕はらひ　一茶」など江戸の俳諧人もここを訪ねている。

天保二年（一八三一）には湖東勢多庄野路里の白萩山（願林寺）季玉という風流人が「近江国玉川之図並ニ由来」[13]を発刊したことで、玉川を巡遊する文人墨客の案内書となった。そのなかに、馬に水を飲まそうと笏をもって萩原をうがつと、たちまち清水が湧いたので玉川と名づけたとか、草津の民話に、伊勢の五十鈴川に水汲みにでかけた御所の使者が、妻子に会いたいがために偽って、玉川の水を汲んで引き返したというくらい、澄んだ川瀬だったという語りまでのこる。

故事来歴にしても、清水の湧く野で、自然を直視した下地があるが、詩情をそそる民衆のしぐさを、その流れに容れて玉川の故地は歌で流伝する。

三、三島の玉川

大阪府高槻市の「三島の玉川」（「椿衣《とうい》の玉川」「摂津の玉川」ともいう）もまた、「井手の玉川」や「野路の玉

写真１　野路の玉川
（滋賀県草津市野路）

川」のような歌謡や文化風土をひそませている。

みわたせば波のしがらみかけてけり
　卯の花咲ける玉川の里
　　相模（後拾遺集）

まつかぜの音だに秋はさびしきに
　ころもうつ也玉川の里
　　源俊頼（千載集）

卯の花の咲かぬ垣根はなけれども
　名に流れたる玉川の里
　　藤原忠通（金葉集）

卯の花の匂う「三島の玉川」を、平安以降の歌集二十数編におさめられている。歌謡の世界で知られたこの土地柄を、現代風に整備した「玉川の里」の案内板と由来碑が六玉川のひとつであることを伝えている。

玉川の水面を右手にみて、桜堤のトンネルを散策すると高さ二メートルもある「玉川の里」碑に出会

写真２　三島の玉川
（大阪府高槻市）

う。もちろん、卯の花で化粧する心配りも忘れてはいない。さらにその先には芭蕉の句碑「うの花や　くらき柳の　およびごし」(14)（写真2）が、観月台の水鉢をしたがえて、卯の花とともに整備されている。硬石をくりぬいた鉢は名月を観る鉢で、榎の老木をすぎ堤から玉川橋団地へ下る道筋にあったのを移したものである。いまは「観月台跡」の碑をのこすのみだが、中秋の名月に水面にうつす月は阿弥陀三体をあらわすという。

風流人たちの集うここ「三島の玉川」にも、民衆が衣を打って晒す、のどかな生業があった。西面《さいめ》玉川の里保勝会が著した『名所（三島）玉川の里』の国芳の玉川美人画に、「子を背負った美人がムシロの上で衣を打っているのを中心として、玉川の清き流れに衣をさらしている女性、さては右には高下駄を脱いだ美人が着物の裾を掴み、犬がじっと眺めている。左は、高下駄をはいた美人が打ち終わった衣を抱えてゆく姿、……」(15)と、乙女の白い素足が玉川に映える川瀬の情景を描いているが、それは卯の花や観月に決して劣るものではない。むしろ美女のそのしぐさが、歌人の詩情をそそり、玉川の素顔に組み込まれていったように思われる。西面玉川の里保勝会は明治三〇年ころ発足したが、その後幾度となく荒れはて立ち消えになったが、昭和の後半に歌枕の地にふさわしい川面に復活させている。

「井出の玉川」「野路の玉川」などと同様に、花や植物を対象とする詩歌は、季節のうつろいとともに咲く花の姿をみつめ、花のいのちを思う心がなければ生まれてこない。暮らしのなかから、さらに観賞や無常観として、文学のなかに登場してくる。そこに、花や植物に対する日本人の心の原点がある。

四、調布の玉川

粗野な大地の、東国武蔵にも歌枕の玉川がある。京畿とちがって、粗削りの野面であるがゆえに、ひときわ美しくあでやかに光りかがやく玉川である。

万葉の時代から歌に詠みつづられた玉川（多摩川）は、尾花がにあう武蔵野のなかでも、とくに地域風土と照合させるかまえで、都人たちが詩情を織り込んだ創作歌をのこしている。[16] 小田急線和泉多摩川駅から、多摩川の堤に沿って上ると、民家の庭先に玉川万葉歌碑（狛江市中和泉）がある。

玉川にさらす調布《てつくり》さらさらに
何ぞこの児のここだ愛《かな》しき
（万葉集巻十四　東歌）

貢納の布を玉川の玉水で晒す武蔵野で暮らす乙女たち、どうしてこんなにも可愛いのか、砧でうつ女人のしぐさと荒玉川の川面が、千数百年経た現代へもせまってくるようである。清水と水汲みや布晒の美女が調和する光景、それが東国「調布の玉川」に込められている。万葉後に編まれた歌謡の趣にも、隅々にまで

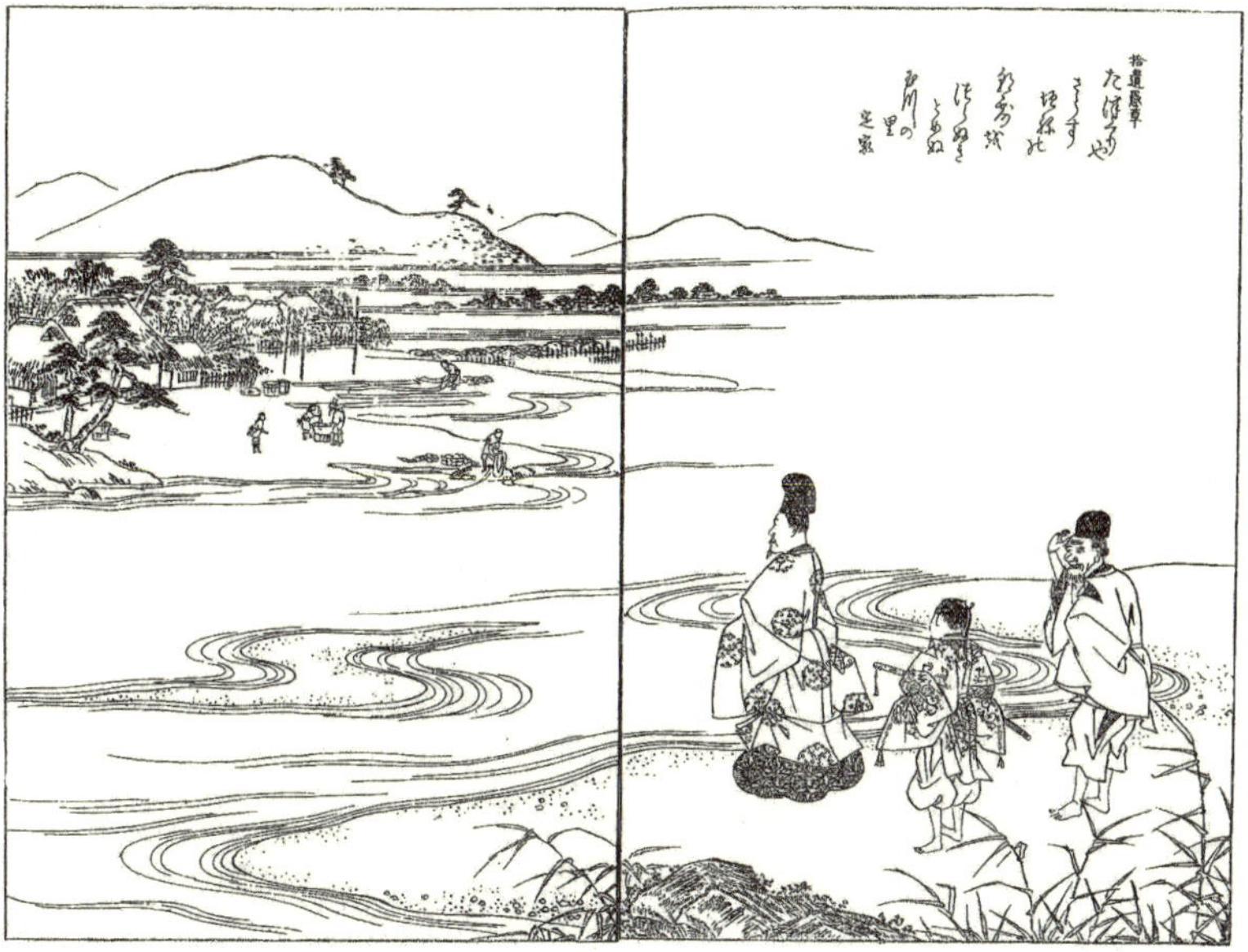

図Ⅰ-1-4　調布の玉川（江戸名所図会）

風土と生業がにじみ出ている。

玉川にさらす手づくりさらさらに
　むかしの人のこひしきやなど　　読人不知

玉河に玉ちるばかりたつ浪を
　妹が手づくりさらすとぞみる　（楫取魚彦歌集）

玉川べりは古代の恋人たちにとって、格好の逢瀬の場所になったが、高度な技術をもった大陸からの帰化人たちの腕を借りて、機業地に仕立てた地域である。(17) 岸辺にのこる田園調布、二子玉川の調布橋、砧、狛江、染地、調布、たづくり橋（調布南高校前）、青梅の調布など多摩川に沿う地名は、高麗人が武州の民衆に機業の工程を指導したその名残である。

高麗人が技術者として指導にあたった当時の玉川の水面は、都民の飲料水にとられてやせ細り、詩情をさそう万葉の景観は影をひそめたようだ。しかし、豊かな地下水脈をあちこちで分断しながらも、玉川に込めた川の歴史は消えうせていない。

京畿の文化圏域の枠組みのなかでも、文字をあやつる教養人たちが、戦いを離れて点景と背景をつけ思索にふける川面が「調布の玉川」である。とくに玉川の風土とかみあう抒情の実相さえ還元でき、歌人たちの研ぎ澄まされた舞台づくりが、ここの玉川にはある。なお、多摩川流域における歴史と風土、それに多摩川流域における玉川流域の設定については、第二節で詳細に述べる。

五、高野の玉川

ところで、室町時代末期の連歌師、里村紹巴《さとむらじょうは》（一六〇二年没）が六玉川を、次のように詠んでいる。（号は臨江斎）

陸千鳥（むつちどり）　武蔵たづくり　近江萩（おうみはぎ）
山城山吹（山城の山吹）　紀毒（紀州高野の毒水）
津卯花（摂津の卯の花）

歌枕に詠まれた六ヶ所のなかで、紀州高野山の玉川は毒水でとらえていて、趣を異にしている。桔梗であればまだしも、空海でさえ毒水を知らせる歌を詠んでいる。

わすれても汲やしつらん旅人の
　　高野のおくの玉川のミつ

「高野の玉川」の水は、圣木塔婆を書き水向地像に供え、玉川の霊水を塔婆に注ぐと先祖の供養になるという。奥ノ院の聖域で弘法大師御廟前、御廟橋の下を流れる霊水、清流であり、橋のたもとに嘉永元年（一八四八）建立の「天保玉川碑」（写真3）がある。それよりも古い慶長十六年（一六一一）に建てられた古碑は、同じ奥ノ院でも参道手前

写真3　高野山奥の院　天保の玉川碑
（和歌山県高野町）

の一の橋を渡った一の坂左奥、羽後佐竹藩墓所横に「慶長玉川碑」、通称「旧玉川歌碑」と呼ばれ残っている。[18]この旧歌碑には「忘てもくミやしつらん旅人の　高野のゝおくの玉川の水」の碑文がある。どちらも弘法大師作としているが、それは後人の作為であって大師の歌でないと『紀伊続風土記』に記されている。山内潤三も両玉川歌碑ともに、同様の見解を記述している（「高野山詩歌句碑攷」『高野山大学論叢』五号一九七〇年頁一四五・頁一七四〜一七五）。また、日野西真定は昔時の玉川が、「旧玉川歌碑」の建つ位置を流れていたことを確認し、「高野山の山岳伝承」（修験道の伝承文化）のなかで、玉川の水が「何らかの信仰的関連があったと考えられる。或いはみそぎの場であったか。」と述べている。さらに、奥の院玉川の水源は慶長年間の古図によれば、毒池の記載があり、仮にこの池が玉川水源だとすると、現在の地形からみると山地裏側に存在することになり疑わしい。この点については、玉川の清水がタブー視されたためと日野西が語る。

『雨月物語』[19]では、毒水であれば何んで玉川という誉めたたえる語を、その流れに容れようか。仏や歌に通じていない人にとっては当然だというのである。そこでは毒水を後人の附会説としている。

玉川を毒水としてとらえるのは、それなりの理由がある。つまり大門から奥ノ院の弘法大師御廟にいたる霊域に、水銀（丹生）鉱床があるからである。松田寿男は「水銀に関する深い知識は、空海がシナから伝えたものと見るべきであって、それが、高野山の経営に、あるいは宗勢の拡張に、ある程度の経済的な役割を演じた」と述べ、聖域全体が水銀鉱床であることを科学的に裏付けている。空海がわざわざ水銀産地に伽藍を建立したのは、水銀が宗教上必要不可欠の資源とみたからである。だから、大塔横の聖域中央には水銀をまつる神社（高野明神）まで配置させているのである。

また、玉川を毒水で詠んだのは、薬用、錬金、染料、塗料など用途のひろい水銀が、当時貴重で珍重されたがゆえで、もちろん水銀は少量であれば薬用になりうるが、飲用すれば有毒である。[20]この水銀（丹生）に関しては

第Ⅳ章第一節で述べる。

六、野田の玉川

粗削りの野面に仕組まれた野田の玉川については、四ヶ所にその故地がある。凍てる奥州の大地に貴人の生活を容れて舞台を構成させている。その四ヶ所の故地とは、福島県いわき市小名浜野田玉川、宮城県塩釜市野田玉川、岩手県野田村玉川、青森県外ヶ浜町野田玉川である。それぞれの玉川では、後世の偽作もあるが次のような古歌が伝えられている。

夕されば汐風こして陸奥の
　野田の玉川千鳥鳴くなり　　能因法師　新古今集

陸奥の野田の玉川見渡せば
　汐風越して氷る月かな　　順徳院　続古今集

来る人もなこその関の呼子鳥
　こいて別るゝ野田の玉川　　藤原俊成　千載集

写真４　西行屋敷
（岩手県野田村）

能因法師などが詠んだ歌や、後に西行法師が訪ねたという竹帛の功をつけて、それぞれの玉川でその風貌を伝承している。四ヶ所の故地において、何世代も前からひそかに準備され磨かれ、あたかも活きた情報かのように伝言されている。しかも共通して語れることは、玉川の流域のなかでも、歌詠みの場所が群山から出た谷口下の玉礫の河床で広く覆われ、伏流する清水の湧く河相の流域にある。彩りもなく飾りもない、それでいて玉水の薫りと緑の繁みに風情があり、貴人たちが叡智を誇らず風にも奢らない姿勢で、土地の風土をくみ上げるに相応しい川面である。ただ歌人たちが自然を観るこの姿勢と立場からでは、中古の昔に仕組まれた四ヶ所の候補地のなかから、その故地を決定づけるには糸口がつかめないが、京畿の文化圏に組み込まれていく奥州の開拓の経緯とその手法に焦点をあててみると、地図を塗り替えるなかに「野田の玉川」を探るてだてがある。古において歌詠みの貴人たちが「野田の玉川」として奥州に設定した玉川流域は、四ヶ所のうちのどの流れに選定していたか。その設定については改めて第三節で述べる。

＊　＊　＊　＊　＊

以上の「井手の玉川」「三島の玉川」「野路の玉川」「高野の玉川」「調布の玉川」「野田の玉川」は、京畿の文化圏域の枠組みのなかでも、文字を自由にあやつる都人などの教養人たちが戦いをはなれて、点景と背景をつけて思索にふける野と川面に六玉川の川瀬がある。古人の季感と玉川の素顔が歌意を体した図柄となって原形のままでやどる。

こうした歌人たちの気持ちには野面で活きる自然の論理だけでは律し切れない、生活のリズムとしての論理が存在する。とくに六玉川の舞台構造には、玉川の風土とかみあう抒情の実相も、歌人たちの川瀬の音を聞く伝統が下地となって磨かれているのである。

自然が創作する川面に、律令国家の機構ができあがり、都人意識の高まりのなかで深い識見をもった歌人たちが、季節のうつろいをこまやかに描き綴ったところに、玉川を命名するのに相応しい姿勢をのぞき見することができる。丹念に探索すればするほど、古人の香気と風貌を「六玉川」は伝えている。

玉川を観る古人の姿勢に、かつて京での華やかな暮らしをいとおしむ、かっこうの野面が玉川にはみられ、また心を癒すだけの風土と歴史を語る環境を兼ね備えていたから、よけい時の教養人たちは玉川を遊里舞台に育てた。玉川の歌謡の多くにはその流れが清らかで、褒めたたえる語義が込められ、飲用にも適した名水であることも玉川の下地にひそませる。

それを語る玉川が神奈川県小田原市石橋の玉川である。歌謡の舞台となるような名高い玉川ではないが、「玉川、西方山間の清水合して一流となり、村（石橋村）北を流れ、幅六七尺、直に海に入、村民等飲水に用ゐる」[21]（新編相模風土記稿　巻之三十一）と記載されているように、円礫の河原を伏流水が流れ、昭和一〇年石橋村の大火以前には、この清水を素焼きの土管で石桶に引水して、それを飲用していた。井戸は寺院と二、三の世帯が所有するのみで、多くの世帯は戦後においても鉄管で引水していたと中島俊雄氏は語る。このように玉川には美称の語彙に加えて、名水であったから、川面で歌を詠まなくとも、自然がつくる流水は決して先を争わない環境がある。河原の礫が研磨されて玉礫に覆われ、河水を浄化し清水を湧かせる玉川は、岡山県高梁市玉川、山梨県北都留郡小菅村玉川、鳥取県倉吉市玉川など、「六玉川」に似た川面の環境をもっている。

引用・参考文献と注

第Ⅰ章　第一節

（1）「野田の玉川」の候補地は次の四ヶ所である。福島県いわき市小名浜野田玉川、宮城県塩釜市野田玉川、岩手県野田村玉川、青森県外ヶ浜町野田玉川。
筆者は財団法人「とうきゅう環境浄化財団」の研究助成を、昭和五十九年から昭和六十一年までうけ巡検調査をおこなった。その研究成果は『武蔵玉川における生活環境に関する地誌学的研究』で報告した。また歴史地理学会「日本の河川における玉の歴史地理」（歴史地理学一三五号　昭和六十一年）愛媛地理学会「六玉川誕生の背景」（平成八年）を発表した。
（2）『五畿内産物図会』山城之部　文化十年
（3）『都名所図会』日本随筆大成刊行会　昭和三年
（4）井手町史編集委員会『日本文学にあらわれた井手町』井手町史シリーズ第二集　昭和五十年　頁一〇〜一三一
（5）井手町史編集委員会編『井手町の自然と遺跡』井手町史シリーズ第一集　昭和四十八年
（6）乾　幸次「井手扇状地における初期庄園と古道」歴史地理学一二七号によると玉川の山麓谷口に「ふみわけ道の名残りをとどめる古道」、崖下の大和古道を「奈良期の古代官道（古北陸道）」、そして木津川よりの沖積低地に「近世の大和街道」が通っていたことを述べている。
（7）中神良太著『草津風土記』平成七年　宮川印刷　頁二一六
中神良太著『草津風土記』平成七年　宮川印刷　頁二二四〜二二五
（8）『伊勢参宮名所図会』日本随筆大成刊行会　昭和二年　頁一〇〇〜一〇一
（9）『近江名所図会』日本名所風俗図会十一近畿の巻Ⅰ　角川書店　昭和五十六年　頁二一七
（10）草津市史編さん委員会『草津市史』第一巻　昭和五十六年　頁五一一〜五一三
（11）草津市史編さん委員会『草津市史』第二巻　昭和五十九年　頁八三四
（12）草津市教育委員会『草津の文化財』昭和五十一年

(13) 中神良太著『近江の浮世絵版画』富士出版　昭和五十五年
(14) 高槻市教育委員会『高槻の史蹟』昭和五十年　三一　玉川の里
(15) 高槻市西面玉川の里保勝会編『名所（三島）玉川の里』昭和五十五年　頁二七
(16) 矢嶋仁吉著『武蔵野の集落』古今書院　昭和二十九年
　　桜井正信著『武蔵野　古寺と古城と泉』有峰書店　昭和四十三年
(17) 桜井正信著『文学と風土　武蔵野』社会思想社　昭和四十三年
　　桜井正信著『歴史と風土　武蔵野』社会思想社　昭和四十一年
(18) 高野の玉川は、現在御廟前の川をあて、ほとりに標柱と天保玉川歌碑がある。しかし筆者が調査（一九八五年と一九九三年）してみると、一の橋を渡り奥の院参道に入るとすぐ参道がわかれ再び合流する場所がある。その左奥に羽後佐竹藩墓所があって、前に旧玉川碑（慶長玉川碑）があった。佐竹藩墓所と筑後久留米有馬家墓所の間、その奥の山口毛利家墓所付近を流れていたと思われる。その経緯について本稿では割愛した。それについては、日野西眞定『高野山民俗誌〔奥の院編〕』佼成出版　平成二年に記されている。
　ただ、図Ⅰ—2—7の河床断面図には、現在の玉川の断面を①で、慶長十六年に建てた旧玉川碑のある場所の自然傾斜面を旧玉川の河床として②で記入した。その①と②の断面を比較しても、極端な相違は認められなかった。
(19)『雨月物語』巻之三　小学館（日本古典文学全集四八）昭和四十八年
(20) 松田寿男著『丹生の研究』早稲田大学出版部　昭和四十五年
　　松田寿男著『古代の朱』学生社　昭和五十年
　　佐藤　任著『空海と錬金術』東京書籍　平成三年
　　宮坂・佐藤著『新版　高野山史』心交社　昭和五十九年
　　市毛　勲著『増補　朱の考古学』雄山閣（考古学選書十二）昭和五十九年
(21)『新編相模風土記稿』巻之三十一

第二節　武蔵多摩川における玉川流域の歴史と風土

江戸時代に、武蔵野の多摩川から江戸の市井に導水された玉川上水は、多摩川の上流の清水ではなく、多摩川の清流域でも、谷口下の玉川から引水した飲料水である。

近代になると、玉川の研磨された河原の砂利を輸送したことから、昭和四〇年代初頭まで、世田谷区の二子玉川から渋谷まで路面を走っていた玉川電車（通称玉電）は、「多摩電」ではなく「玉電」なのである。多摩川は武蔵野の国域でも、まさにオアシス地帯としての舞台構成がなされていたのである。

多摩川は古から、武蔵野のオアシス地帯に、玉川の水面を誕生させ、さらに古人たちの風流の場でもある歌謡の舞台を提供した。また武蔵国府にもほど近く、貴人たちが居を構え、民衆の生業の地にも整え醸成している。そこが古代人の遊んだ「調布の玉川」である。

こうした歴史のなかに登場する「多摩川」と「玉川」は、時に同義に、ある時は異質にとらえられてきた。先学諸氏の文献によっても、この両者はよく混同されながら論じられ、伝承されている場合が多い。そこで、本稿では「多摩川」と「玉川」の流域設定と、それぞれの歴史風土と文化環境、それに河川名の語源について、現代の視点で整理し論理を詰めてみた。この整理は全国に分布する「玉川」名の河川と地名の由来や、「六玉川」の検討資料になりうると考えられるため、詳細に後述する。

一、多摩川流域の風土

多摩川の流れは、昔時から東国武蔵の大地をととのえ、野を育てた大河で荒多摩川であった。源流は奥多摩湖より西の山里を入った山梨県北都留郡丹波山《たばやま》村の深い谷奥で、笠取山の分水から一滴の玉水が落ちる水干にあたる。笠取山の西側はもう笛吹川の源流で、甲斐国中の盆地を創造して、富士川に落ちる川筋にあたる。

水干からの細流は、一之瀬川に落ち、丹波の山里で柳沢川や丹波川、それに後山川と落ち合って、さらに小菅川の支流を引き入れて東流する。これらの山稜を削る細かな侵食

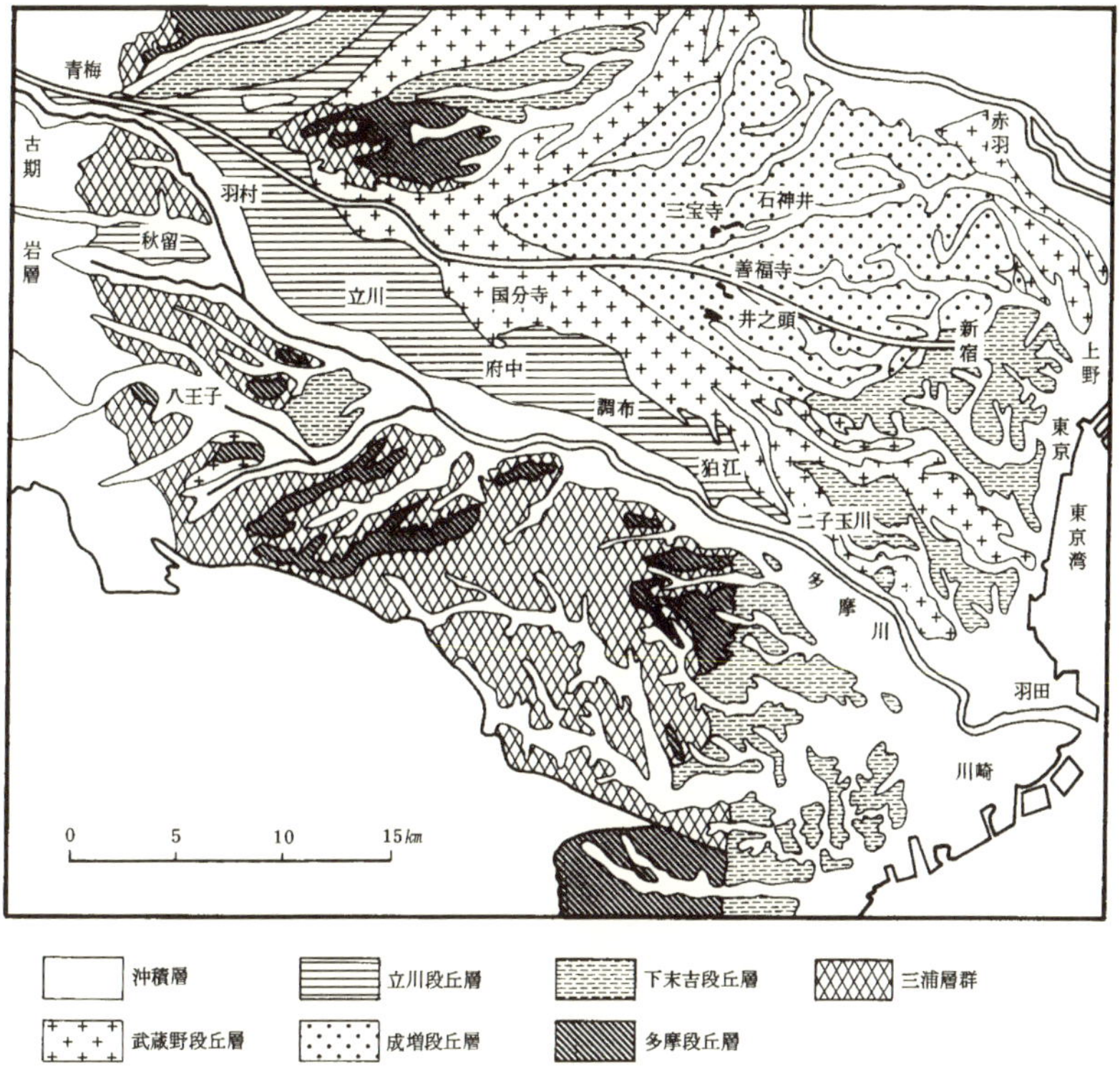

図Ⅰ-2-1　武蔵野の地質（アーバンクボタ7等による）

谷は、江戸の人々を寄せ付けない粗い風土であったことを、踏査して綴った『玉川泝源日記』[1]（天保十三年）が記録している。

奥多摩湖に通じる丹波山村は甲州郡内の文化圏域に属していたことから、険しい尾根を越えて流入する甲斐の文化を武蔵の国域へ伝播させた。この谷筋に沿って甲斐と武蔵を結ぶ古道も通じていたから、よけいに丹波山村は両文化を接触させる役割を果たしてきたことになる。

ただ鳩ノ巣渓谷の数馬《かずま》（図Ⅰ―2―2　中央上）の切り通しが拓かれるまでは、ここが物資や文化交渉の難所であったことから、むしろこの谷筋を避けて、留浦から山嶺の峠道をへて、秋

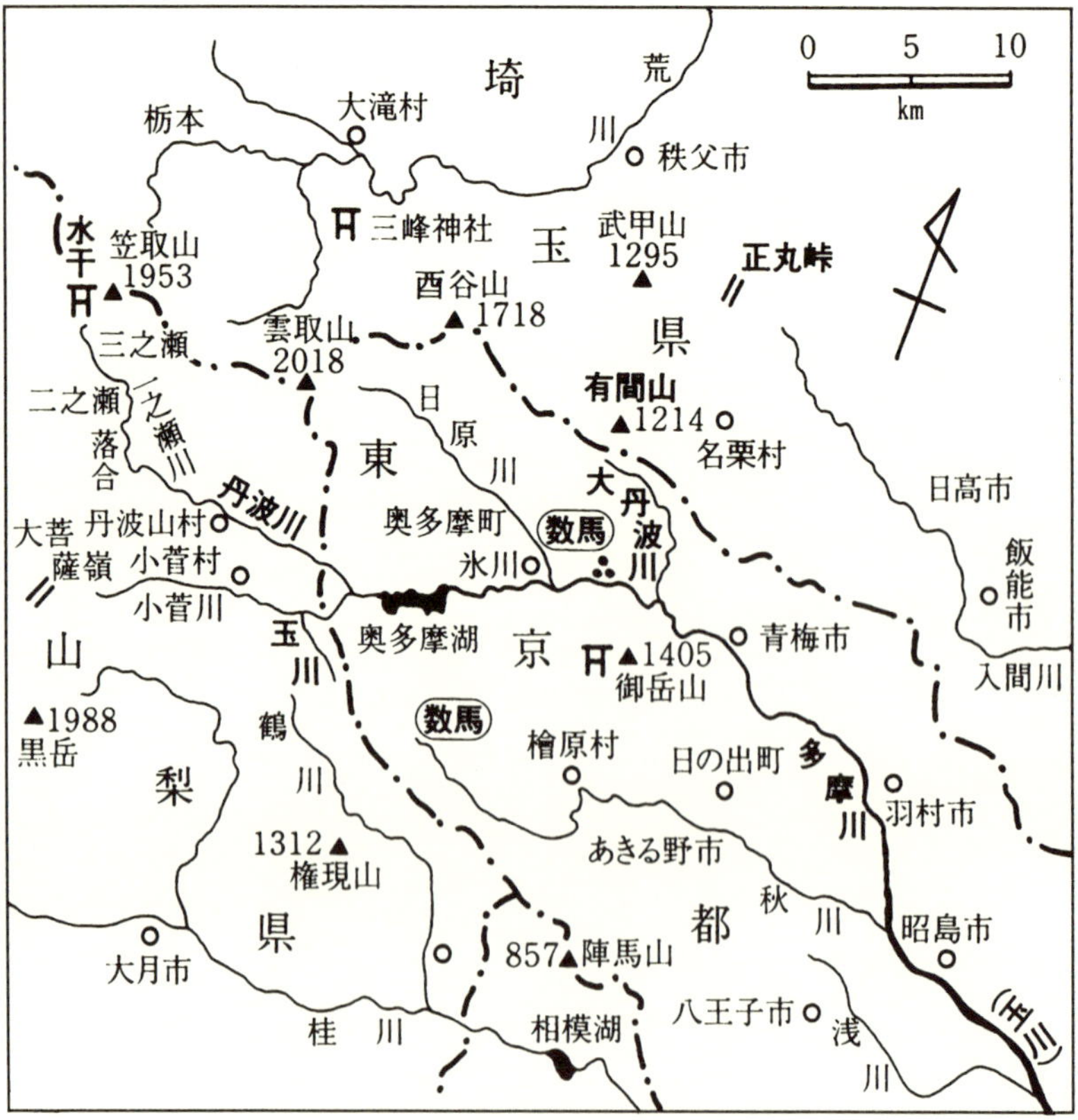

図Ⅰ-2-2　多摩川上流　武甲国境地域図

川渓谷最奥の数馬《かずま》（図Ⅰ―２―２　中央左下、同名の数馬地名が二ヵ所ある。）へ通じる古道に沿って甲斐文化が武蔵野奥へ流入したのである。

流域の地質は、奥多摩湖付近から秩父古生層とよばれ、日本列島の骨組みにあたる硬い地層を露出させている。日本の基盤にあたるこの古層を、多摩川が上流からの激流と侵食礫によって谷を刻み、峡谷を造作している。惣岳渓谷、鳩ノ巣渓谷、御岳渓谷などの深い谷は石灰の岩層が加わって、景勝地をつくりだしている。江戸城の白壁に用いる石灰は、この山肌からとり出されたものである。この石灰焼の窯跡は朽ちかけながらも今にのこる[2]。

石灰は水面を青い清水に変えて、それを清流の代名詞にして伝えられていて、この渓流は素性のちがう水ではなく、奥多摩湖下流の本来の清流で、巨岩に育つ川苔が川魚を育ててきた。

そこはまた、杣人の活躍する渓谷でもある。多摩の奥山から、江戸時代に切り出される材木は大雨のあと、水かさの増す頃に一気に流し、多摩川の本流と落ち合う鳩ノ巣などの渓流で筏に組み、六郷の河口まで流している[3]。皮肉なことに、青梅材の隆盛期になったのが、江戸の大火であった。節の少ない良材は大正のころまで、多摩川の流れにゆられて搬出されていた。いまも川筋には筏道が武蔵野のなかに、河口まで延々とつづく[4]。

いつも水量が変わらない日陰のハケ筋には、多摩川が研磨した丸礫を敷き詰めたワサビ田が彩りをそえる。もともとワサビ田は野生

写真５　天寧寺
（東京都青梅市）

であって、足利時代の中頃、刺身の普及によってその香辛料として使用されるようになったが、とくに江戸期に、寿司や蕎麦が江戸の大衆の口にも入るようになると、辛味が「江戸っ子」の気質にもあって消費が増えてくる。それに伴って、沢や清水の湧く谷奥で育った良質の自生ワサビが出荷されたのである。

またこの川筋は切替畑という、古来からの鍬入れで、暮らしをたててきた山間の古里である。山里の民は自然斜面に火入れをおこなって、蕎麦や粟などの雑穀を育て、山の暮らしをととのえてきた。まさに武蔵野を縁どる杣文化がにおう、山すその粗い土地柄である。

中世においては平家一門の流れをくむ三田氏が領有した谷筋で、関東武士団の実力を世にしめした将門伝説がひそんでいる土地柄である。谷口の青梅に三田氏が創建したという青梅山無量寺院金剛寺は真言宗の古刹で、京都蓮台寺の寛空僧正が開山という。将門もこの古寺を訪れて、梅の枝をさしたところ根づき、実った果実は木枯らしの吹きすさむころまで青く、熟さないので、これが青梅の地名の起源となったという。玉垣で囲まれた境内の白梅を株分けし、多摩川をはさんだ日陰に移植したことが、吉野梅林の来歴になっている。

写真６　勝沼城跡
（東京都青梅市）

将門や三田氏ゆかりの古里は、ほかに塩船観音や天寧寺を背にして三田領の支配体制をかためた勝沼城跡、それに辛垣山一帯の辛垣城跡、更に三田一族の墓がある海禅寺と将門と三田氏の足跡は連綿と活きづく。

この辺りの多摩川流域から下流は乾いた台地状の野面をみせて、多摩川が運んだ土砂を再び侵食して階段状の段丘をのこす。谷口に拓いた青梅はそんな法面上の日向の土地に街をつくり、山里と武蔵の台地との交易で賑わった故郷である。青梅あたりはまだ河床も深いが、そろそろ川幅を増して、急流から穏やかな流れに変わろうとする川面である。

大河の流れが醸成する地形や川面も、谷口下の羽村《はむら》までくると、江戸人が残した玉川上水の堰が河畔にみえてくる。玉川兄弟の開削によって承応二年（一六五三）に完成した羽村から四谷大木戸まで四十二キロメートルの上水の取り入れ口である。水喰土をさけながら三回目の開削[5]で、ようやく完成をみたこの上水は、農業用にも使用されたが、何といっても百万を超える江戸市井の人びとの飲み水を確保してきた。江戸から東京へ、まさに暮らしを支える流れであった。名著『大菩薩峠』を著した中里介山は多摩川を望む羽村の高山にねむるが、実母は玉川兄弟の血縁[6]だという。

多摩川の流れはこの付近で、右岸の丘陵と左岸の台地の間を洗いながら清流を見せるが、戦乱の時代では牛浜、滝

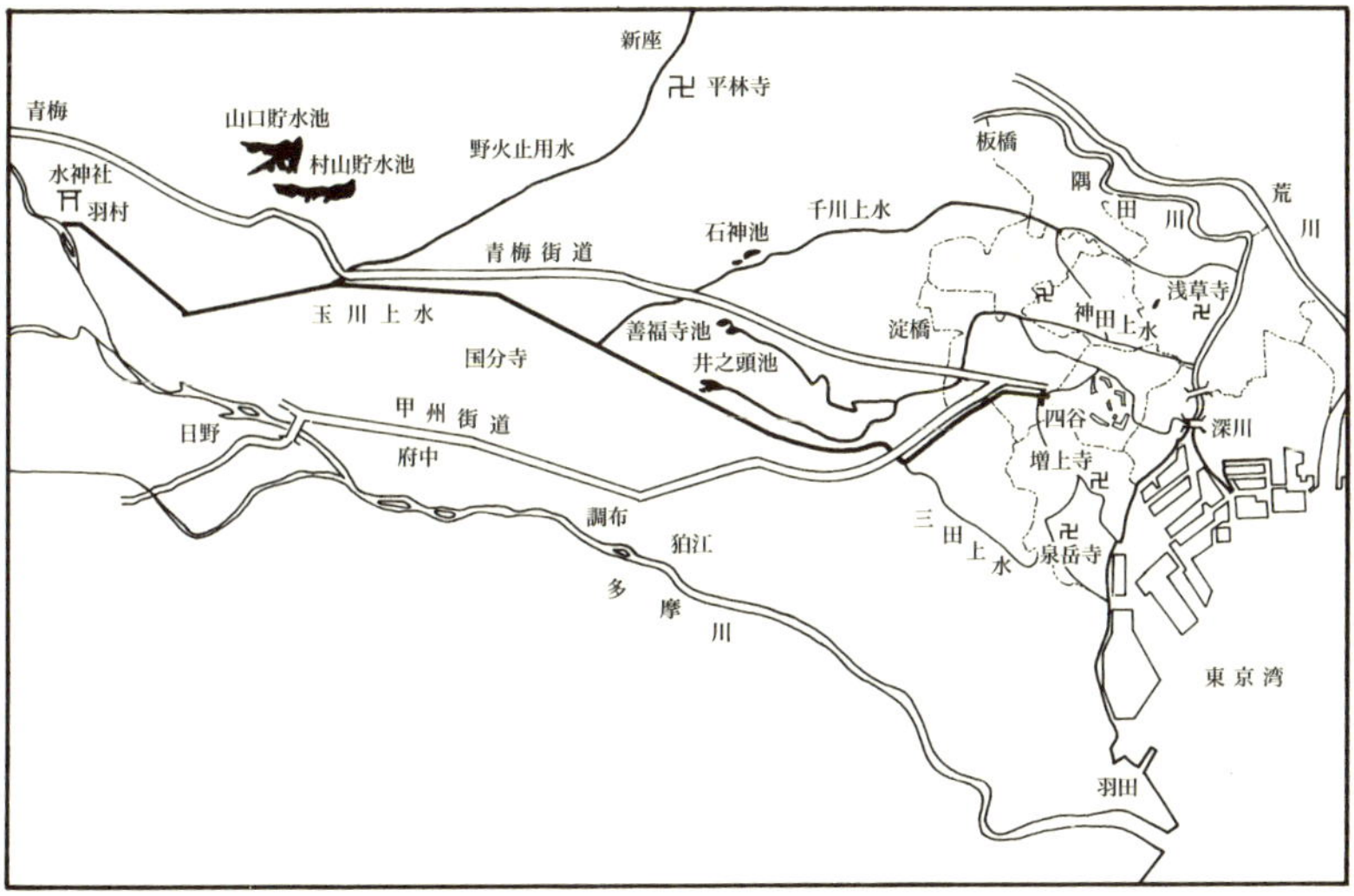

図Ｉ-2-3　玉川上水給水系統図

山、拝島など、多摩川をはさんで決戦の舞台になっていた。新田軍と足利軍の攻防戦が激しかった川原は、秋川や浅川の流れと落ち合って、水量を増し清水の川面をつくっている。いまに残る旧河道との間につくる中洲が、戦いの舞台となった河原である。府中や調布からみる、川向こうの丘陵を「多摩の横山」とよび『万葉集』東歌に、次のように詠まれている。

赤駒を山野に放し捕りかにて
多摩の横山徒歩ゆか遣らむ　（巻二十）[7]

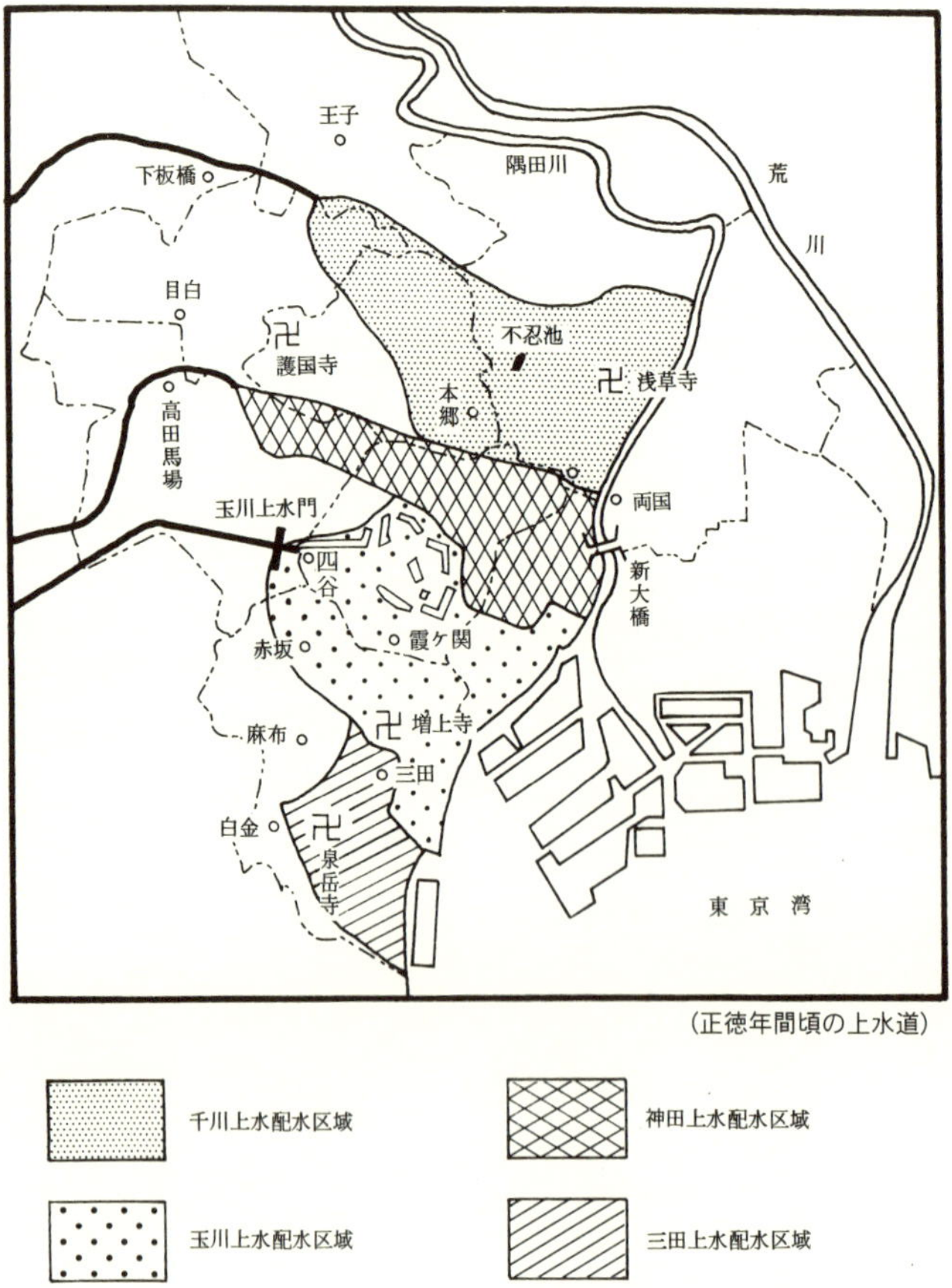

図Ⅰ-2-4　玉川上水給水区域

天平七年（七五三）の防人交替のとき、防人の妻黒女が詠んだ歌である。武蔵野の南はずれ、多摩の横山の古道を歩いて行かせなければならない、妻の切実さがうかがえる。そこには東国特有の歴史や訛りが、多摩川の川面に沿って活きづいている。

鎌倉古道が通る府中や調布は武蔵野文化を育てた中枢の地で、国府や高麗人の業がのこっている。古代武蔵野の文化がここを中心に拓かれた(8)のは、多摩川の清流と台地端から湧く清水が育てたからである。古戦場や古歌の里、武蔵野文化の吹き溜まりのように古碑が並ぶ史跡をたどると、まさにそこには、多摩川の玉水がもたらせた文化(9)がひそんでいる。

日野の渡津辺りから下流は、多摩川でも玉川の流れに変わる水面になってくる。玉川は多摩川の伏流水が地表に顔を出す流域で、二子玉川から六郷川に川名が変わる丸子玉川まで続く。多摩川のなかでも、玉川の流域範囲は貝塚や古墳も多く、先人の居住選定の知恵が自然に逆らわないかまえで確認できる流域であることを語りかけている。丸子玉川を過ぎると、多摩川の流れは水量を増して穏やかに流れ、潮の香りもただよう河口の風情になってくる。丸子の渡し付近は、多摩川河口の低湿地で、一般に六郷（六合）や水郷と呼ぶ古習にあわせて六郷川に川名が変化する。羽田の在ではいまでも多摩川ではなく、六郷川の川名で呼ばれている。

笠取山の水干から河口の六郷へ、およそ千八百メートルの落差で落ちる流れは武蔵野の台地を醸成して、武蔵人の活躍の舞台を提供(10)した。まさに多摩川の一滴の玉水が、武蔵野を組成する原点となったのである。

二、多摩地名の語源と由来

多摩川は武蔵野をそだてた協力者というよりも、東国特有の文化が根づくだけの活躍舞台を提供してきた主体者である。それについて歴史、民俗、地理、経済史学などの研究者に加えて、地質、陸水、河川工学など科学者も加わって、流域の履歴を掘り起こそうと今でも調査研究に余念がない。

川名の多摩川については、諸書に記録する多摩、多磨、多麻、丹波、丹婆、太婆、玉などの文字を、それぞれの時代の表意と表音に歴史風土を加えて分析を試みている。多摩川の「タマ」とはどのような起源をもつ河川名なのか、先学諸氏がその由来について論考しているが、未だこれといった明快な解答は得られていない。

『万葉集』[11]に詠まれた「多麻河泊爾左良須立豆久利左良左良爾奈仁曽許能児能己許太可奈之伎」（写真7）は大陸から渡来したコマの技術者が、調（貢物）の麻布を織り、それを丸礫が覆う河原で晒す故郷の乙女が、「こんなにもたまらなく可愛いのか」と、故郷の生活や風情を古歌につけている。玉川は上流から押し出され研磨された玉礫が河原を覆い、河水が砂礫の浄化作用によって「タマ」のように澄んだ河川とも、また丹

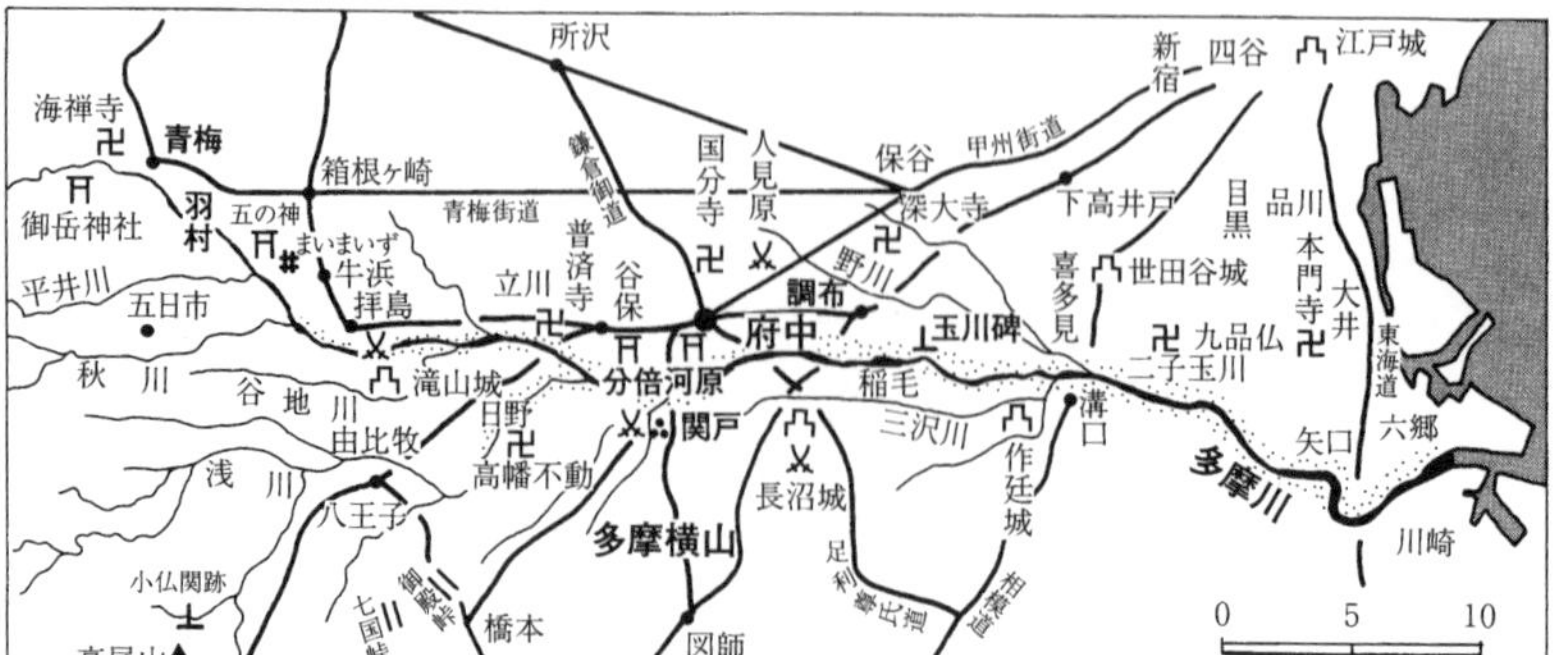

図Ｉ-2-5　武蔵国府周辺の古道と史跡

波川からの急流を下る河川が、谷壁を侵食した土砂を伴って小河内《おごうち》下の渓谷で角礫が研磨されることから玉川だともいう。

もっとも、タワ、タバ、タオ、ダオが峠を意味している[12][13]ことから考えると、丹波《たば》川は河川の水源の場所で、峠とも分水嶺ともとれる。地名学者の松尾俊郎は「峠集落には田尾、太輪、太和などの名がしばしばみられるが、これはトウゲの語源が撓む。たおるからきたという説を裏書きするもので、つまり山頂のたわんだ所がトウゲである。そしてタワ越えがトウゲとなった[14]」とのべ、峠説を主張している。また山口恵一郎は「ダバはタバと同義で、それはまたタマとも関連して類縁の地名[15]」としてとらえ、山里のわずかな平坦面を指すことを指摘している。武蔵野の多摩川について山口は「多摩は多磨、多麻、多万、田間、田万、玉など、幾様にも書かれ、意味の解釈もまた多様に説明されているがタバと同義だとするのが、その筋では通説[16]」と論考している。

古文献から多摩川に関する地名をさぐってみると、初見は『日本書紀[17]』の多永屯倉である。多永については先学諸氏によって意見が分かれ定説はない。『倭名抄』には「武蔵国府在二多摩郡一訓二太婆一」と載せて、多磨で記しているが太婆と訓んでいる。つまりタバ、タワ、タオから誕生した地名なのか、確証はない。『新編武蔵風土記稿[18]』には「新編信濃国イザルガ獄ヨリ湧出シ、甲斐国都留郡丹波山村ヲ過テ丹波川ト唱ス。此下多磨郡三田領マテオタバ川ト唱フルハ全ク里人ノ横ナマリテイヘル如クオモハレタリ、村名ニナッテ是ヲ正トシルハ非ナルヘシ」と丹波の文字で記している文献もある。

写真7　玉川万葉歌碑
（東京都狛江市）

『武蔵名勝図会』[19]には「西より東へ漲流する大河を、古く多波川と称し、中古以来は多磨川と唱附は、名水有を以て、古へより郡の名に取て、土俗多波郡と唱へけり或は郡中三田領のうちに、大丹波小丹波という村里もあれは、郡名の唱へは、是よりおこれりともいひ、又は多磨川の水源、甲州都留郡丹波山より流来ゆへ、住古より丹波川と唱へ、今に至りても、三田領迄の奥山を、土人多波入など共呼、又川の名も多波川と唱ふ」とある。また『江戸名所図会』も「この川は武甲の境丹波山に発し、多摩郡の丹波村に添えて流るるゆゑに、多波川とはいひたるなり」と、名勝図会と同様に丹波でとらえている。

いずれにしても、昔時からの文献では、丹波、多摩、丹婆、太婆の文字を当てていたことに変わりはない。ただその音となると、『倭名抄』は勿論、『江戸名所図会』[20]に引用されている鎌倉期の、『日蓮上人註画賛』や『北条家分限帳』にも多婆・田波で記載されていて、いずれもタバ、タワと読まれることが一般的だったように思われる。『丹後国風土記』[21]にいう、丹波《たんば》のタニハも、タバなどと同じ立場をとっている場合がある。丹波国は京畿の雨水を日本海と太平洋に分ける土地柄を、丹波の語源に意味含ませている。同様に丹波山村の丹波にも、多摩川水系と富士川水系に分水する土地柄で、ひいては分水の山稜を越える峠にも結びつく。急峻な山間部のなかでも、緩やかな地形で、わずかな平坦地をよくタネ、タナの地名で山里にのこることに由来する。多摩川源流も広義にはタバ、タワと関係があり、稜線に沿って緩やかな山肌がつづく。種とか棚の付く地名にその証がある。

次に峠の文字であるが、もちろん大和言葉の国字である。山国日本の地図をひもとくと五百を超える峠がある。名峠のほか、忘れさられた峠を含めると、古里のまわりに多くひそんでいて、その数計り知れない。ただ名峠は山国に集中するが、造語である以上、中央政庁からの文化が影響する圏域内においてのみ地名で記されていることになる。そのため、その圏域外の沖縄県には峠の文字がなく、琉球文化には受容されなかった。代わって郷土語のヒラ[22]（大和言葉の峠と同義）をあてている。当然、蝦夷においても峠は存在しなかった。

国字の峠を意味する語には垰、乢、屹、嵶などローカル語としての文字を「峠」の代わりにあて、タワ、タオと読むことが多い。ことに中国山地の故郷には多尾、田和などが固執するかのように集中している。[23] 山地の峰みねの間の緩やかな曲線を、「たわる曲線」で伝言されるごとく、タワッた場所を漢字が輸入される以前からそう呼び、それがローカル語となって受け入れられ、消滅しないで土地に記録[24]されてきた。このタワッた場所を越えることから、タワゴエであり、それが後年訛ってトーゲとなった説がある。

トーゲにはもうひとつ、手向《たむけ》にそのルーツがあるともいう。起伏に富んだ古道を上下するタワゴエの場所には、きまって生活にけじめをつけ、旅の安全を祈願する峠の神が祀られた。[25] 旅びとはあえぎながらも、つま先あがりの坂道に脚をいれ、道中で手折った草花をトーゲの神に手向ける古習が各地の村里にひそんでいるごとく、このタムケが訛ってトーゲとなったという。たとえば出羽の修験道場で知られる羽黒山門前に、手向（とうげ）の集落がある。手向の古里は古道そのままの道幅で、宿坊の甍がつづく。「手向」は一般にはタムケであって、トーゲとは読ませていない。庄内地方の山麓に拓かれたこの里を引き合いにして、神にタムケる姿勢から転訛したのが、トーゲだと論考する説[26]もある。現代の廻り旅の観光客では、手向地名はまず読めないと出羽の里のひとはいう。

ともあれ、多摩川と丹波川に関する研究上の基本的立場について、こうした網かけのなかで論究されてきた。しかし玉川の「タマ」と

写真８　羽黒山手向の門前集落
（山形県鶴岡市羽黒町）

なると、先学が論じてきた多摩川や丹波川の転訛といった内容と、大分異なっているように思える。

とくに多摩川水系における玉川をタワ、タオなどの転訛ということで、川名の由来を解すことは、大きな過ちをおかすのではないか。そこにはタワ、タオでは解せない、古人の生業と河相が時代を超えて、現代の河畔の経歴となってひそんでいるのである。わが国の河川が上中下流域で、それぞれ異なる川名を付すのと同じに、玉川の流域範囲は多摩川のなかでも、中流の特定水域に限られていたと思われる。それは全国各地にみられる玉川をみても、タワ、タオの語源からでは確認できない。他の糸口からでなければ論じられない面がある。

本流とよばれる河川の上流と下流とでは、河水の味も水音も、また人びとの生業にしても、決して同質ではない。それぞれの川面に合わせた暮らしと河相が調和して、現代まで降りてきたから、玉川にはタバで解せない独自の河相があった。こうした観点から、武蔵国域を流れる玉川の流域を文化誌的にとらえ、多摩川における玉川の流域設定にせまってみたい。それについては、古の風土や土着の伝承・古文献等によって、後述し論を詰めていく。

三、武甲境域における多摩川の歴史と風土

武蔵野の山里は、野武士の育つ土地柄である。東国という活動舞台がまだ整わない中古には、中央政庁の指導で、地方行政府が府中におかれ、長官国司が中央から派遣されて国土の整備にとりかかった。それには彼らが地方豪族たちの崇拝する古社を合祀してたばね、さらに京畿から持ち込んだ仏教思想を浸透させることで、豪族たちをしずめていった。府中の大国魂神社と、野川の沢奥に七堂伽藍の国分寺を建立したのは、まさに政治の道に宗教の道をつけて、整備させたことを語っている。

奈良から平安の時代となると、軍戦に参加させるために、こうした豪族から防人を多く排出させている。また、奥州の反政府軍との戦いにもかりだされるから、一族は常に武装訓練を怠らず、粗野な大地を拓くかたわら結束を固め、領地を守るための武技を練ることにもつとめた。

こうした武士団のなかには、中央の血筋をくむ行政官が土着した箕田源氏や村岡平家の名門一族も誕生したが、平安から鎌倉初期にかけては、その一族のみでは治安が維持できなく、武蔵野の各地で台頭する地方豪族の力を借りるようになってくる。加えて奈良時代から関東の野に送り込まれ帰化した、大陸や朝鮮半島の一族も実力を発揮している。

武蔵野武士の中心勢力は、平家一門の系譜につながる秩父系の一族からでた川越、川崎、吾野、小林、師岡、江戸、豊島、葛西、小山田の諸氏で、一族の領有地は奥武蔵から南部や東部の武蔵野に広がり、中世武門社会に活躍し指導権を握っている。東京の背景になる武蔵野においては、平家一族の活躍をみる舞台裏(27)がのこる。

昔時の青梅周辺は関東武士団のうち、平家の流れをくむ三田氏が治めていた。そのため奥多摩には平家一族の将門の遺跡が多い。関東の豪族として国司や地方官と対決し、関東武士の実力をしめした将門の思想は、その一族を育てた武蔵野にも及んでいる。ことに東京武士団の先祖には平家一門の流れをくむ者が多く、畠山、江戸、豊島、葛西、師岡、三田氏などが武蔵野の各地で活躍した。これらの実力者が、一族の代表者を祀る将門を持ち出し、藤原政権に対抗して関東の良民の重税を救済した将門と同じ立場をとったということが、将門を崇める歴史をつくり、将門遺跡ともいわれるものを関東の各地につくりだしたのである。

奥多摩の谷間でも、平家一族の末裔の三田氏が領有したところに、将門の遺跡が数多くみられる。

奥多摩の大地は中世から近世まで杣保といわれたが、これは相馬保と同じ将門一族、平家一門の三田一族が栄えたことによる。そのためこの地域は、歴史のうえからは奥多摩ではなく、三田氏一族の治めた三田谷と長くよばれている。将門の遺跡もじつは三田一族がつくったものと考えると奥多摩の将門は、そのまま三田一族の活躍の地に活きている。

また徳川が江戸に入部するまでは鳩ノ巣より上流の数馬《かずま》の峡谷を境に、西〔多摩川上流域〕は三浦氏系杉田氏一族、東〔下流域〕に三田氏一族の杣武士が支配していた。ともに平氏系に属していて、将門の血筋を伝えている。杉田氏一族は、三浦半島から相模に勢力を持っていた三浦氏一族で、小河内周辺を領有していた名族である。

写真９　数馬の切り通し
（東京都奥多摩町）

数馬〔図Ⅰ―2―2　中央上〕を境にその奥には甲斐の文化が入り込み、武蔵野の三田一族の文化は数馬止まりであった。[28] それというのも、鳩ノ巣渓谷が人馬の通行を絶つような谷壁をみせ、両文化の交渉が封鎖されていたからである。数馬の隧道が設けられる大正時代まで、マタギ以外は上流域に入れさせないような深い谷が人の交流を遮断していた。

多摩川の流れは最奥の丹波山から、甲斐文化の味を付けて流れでるが、三田一族の支配した奥多摩の三田谷にはまだその時代、地形が障害となって甲斐の文化に染められない土地柄があった。そのため、明治時代までの上流域と下流域の交渉は三田谷というよりも、むしろ山ひとつ越えた秋川最奥の数馬〔図Ⅰ―2―2　中央左下〕へ古道が通じていて、その道筋から甲斐文化が入ってきていた。近代までは多摩川の流れとは別ルートの順路で、両国の交わりが続いていたのである。

このように、多摩川の三田谷（東京都奥多摩町）は他国人はもとより、他郷の人にも、この厳しい地形が人びとを寄せつけなかった。武蔵文化の行き着くところ、その吹きだまりが三田谷の山里である。

武蔵国府の政治も、多摩川に沿って上流に波及していくが、中世でさえその止まるところは三田谷であった。そのため古代国家の整備がなされる時期においては、この流域が国域のはずれで、よけい甲斐の異文化と介する故郷の特色をもっていた。この点については改めて詳細に後述するが、現地に探究の脚を踏み入れないで、机上で書き綴った感が諸書をひもとくとみられる。それゆえ武蔵を治める教養人にしてみれば、多摩川の源流を、ここ三田谷に発する日原川や大丹波川と誤認していたと考えられる。修験と親密に結びついた御嶽神社も、日原川や大丹波川を越えた北側の秩父山系と交渉[29]があった。それも山岳尾根伝いの山伏の小径に、鉱物を求めて探索する山師の径とがむすばれたような、行脚の古径をのこした。二俣尾から秩父へ通じる山道は、昔時の山伏たちが拓いたその跡である。

四、多摩川と玉川の資料吟味

『新編武蔵風土記稿[30]』の多磨郡に「郡名ノ起ル所ハ、サタカニ伝ヘサレド、郡中三田領ニ、大丹波、小丹波ノ両村アリ、是古ヘ太婆ト唱ヘシヨリトコロナルヘケレバ、是ヨリ始トモイヘリ。」と武蔵の国域でも三田領の、丹波の故郷から多磨の郡名が起こったと記されている。もちろん『武蔵名勝図会[31]』と同様、甲斐の丹波山村より発源する丹波川に由来する説もある。前述したように中古の昔、武蔵文化の行き着くところが三田領であっただけに、多摩川を古の文化圏域と地形から探ってみると、中古の教養人たちは、その源流が多摩郡の、この丹波の谷奥にあるように誤認していたと考えられる。

諸書に収録された記録が、土着の人びとの語りを忠実にまもり踏査し綴られた内容とは思えないからである。その記録は中央の官人たちが編んだもので、必ずしも土地で活きる人びとの意志を反映させたものではない。今日の川を見る姿勢と同じ立場で多摩川をみつめると、そうした記述に民衆の伝承が汲み取れずに記載されている。

中古人の立場では、流域ごとに異質の生活文化が沈下していて、その土地の価値をつくりだしているところに注目して、更に歴史的背景にも光をあてて論考しなければならない。それが多摩川や玉川の語意にせまる、ひとつの立場にもなる。

あくまで、武蔵国に網かけをおこなう官人にとっては、三田領内に発源する河川が多摩川であり、そこから流れ出る川面を全体像として把握したにすぎない。現代の集水範囲とちがって、もっと狭い範囲の多摩川を机上で想定していたことになる。それは『武蔵名勝図会』の記述も同じである。

いずれにしても、川名の多摩にひそむ語意には峠を意味したタワ、タオと分水嶺や水源に結びつく意味が交錯するが、それを加えても語源発祥地は、山梨県北都留郡丹波山村と東京都西多摩郡奥多摩町が名乗りをあげている。いずれも先蹤を基に思考されたものである。文献や現地踏査から、多摩の川名をみつめてみると、かつては後者の奥多摩町が川名発祥地だとする立場(32)がとられていたものと思われる。

中古に焦点をあてて地域を論じる場合、民衆が生活舞台を構築支配し、名族に台頭していく歴史的過程と風土を、まず理解しておかなければならない。先に言及したごとく、奥多摩という舞台は杉田氏と三田氏が、東西に分かれて領有活躍する交界地域であったから、それぞれが独自の文化を根づかせてきた。多摩川のつくる渓谷がこの交界地域にあるため、人の脚を踏み入れさせない時代が長く、近世まで続く結果になった。多摩川の流域が実際には丹波山村まで達しても、武蔵の文化はここ奥多摩止まりで、それより奥は他国人にとってきびしい異郷の深山と見られていた。人びとが異質の世界を自由に横断できて、往時の誤認を笑いのめしてしまえる自信をつけたのは、近代になってからのことである。

だから、甲斐国域の丹波山村が多摩川の水源地を舞台にして活きる山里であることを理解できるようになったのは、ごく最近になってからのことである。つまり近代まで、丹波山村を多摩川の水源地域としては認識していなかったのである。

『文政天保国郡全図』(33)の甲斐国図で丹波山村のその流れをみると、黒川方面から流れ出るタハ川はカモ沢、小菅、方原、譲原（棡原）の故郷をうるおして、鶴川（上野原町）で桂川と落ち合ってから、相模川となって相模国へ流出している。もちろんこの流れは誤りで、踏査によって描いた古図ではないことを意味している。

甲斐の遠隔地であっただけに、こうした誤解も生まれてくるが、ただ甲斐の国域の中央で司る教養人たちは、現代人からみれば誤認であろうとも、古からの知識をもとに丹波という辺境の地を治めていた。だから、国郡全図を描いた文政天保の時代は丹波山村を、おそらく多摩川の発源地ではとらえていなかった。誤認を誤認としてではなく、熟知された水系として、長くとらえてきたのである。

この古図では多摩川が甲斐の丹波山村に発源していないような曖昧な点がある。この時代は山里で暮らす土着民の校閲のないまま編まれたことが、こうした絵図の誤りを生じさせたのであろう。とすると、文政から天保という時期が、探査によって現在の水系と一致してくる時代に至っていないことを語りかけている。多摩川の源流を丹念に踏査し、初めて記録した古書が『玉川泝源日記』天保十三年（一八四二年）であったことでもその一端が知らされる。

表　古書等に記された多摩川の名称の変遷

古書名	年代	玉川の名称	その他の名称	備考
古事記	8世紀			丹波（旦波）
日本書紀（十八）				多氷（多末）
万葉集			多麻河泊	多摩の横山、郡名多麻・多摩
延喜式	10世紀			郡名多麻
倭名類聚抄				多磨
拾遺集	11世紀	玉河		
後拾遺集		玉川		
夫木和歌抄		玉川		
堀河百首	12世紀	玉川		
新勅撰集	13世紀	玉川		
拾芥抄				郡名多麻
日蓮上人註書替	13～15世紀			田波・多波、タマと読むのは近世から
北條家分限帳				田波・多波
大丹波白髭神社の鰐口の銘	15世紀			杣保大玉村（奥多摩町大丹波）
慶安太平記	17世紀	玉川		承応2年玉川上水四谷大木戸まで完成
本朝食鑑（水部）		玉川		
武蔵野地名考	18世紀	玉河		
絵本江戸土産			多摩川・六郷川	

新刻日本輿地路程全図		玉川（下流）	丹波川（上流）	大々川でも記
武蔵八景		玉川		
東海道名所図会		玉川	多摩川・六郷川	郡名多麻、玉川が六郷川の本名で記
調布日記	19世紀	玉川		
新編武蔵風土記稿			多磨川	郡名多摩、文化2年「玉川の碑」が狛江付近に建立
武蔵名勝図会		玉川	多磨川、丹波川	郡名多磨、三田領まで玉川で記
武蔵野話			多麻川	郡名多麻
続武蔵野話			多麻川	郡名多麻
東都近郊図		玉川	多波川	郡名多麻、羽村を境に上流を多波川、下流を玉川
江戸名所花暦		玉川		
国郡全図武蔵国			六郷川	多摩川を六郷川で記
江戸名所図会		玉川	多磨川	郡名多摩・多麻
東都歳事記			多摩川	
日本景勝一覧図		玉川		流域を玉川で記
玉川泝源日記		玉川		始めて多摩川源流を踏査
関東十九州路程便覧		玉川		流域を玉川で記
東都近郊のみちしるべ		玉川	多波川	郡名多麻、羽村を境に上流を多波川、下流を玉川
武蔵国全図		玉川	丹波川	奥多摩町氷川より下流を玉川

大日本国沿海略図		玉川		流域を玉川で記
大日本管轄分地図東京	20世紀		多摩川	明治27年刊の図
鉄道線路図鉄道道中記			六郷川	明治36年刊の図
東京市十五区全図			多摩川	明治40年刊の図

多摩川の源が天保年間に明らかにされたとすると、当時の絵図もこの影響をうけて、かつての知識と交錯する図柄となって描かれている。それを天保以前と以後の古図で比較すると、土地と照合させて編まれたかどうか、より明確になってくる。

天保からおよそ六十年前の安永七年（一七七八）の『新刻日本輿地路程全図』で多摩川をみると、中下流は玉川の名称で、上流は丹波川の川名で記され、しかもこの上流というのは東京都奥多摩町の小河内止まりである。その時代、丹波山村が多摩川の源流だとする知識がまだなかったことになる。それが天保から十余年後の安政三年（一八五六）に著された『武蔵国全図』には丹波山村を水源で描いて、図中「甲斐州都留郡一ノ瀬村溪間及字名清水谷ヨリ流出シ落合至テ多波川ト云」の付記まで添えられている。しかし、『文政天保国郡全図』の描かれた時期でも、天保十四年（一八四三）の『富士見十三州輿地全図之内、遠江・駿河・甲斐・伊豆・相模五国図』のように、甲斐の辺境に多摩川の源流が記載されている古図もある。

これら古図の変遷からみて、多摩川は流域ごとの歴史と風土を、そのまま各時代の情報として図化させたあとがしのばれる。ともすれば、科学の一手法で処理しがちな現代と違って、自然が創作した多摩川を人文学の立場で、長くとらえていたことを物語っている。

先人が道を拓いて、甲斐の文化や物資を導入する努力の跡は、鳩ノ巣渓谷の数馬（図Ｉ―２―２　中央上）にのこる。青梅街道の難所である数馬には手掘りの隧道がのこされているが、これは大正十二年に開通したもの。それまでの数馬越えは、巨岩が露出した切り通しの小径であった。岩場で火を焚いて水をかけることを繰り返しながら、ツルハシとゲンノウで拓いた切り通しは元禄年間の古道で、宝暦になって改修した「道路改修の碑」（図Ｉ―２―６）ものこされている。

武蔵と甲斐の交界地域にあたる数馬が、里人たちの往来を容易にさせるようになっても、旅人たちにとっては難所になって、甲斐文化が氷川止まりとなっていた。古道をたどると、物資の輸送が困難で、旅人がようやく通行可能であるだけの径であったことを、今に伝えている。そうした文化・情報伝播の足跡は、甲州屋の屋号を看板に、幾世代もまえから商う大店も、氷川の街なかに今ものこる。

前述のように、多摩川の発源地が東京都の奥多摩町にあったとする古書が見られるのも、源流地域が踏査されていなかったためである。甲斐国人でさえ、甲斐丹波山村が多摩川の水源ではないという誤った知識で治めていた訳であるから、異

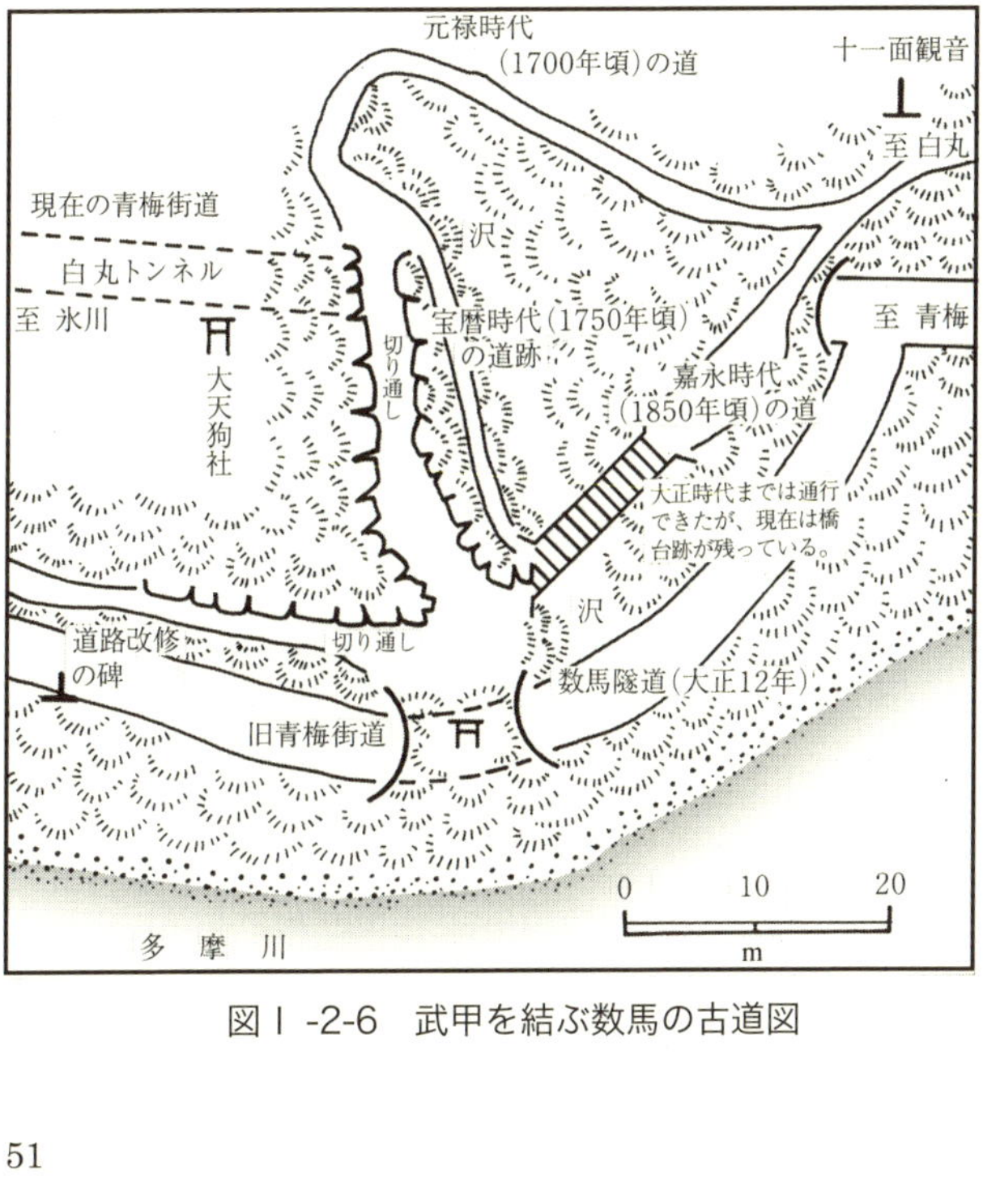

図Ｉ-2-6　武甲を結ぶ数馬の古道図

国の多摩川中下流の台地や河畔で暮らす武蔵野人にとっては、探索によってえられた情報や知識が持てなかった。三田領の渓谷地形が影響して、武蔵文化が上流地域へ波及できないで、ここが行き止まりであったからである。

さて奥多摩町の丹波が多摩川の発源地だとする立場は、先学ののこした記録からも読みとれる。例えば『江戸名所図会』の多摩川には「田沢義章の『武蔵野地名考』に、この丹波山を武蔵とせしりは誤りなり[34]」と記して、甲州丹波山に発すという。しかし『武蔵野地名考』は『江戸名所図会』が編まれる一世紀も前の、享保二十一年（一七三六）であるから、当時にあっては丹波山という山里は、武蔵の国域に存在していた。このことは、『続武蔵野話』（文政九年（一八二六））の記述とも一致する。

『続武蔵野話』の二に、「冠嶺《かぶり》二十町ばかりの急なる嶮《さか》道なり。登り得て入間郡黒山村、高麗郡長沢村の界なり。ここにて眺めば西南に武光山（ちちぶ郡）正南に名栗の在馬《ありま》山（現在の有間山）甲斐の多麻山手に取るごとくにて、その絶景いはんかたなし。また北を眺めば東北に筑波山、北に二荒《にこう》山、赤城山、吾妻山、西北の隅に浅間山を眺む。[35]」と記された内容がそれである。正丸峠（図I—2—2）に立って計測すると、およそ「甲斐の多麻山」の方位だけが現在の方位と一致しない。

写真10　数馬の隧道
（東京都奥多摩町）

在馬山（有間山）と多麻山が真南の方位で視界に飛び込んだとする『武蔵野話』の記述が誤認でないとするな

らば、有間山の背後に存在しなければならない。ところが、その背後には甲斐と武蔵の国境どころか、甲斐の丹波山村でもない。そこは日原川や大丹波川が深く侵食した三田領の丹波の故郷にあたる。甲斐の丹波山村が武甲山の南をかすめて、その奥の西南に位置することから、やはり多麻山は奥多摩町の丹波周辺に存在することになる。しかし奥多摩町をくまなく探索しても、それに該当する山名は見当たらない。

ただ『武蔵名勝図会』巻十二、三田領之下、大丹波・小丹波に「住古は一村なりしや知れず。この村名は古きことにして、川の名、また郡の名もこの唱えヨリ起こりたと云。和名抄に〔多磨〕と註して〔太婆〕とみえたり。上世は太婆郡、または太波川とも書き足ること、古きものに見えたり。[36]」と記載されていて、十九世紀初頭までは多摩川の発現地を、ここ奥多摩町の山里だとする古図と合わせて考察してみると、その時代までの源流地域は古書に記された内容と一致してくる。

さらに本書は同じ三田領之下のなかで、日原川を「此辺の土人云多磨郡、多磨川と号するは、この川あればなり、水源は郡中より始まれり。いまの多磨川は甲州より出て丹波山村へ入りて丹波川と称し来たれば、かの川は丹波川にして、この川は多磨川の本流なれば、実の多磨川なりと云。[37]」と述べ、甲州丹波川を付会の意味であつかっている。ならば、三田領内の丹波の故郷に加えて、多麻山も存在してもよいが、その点については、土着の人びとの伝承のなかでは語られていない。

しかし青梅の谷合氏見聞録(江戸中期)に丹波川で記されており、また延徳二年(一四九〇)、白髭神社(大丹波村)鰐口の銘に、武州杣保大玉村など、三田領内で記録されていることからも、三田谷一帯の山里を総称して多麻山と呼称していたのであろう。『倭名抄』でも武蔵国に多磨郡を載せ、太婆と読ませ、あくまでも甲斐国内では記載していない。つまり、流域で暮らす武蔵野人たちが長く伝えてきた多磨川の源流は現在とちがって、甲斐と武蔵の国境(杉田領と三田領の境で現在の東京都奥多摩町)にあったのである。

五、多摩川における玉川の流域

玉川の流域を設定する場合には、歌人たちの創意だけにとどまらず、野人たちの鋭い目で自然を観るなかにも、その設定要因がある。

古歌をのこす「井手の玉川」「野路の玉川」「梼衣の玉川」「調布の玉川」、それに「高野の玉川」の歌枕の五カ所には地形や歌謡など、共通する河相環境があった。つまり図Ⅰ―2―7は各玉川の河床断面と古歌がのこる流域付近を図示したものである。

それによると、各河川とも急河床の山間を過ぎた山麓の谷口下は、河床が緩やかになってくる。この付近は扇状の地形で、研磨されて丸みをおびた砂利が河原を覆う。河床もより緩やかになって、伏流水が湧く扇端になってくると、そこはもう古歌にのこる玉川の里の川面になる。この地形的変換点付近には、当時の官道や文化的施設も観えてくる。河川流域における古の文化集積地は、まさにこの中流域にあった。この点について、「調布の玉川」(多摩川)を事例にして述べてみたい。

とかく多摩川水系の多摩川と玉川は同義にとらえがちであるが、前述したように多摩川には峠や分水嶺など水源の意味がある。玉川はそれとは異なる論理が隠されているのである。日本の河川が本流という流れのなかでも、上・中・下流域で、それぞれ別々の川名をつけたのと同じに、玉川の範囲は多摩川のなかでも、中流の特定水域に限られていた。

こうした観点から、武蔵にのこる玉川の自然環境をとらえ、タワやタオといった語源とは異なる、多摩川における玉川の流域設定にせまってみた。

まず、最初に武蔵野台地の舞台構成をみつめてみると、多摩川の谷口、青梅市を要にして、古多摩川が土砂を自由に流し扇状に堆積している。多摩川の創作によって、西から東へ、およそ五十キロメートルにおよぶ緩やかに傾斜したこの台地は、西の青梅で百八十メートル、立川九十メートル、吉祥寺五十メートル、そして東端の上野で二十メートルと順次下がっている。台地をきざむ小規模河川は高台を深く切り、谷底の軟弱な沖積層をシマ状にいれている。とくに井ノ頭池、遅野井、三宝寺池、石神井など、窪地の谷頭から幾条もの谷筋となって流出する小川が、坂道の多い街面をつくっ

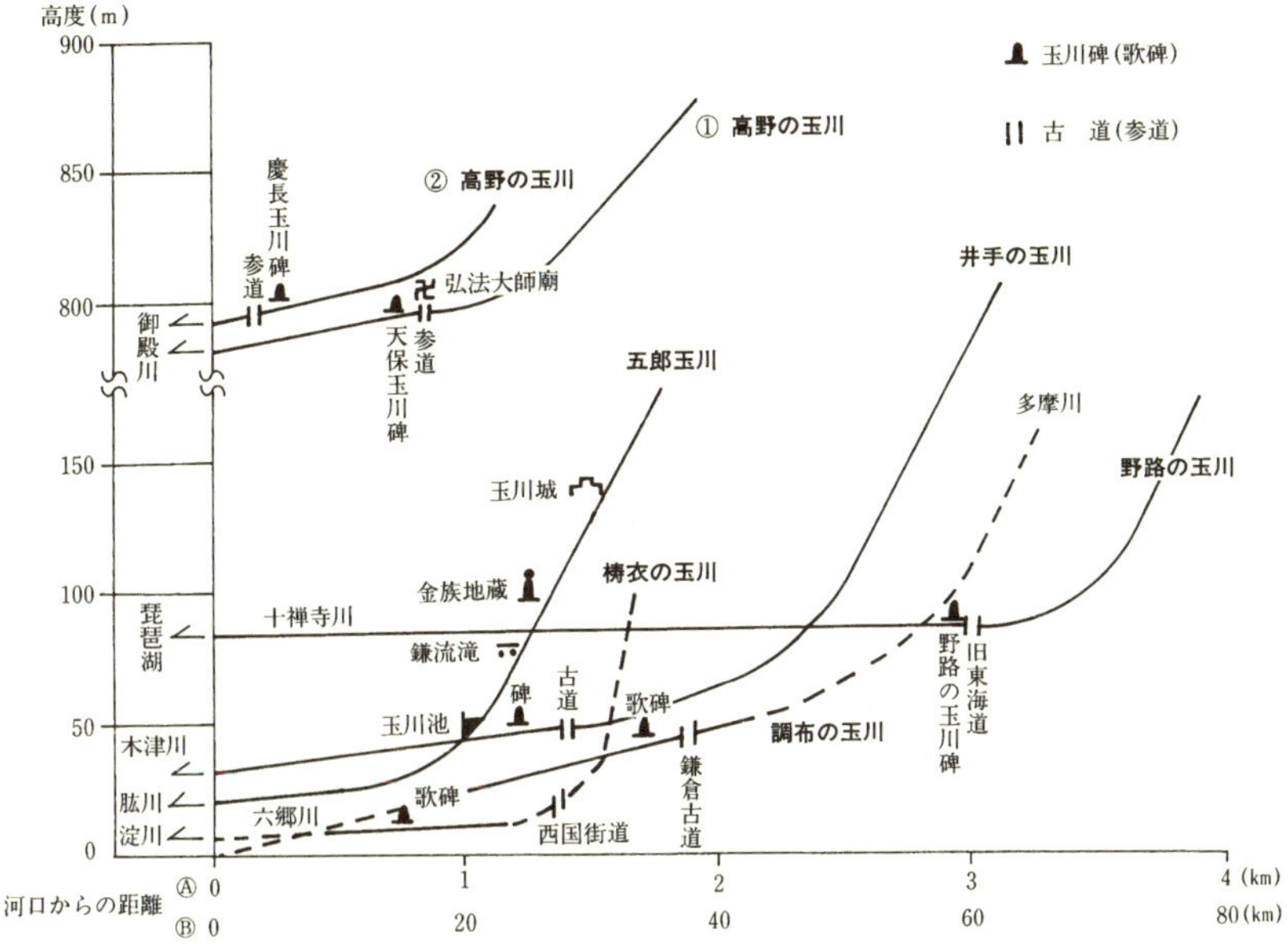

注　「椿衣の玉川」の上流は如是川の河床断面
注　「調布の玉川」と「椿衣の玉川」の河口からの距離はⒷ、それ以外の玉川はⒶの数値で作成した。
注　「高野の玉川」では①は現在の玉川、②は旧玉川と呼ばれる場所の自然斜面で作成

図Ⅰ-2-7　玉川河床縦断面図

て、途中ハケ（湧水）をあつめながら流量を増す。

そこは台地を構成する地形や地質が、標高四十から五十メートルの高さで、伏流水を湧かせる場所（図Ⅰ―2―8）であり、国分寺崖線や府中崖線のハケ筋にあたる。古代武蔵野人はそこをオアシス地帯にして、府中の国府を中心に、開発の鍬跡をのこしている。だからオアシス地帯の標高五十メートルは、伏流水が玉水となる清流域で、古代生活舞台創作法がしのべるところである。

とくに国分寺から府中を経て多摩川低地まで下ると、多摩川の侵食によって形成された平坦面が三段ある。高台を構成する武蔵野段丘面、そして野川に沿う国分寺崖線下の立川段丘面、ともに数万年前に堆積したローム層が地表を覆い、下層に透水の礫層があって、台地中央からの地下水がここで湧く。この湧水は国府や国分寺など、古代人が利用できる

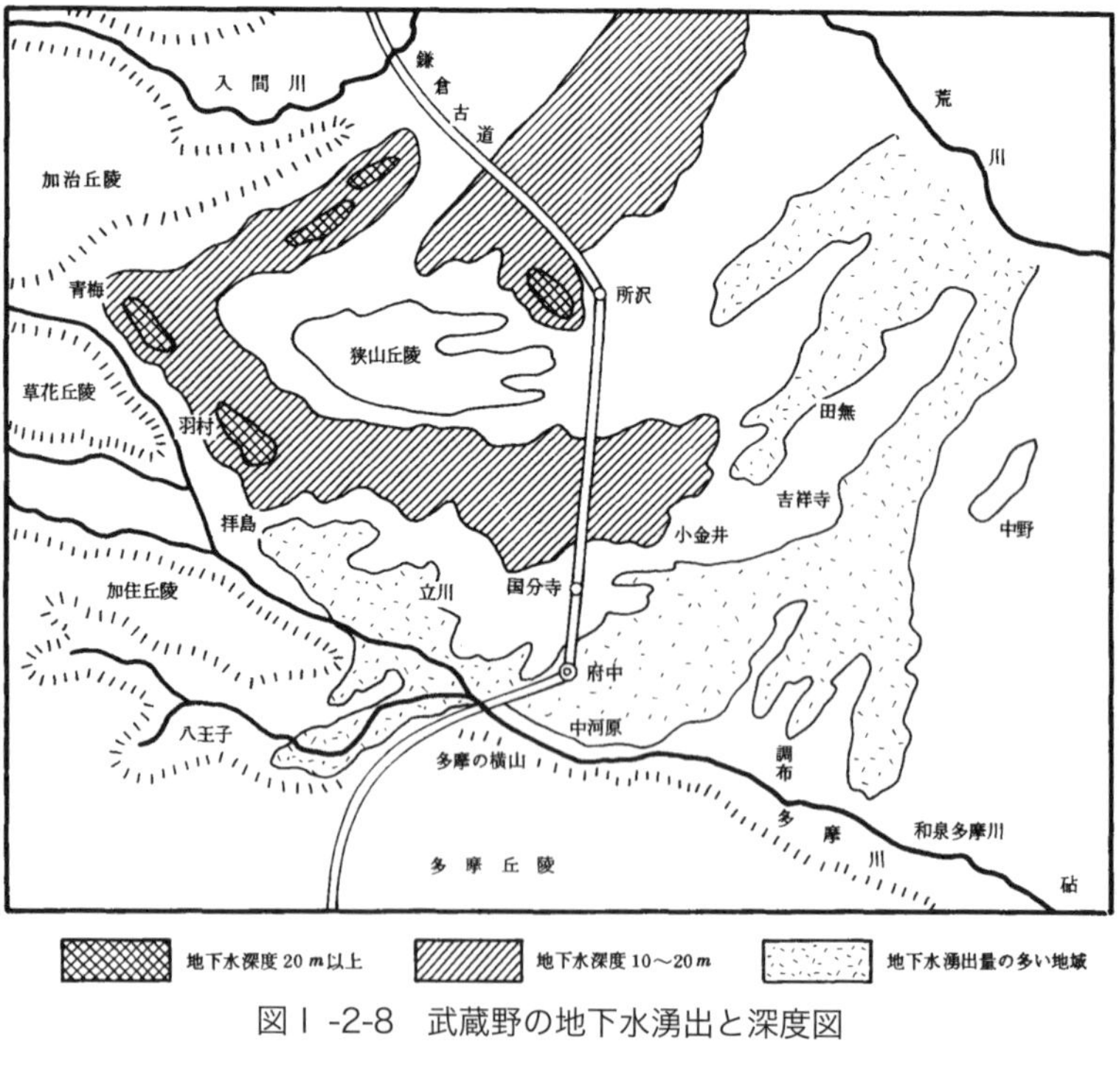

図Ⅰ-2-8　武蔵野の地下水湧出と深度図

位置にあった。

古代人の活躍する立川段丘面から、さらに多摩川に下ると多摩川低地にでる。分倍河原の古戦場がのこる古玉川の河道跡では、十センチメートルから十五センチメートルの厚さで砂礫の地層が覆い、多摩川の伏流水がモコモコと清水を湧かせ、地中に管を打ち込むだけで吹き出る「打ち抜き井戸」が観られる所である。

多摩川の流れに沿って探索すると、羽村や拝島など、まだ伏流水が地表に顔をださない地形の部分では、河畔に沿って帯状にのびる立川面の湧水に限られ、広範には湧出していない。標高五十メートルを下り多摩川が乱流する府中、調布、狛江付近になって、ようやく地下水が地表に広く顔を出してくる。この高度が先のオアシス地帯と一致し、古の布晒にも利用できる玉水地帯で、機業地に醸成してきた流域になる。（図Ｉ―２―９）

多摩川を水無川にしないまでも、河水の多くが青梅の谷口下で伏流し、砂礫の自浄作用によって再び浄化された玉水が地表水になるのが、この流域の河原である。急傾斜の河床もようやく緩やかになる川面で、研磨された河原の礫が円礫（玉石）で自浄にひと役かっている。

「調布の玉川」として詠まれた歌枕の地は、多摩川のなかでも、日野の渡津付近から府中・調布と流れて、狛江・二子玉川付近までに限られ

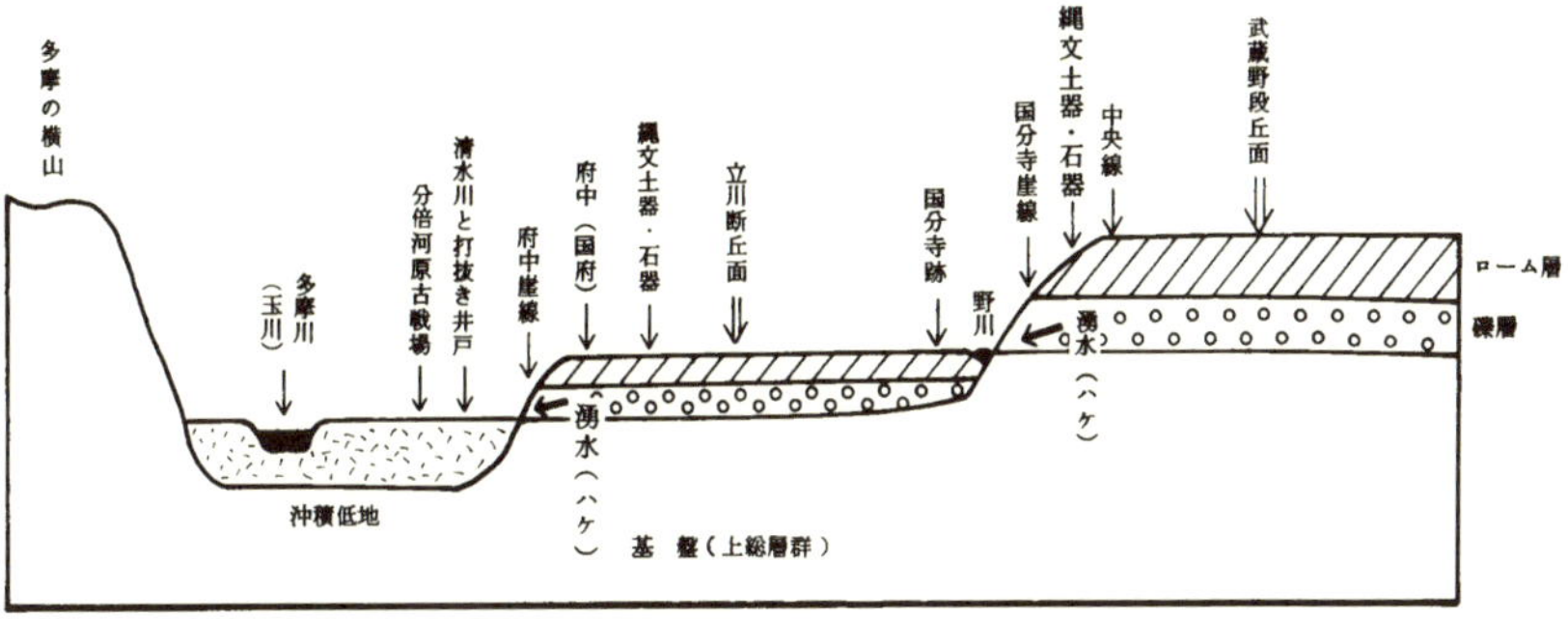

図Ｉ-2-9　武蔵国府周辺の台地構成

ている。自然の自浄で、玉水の水面を演出させるのもこの川面であるから、その流域で暮らす民衆のしぐさを、ごく自然に歌に盛る中古の歌人たちの行動範囲も、この流域に限られてくる。玉水の流れるこの流域よりも、もっと上流や下流では国庁の位置、国分寺と国分尼寺の分布、古道の設定からみて、時の官人たちの遊里舞台にはなりえない、遠隔の水域(38)でしかなかった。

次章（第Ⅱ章）の扉の図は多摩川の河床断面とその流域の開発を図示したものである。図中、河口から約二十三キロメートル地点の二子玉川上流付近から、同じく約四十二キロメートル地点の立川下流までが、伏流水の多いオアシス地帯で、古書にもみえるかつての鮎漁の盛んだった流域にあたる。また玉砂利のえられた河相とも一致していて、国府中心に古代人の舞台を構築した跡がしのべる河畔でもある。

侵食した角礫を研磨しながら、河床に丸い良質の砂利を堆積させるこの砂利が、水の浄化を図る玉礫であり、美しい川面を創作する玉川の流域にあたる。

ところで、昭和四十年代まで二子玉川から渋谷間に走っていた玉川電車（通称玉電）は、前述のように玉川の河原の砂利を輸送したことから、多摩電ではなく玉電なのである。さらに中央線武蔵境から府中市の多摩川堤にのびる西武是政線も、敷設目的はこの河原の玉砂利の輸送であった。だから玉川流域は都心部からみると、玉砂利が唯一えられる最も都心に近い距離にあたるのである。

紙と木と泥で構築する江戸の街においては、砂利の利用価値はそれほど高くもなく、むしろ不必要であった。しかし、明治という時代になって、ビル建築、道路舗装、電柱のコンクリート化など、耐震耐火構造の近代都市づくりには不可欠の資材になった。まさに東京づくりに貢献したのが、この玉川の玉砂利であった。

独自の歴史と風土が語れる玉川は、こうした自然の環境が、およそ千年を経た今日においても連綿と活きづいている。それだけに、玉川は多摩川の転訛ではない。玉川は中流域の、多摩川には上流域の、それぞれ異質の自然と文化交渉から誕生した川名で、決して多摩川流域の環境を無視した古人の作為ではない。

河川沿いの武蔵の野面は奥が深くて広い。この武蔵野を著した文学作品の多くは凍てる落葉の小径や深緑の山径を、丹念に探索しないで、江戸の市井にいて奥武蔵を記載した江戸中心の作品に仕立てられている。そこには名所旧跡を、できるだけ江戸近郊に引き寄せて、江戸の住人たちを楽しませようとする姿勢がある。

多摩川の源流に、初めて脚を踏み入れたのが、天保十三年（一八四二）に著された『玉川泝源日記』というから、そう古い話ではない。それ以前にも、おびただしい数の書物が出版され記録しているが、野で育ち野で終わった里人の意思をくみいれて集録したものではなく、居ながらにして編まれた書物である。玉川の流域設定を考える場合においても、要を得ないこれらの記述例に頼らざるをえない。

和歌をとおして流行りの枕詞となった玉川も、決して歌人たちの創意だけに留まらず、野人たちの鋭い自然を直視する姿勢を容れている。玉石や宝石、それに玉水、霊水といったたぐいの玉を、語義に容れて流伝する。名所旧跡が少ないと、さすがに歌も詠みにくいが、里人にとっては歌の世界ではなく、もっと現実の暮らしのなかで思考する玉川である。政庁付近の玉川では歌人の影響を受けることもあろうが、それとて自然の摂理を下敷きに、彼らの生業をつけて指呼されている。

とかく多摩川と玉川を同義にとらえがちな今日、玉川にはそれとは異なる論理がひそんでいる。この相違を知らせるのが多摩川水系の二ヶ所にのこる玉川の流れである。そのひとつは武蔵野を縁どる、「調布の玉川」で知られた多摩川の中流域（図Ⅰ―2―2　右下角）である。

もうひとつの玉川は多摩川の上流、奥多摩湖から丹波川よりひとつ南側の谷筋（山梨県北都留郡小菅《こすげ》村）を小菅川に沿って入ると、三頭山から流れ落ちる川瀬に玉川（図Ⅰ―2―2　中央左）がある。この川の清水は将軍に献上した名水で、飲み薬用の水とも水薬だったとも伝えられていて、こがね石とかコンニャク石という「子持石」が、川面で清水を湧かせている。名水と珍石の水面を玉川に詰め込んで伝言されているのだと古老が語る。

かりに調布の玉川が丹波や多摩の転訛だとすると、小菅村の玉川の場合も丹波や多摩の系譜につながる名称となるのか疑問がのこる。こうしてみると、両者の玉川は昔時の河川が流域ごとに川名を変えた思想とあいまって、丹波や多摩の川名に結びつかない、独自の河相を連綿と大地に印してきたのである。とりわけ、後世の人びとに啓発する、こまやかな河川名に対する配慮が、玉川流域の口碑となって伝承されているのである。

六玉川の影響を受けてか、玉川の川名は中古の昔から諸書にみえるが、とくに歌謡に多く収められている。近世になると歌人たちの手から離れて、地誌、紀行文それに古図にまで登場してくるようになると、火付け役が特定の歌人たちであっても、歌の世界で磨かれた玉川が諸書を通して、一般民衆まで受容されたことを物語っている。

ただ歌謡でのこる古の玉川は多摩川のなかでも、のびやかな労働歌の多い、狭小な川面でしかなかった。それが武蔵野の高台を開削して、四谷大木戸まで上水を通水させるようになった承応二年（一六五三）を機に、玉川の川面も上流に拡げられた。玉川上水取水口の羽村辺りは古くからの伝言では、まだ多麻、多磨、多波といった川面で、多摩川の清流域でも、谷口下の飲用になる清流であったが、まだ玉川の流域ではなかった。

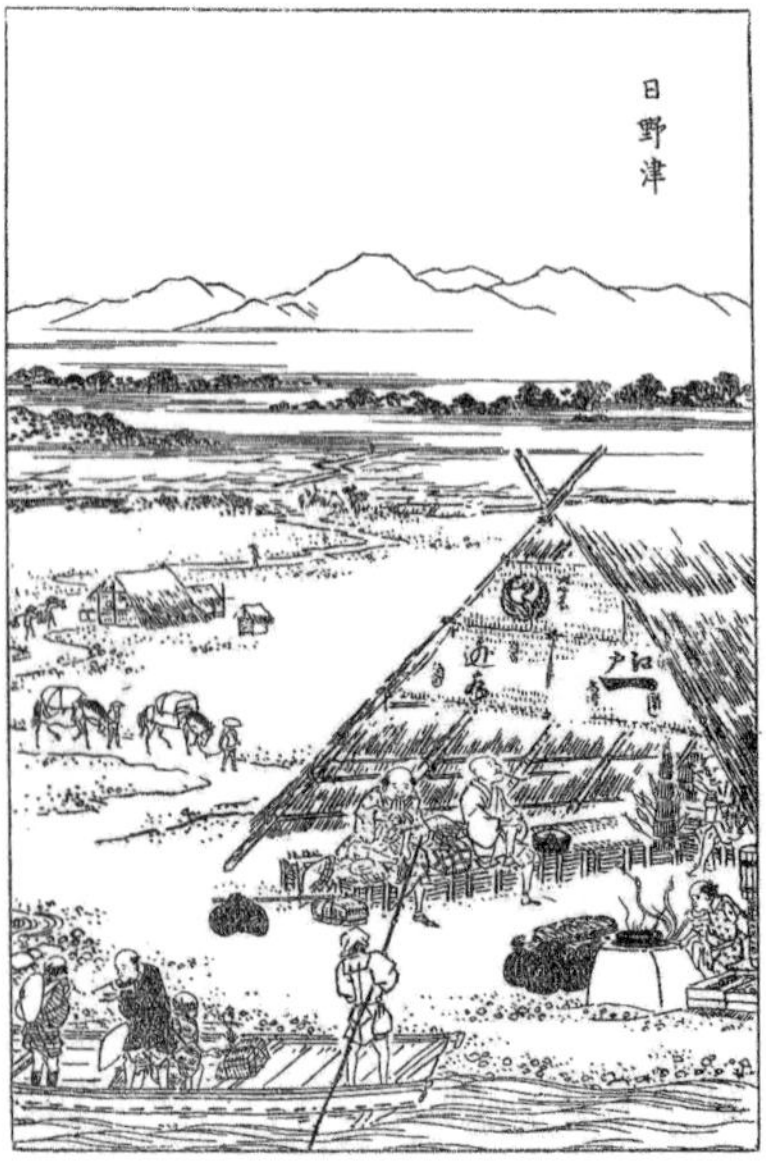

図Ⅰ-2-10　日野津（江戸名所図会）

その羽村が後に玉川流域に取り込まれたのは、玉川上水を開削する経緯があったためである。つまり、玉川上水を最初に計画し開削を実施したのが、日野の渡津付近で、青柳村（現在国立市）から江戸への引水計画であったことが原因している。しかし、この計画は府中まで掘り進んで中止している。その後、更に二回目の福生村（現在福生市）を取水口にする計画も失敗し、三回目の羽村（現在羽村市）からの引水でようやく完成をみたことを考えると、玉川上水の名称は当初計画した青柳の玉川からの引水を、そのまま玉川の流域名だけは羽村で完成をみる三回目まで持ち越し上水名として命名したのである。その経緯については記録がない。

開削に功績のあった玉川庄右衛門・清左衛門の玉川兄弟の姓は上水完成後賜ったので、もとは加藤姓だったから、人名がその由来ではない。(39) 換言すると、上水完成当時、羽村まで玉川の川面が拡大していたのではなく、青柳村の玉川流域で上水を計画したことが影響して、後に玉川の流域範囲が拡大したのである。いずれにしても、承応二年（一六五三）という時代になって、羽村付近まで多摩川水系における玉川流域が及んだのである。

ともかく十八世紀の諸書をひもとくと、玉川流域が拡大した影響を受けてか、多麻、多磨などの川名も散見できるものの、六郷の河口から三田領までを玉川とか、羽村の玉川上水取水口を境に上流を多波川、下流を玉川と記録した古書まで登場してくる。

こうなると歌枕の知的媒体だった「調布の玉川」を超えて、玉川が武蔵野を育てた主体者になって、時代が降りてきたことを告げている。しかしその名称は徳川期までで、明治という時代になると国家政府の河川整理によって地図からも、玉川の正式名称が消えた。

ただ、河口付近の六郷川となると、六郷の川名を羽田（大田区）の古老がいまも指呼伝承するように、宝暦三年（一七五三年）の『絵本江戸土産』(40) にすでにみえている。それよりも古い鎌倉から室町にかけては六郷保という保名のみで、まだ川名では記されていない。六郷村の里言葉から生まれた六郷という川名を、多摩川にかわって指呼するのは、潮の逆流する川面までで、湿地や水郷を意味する河口特有の河相をつけているのである。この流域の上限が、現在の世田谷区二子玉川付近で、古の玉川流域と接する辺りにあたる。地誌関係の古書をみても、多摩川河口付近の記述には六郷川で記しながらも、中流からは玉川や多摩川、丹波川などの川名にかわって、流域毎に記述されている。それは流域で暮らす人びとの生業と風土をくみとり編んだ河川名であることを意味している。

しかし一方で、六郷川の水面を玉川の川名で記録した例も見受けられる。例えば、大田区羽田六丁目には玉川弁財天の古社があり、対岸の川崎市中原区にも玉川向（下沼部）や玉川淵（上平間）などの小名がみられ、玉川名の時代があったことを語っている。

太田南畝の『調布日記』には玉川弁財天を「康治二年の春当社の南の大川にして、綱引せしに、一顆の如意宝珠を得たり、故に川を玉川と名づけ、玉川弁財天女と称す」という。この宝珠について『武

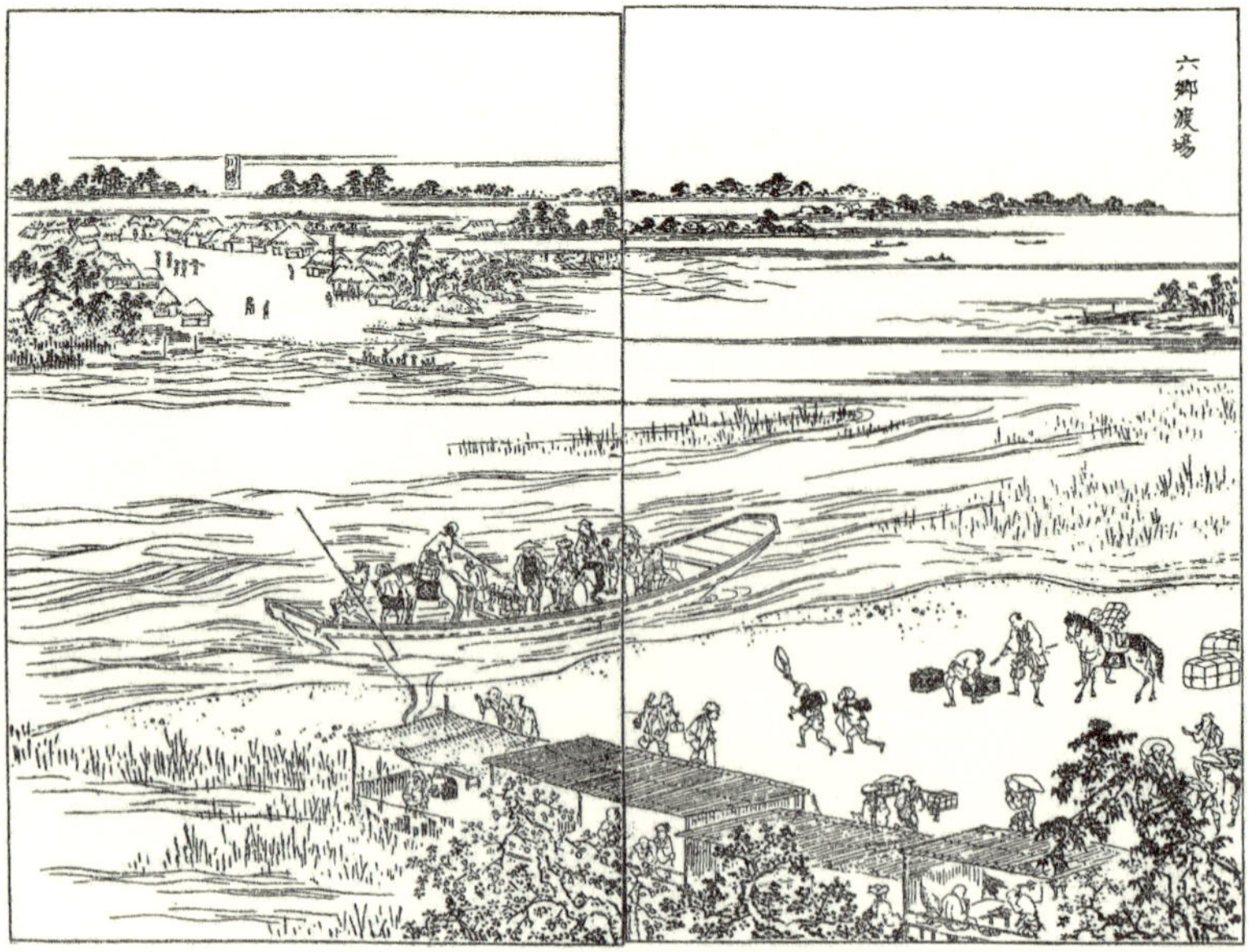

図Ⅰ-2-11　六郷渡し（江戸名所図会）

州荏原郡六郷領、羽田村玉川金生山要島弁財天祠記』（正徳三年）や『略縁起』（年代不明）などによれば、奥多摩町日原山は弘法大師開基の霊山（四国八十八ヶ所のミニチュア版の「奥多摩八十八ヶ所霊場」である）で、山中に大日の霊水があって、そこに大日堂が鎮座する。この霊水から宝珠が湧き、多摩川の流れで六郷の地先に至って日夜霊光を放った。里人はそれを拾い祠を設けて奉納したという。伝説とはいえ、六郷川の流域もこの奉珠によって、玉川の川名を誕生させていた。

玉川独自の風土と歴史が、こうした伝統や古習をつけて、数百年経ても多摩川に連綿と活きづかせている。自然の流れを基本に、古人の生活をのせた玉川には、ひそかに準備されていたかのような手順で、後年になると玉川の流域を拡大させてくる。後世にまで記録して伝言されるだけの歌謡と風土が、ごく自然に盛られている点を玉川の系譜は語りかけている。

以上のように玉川は多摩川の転訛ではない要因が指摘できる。つまり玉川は多摩川の中下流域で指呼し、多摩川はその上流域を指していた。それが玉川誕生の背景にある。

六、玉川流域の歴史と生業

多摩川水系のなかで、玉川の流域はその河相を直視するなかから誕生した河川名で、決して古人の作為ではない。「井出の玉川」や「野路の玉川」、それに「三島の玉川」、「高野の玉川」、「野田の玉川」などの玉川にしても、自然が創作する野面にのこる。玉水と玉礫とが昔時の生活舞台でふれあって、独自の河相を伝える。そこが多摩川のなかの玉川流域で、多摩とはちがった語意をつけて伝言している。また玉川の水面は古人の視覚だけでなく、味覚や触覚がものをいう川瀬で、古の暮らしに生業や遊里の舞台を提供していた。

多摩川に曝す手作さらさらに
何ぞこの児のここだ愛しき
（万葉集　巻十四　東歌）[41]

布晒の河畔は荒多摩川と呼ばれる古多摩川のなかでも、玉水の湧く、小田急線の和泉多摩川駅から府中にかけた玉川の流域である。

昭和四十九年九月の台風十六号で、堤防が決壊して河岸の民家が流出した川面である。狛江から府中にかけたこの流域は、古の時代から荒多摩川が乱流していて、河原に刻まれた古河道の河筋がもっとも多くのこる。勿論、今日においては整形されたが、自在に行く手を変える荒多摩川の素地の顔を、この氾濫は伝えている。[42]

自在に流れる河川の河幅をせばめ閉じ込め、流路を固定させたのは徳川時代以降のこと。それまでは

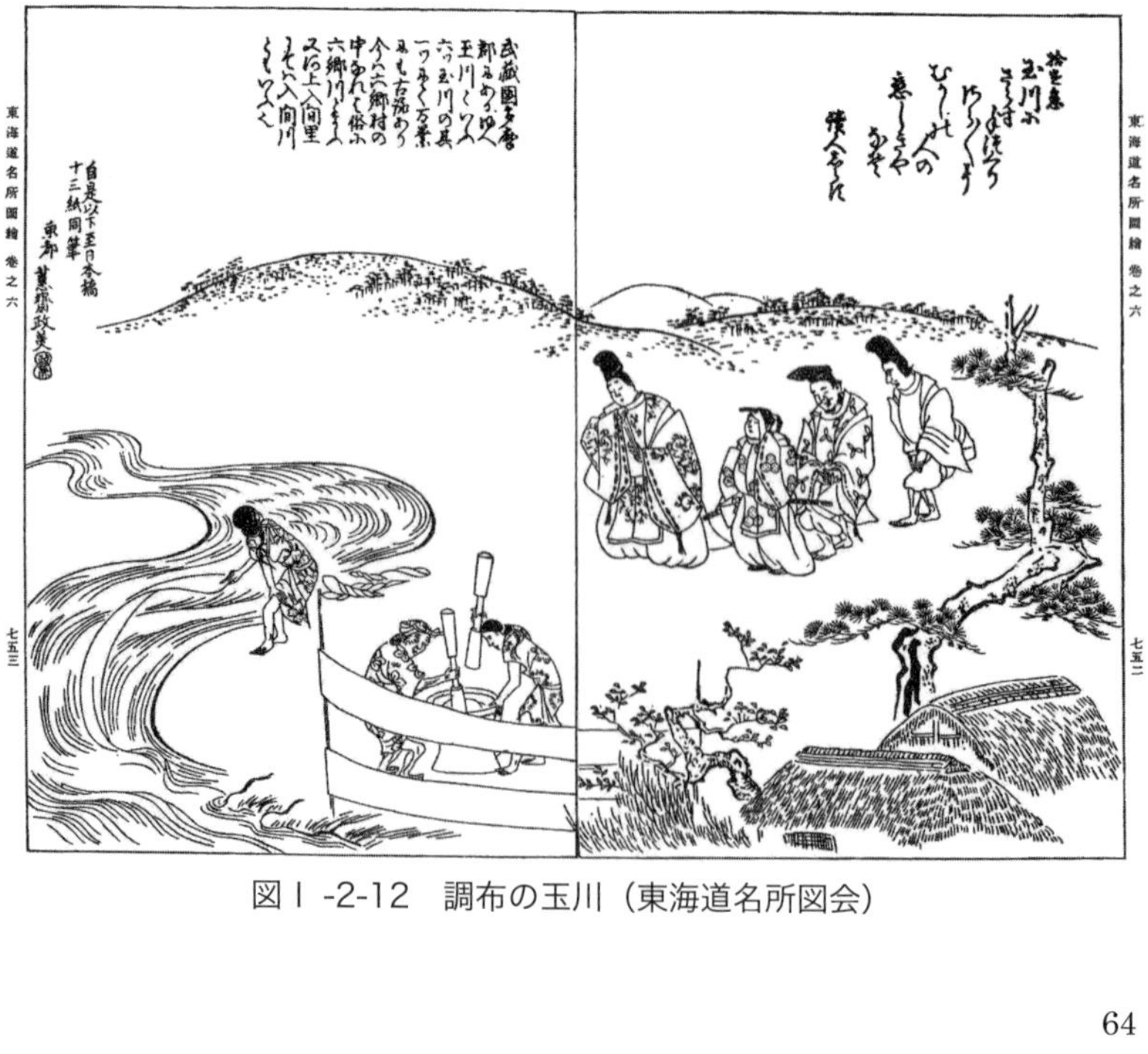

図Ⅰ-2-12　調布の玉川（東海道名所図会）

河相を熟知していて、無理のない川の改修をしたことが「母なる川」でとらえるなかにみられた。流れに身をまかせ、水を味方にする態度は河畔で暮らす、古人たちの習熟された知恵であった。

乙女が河原で布を晒す情景を、古代の教養人たちが歌謡に容れた万葉の故地「調布の玉川」は、多摩川のなかでも、この流域である。防人の妻が詠んだ「多摩の横山」は、対岸の丘陵である。(43)武蔵国府にもほど近く、清水と水汲みや布晒の女人が調和する光景、同じ清流域でも青梅の谷口下ではなく、ここ玉水に名をかりた玉川に込められている流れである。

狛江市中和泉に建つ「玉川万葉歌碑」（写真7）は二代目で、最初の碑は徳川吉宗の孫で白河藩松平家の養子となった松平定信直筆の碑が猪方村に建立されていた。ところが、荒多摩川と呼ばれる玉川が文政十二年（一八二九）に氾濫して、碑が流失した。里人たちは何度も河原を掘り返したが、ついに探しあてられず、百年後の大正十一年になって、ようやく古碑の拓本をもとに再建したという。明治大正の実業家渋沢栄一の助力によって再建された碑は、古碑のあった猪方村よりも、数キロメートル上流の高台に設けられている。もともと伊豆美神社の境内に建てられていたが、都市化によって住宅地となり、古社と古碑を分断してしまった。伊豆美神社も台地下から台地の上へ移転したというから、ともに洪水をさけての移動である。

多摩川流域の古戦場や古城は国庁の府中から延びる古道沿いに分布する。武蔵国がまだ東山道に属していたころの官道だった奥州道は、その後、鎌倉街道となるが、相模の国府から小野路に出て、関戸を通って玉川の渡津から府中にいたる。ここから進路を武蔵国分寺にとり、乾いた武蔵野を所沢へとぬけて上野国の国府にでる路程である。(44)

関戸は玉川と大栗川が落ち合うところで、古玉川の渡し場の関所から地名がおこっている。官道を警備することは政治の安定をはかるうえでも重要で、この流域を押さえることが武蔵、相模という南関東を支配することでもあり、ここを中心にしばしば合戦がくりひろげられている。分倍河原の古戦場はこのようなところにあり、鎌倉政権が府中を征して北関東へ出る大きな意味をもっていた土地である。新田義貞と北条泰家の激戦（元弘三年）や、新田義貞の子義家・義興と足利尊氏の戦（正平七年）は玉川をはさんで、ここを舞台にしている。

　また万葉の昔から、多摩の横山と名づけられた多摩丘陵一帯は豪族が育ち、名族と呼ばれた実力者も台頭している。古社寺を中心に、中世の舘が玉川を眼下にして丘陵端に構築され、そのまま中世武蔵野の歴史をみることができる。武蔵野を縁取る横山ではあるが、まさに南関東と北関東を結ぶ歴史の吹き溜まりである。(45)

写真11　国分寺崖線の真姿の池
（東京都国分寺市）

　旧甲州街道も、府中の甍を通りぬける大国魂神社随身門の北側がその古道で、谷保《やほ》から青柳につづく。日野の渡しで玉川を渡り、秋川の五日市を経て数馬の辺境から甲斐の奥山をぬける道のりは軍道というよりも、歴史や文化で染めてゆく古道であった。府中を要に、政治や文化が国域の隅々まで波及して統治する道も、幹道から枝道となって配置(46)されている。府中崖線上には「いききの道」と呼ばれた生活の道まで残る。

　国府を府中に置く古代人の思想には、常に玉川を意識して、母なる川からの恩恵を受ける位置に設定している。他国の国府や郡衙をみても、そうした土地の環境を語っている。教養人官人の遊里や民衆の生業の場所としての玉川は自然が創作する川面に、武州人がみた川瀬の音を容れていて、それが多摩川ではなく玉川に隠されているのである。

ところで、大陸から帰化人を登用して、粗野な武蔵野を拓[47]くのは七世紀後半の、武蔵国分寺が完成する以前のことである。数十人を数回にわたって起用したが、その多くは時の教養人の僧侶や帰化人であり、また彼らは技術者でもあった。寺工や瓦師はもとより、鉄工、織工、それに造船や農具を製す工人もいた。また、馬術、牧畜、耕作術なども指導した。

彼らの指導成果は、後に武蔵武士を養成させ名族をうむ誘因になるが、ともかく大陸で身につけた技法で、武蔵野に道をつけ光もあてた。尾花のつづく武蔵野の原を、高麗人の手で拓き、いわば朝鮮からの帰化人こそ、忘れてはならない指導者である。

彼らから学ぶ日本人のまじめな学習態度も加わって、山野に鍬跡をのこす。多摩川をみても同じこと、川の恵みを生活のなかへ巧みに容れて、川面を組成している。高麗人の指導方針を守り復習の姿勢で、里人は時をかけて大地を熟成させていった。玉川べりの機業と布晒を生業にする故郷では、そうした彼らの技法が暮らしを支えている。

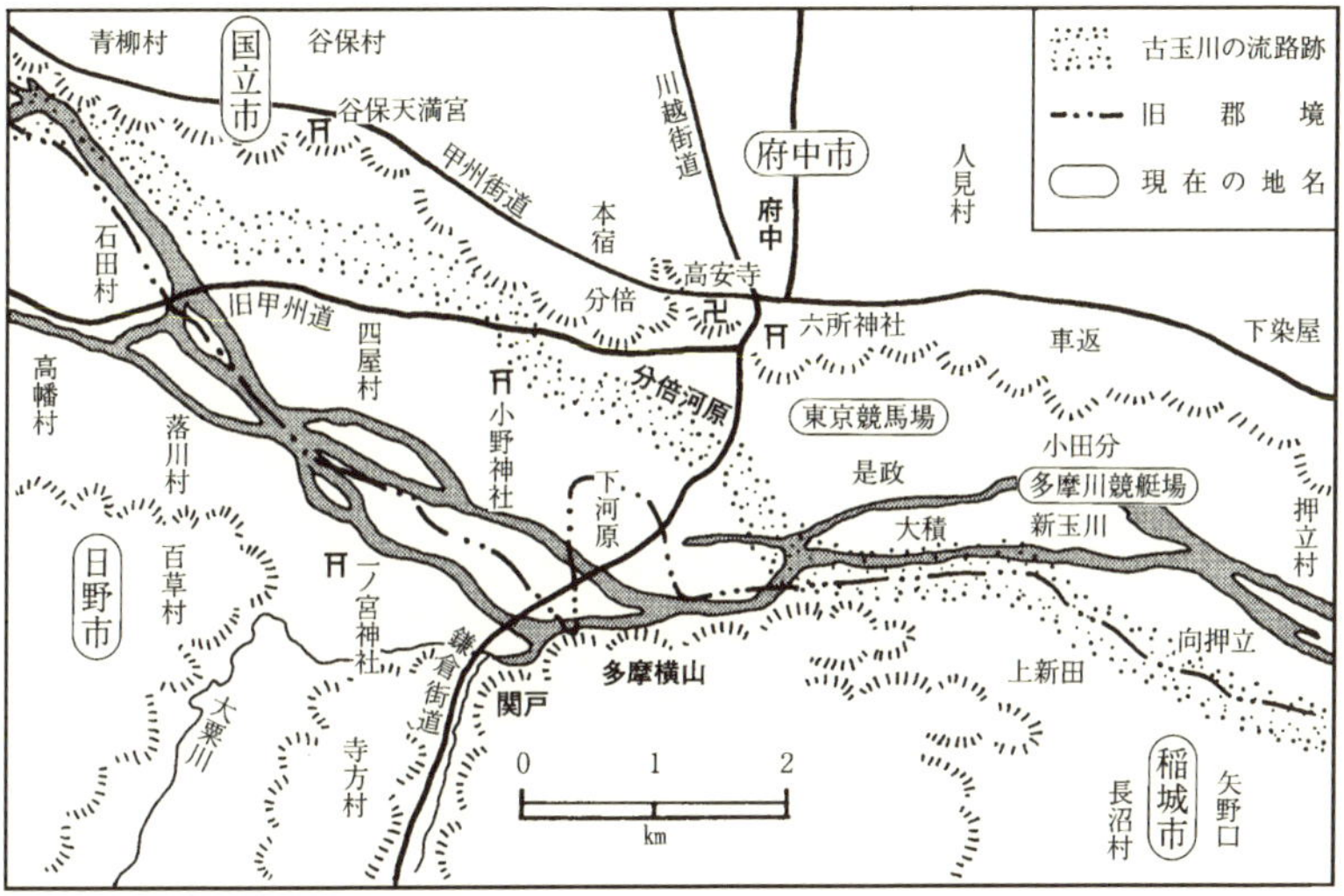

図Ⅰ-2-13　古多摩川の流路図

狛江市六郷用水の取水口に鎮座する水神近くに、伊豆石で彫られた万葉歌碑「玉川碑」が、雑木を後景にして築山に建っている。この付近の多摩川の流れは多摩川の流域でも、玉川にふさわしい清流域で、前述のように故郷の乙女たちが白い素足を玉水にいれて布を晒したところである。女人たちの習熟された手順と玉の水とが、映発して美観を添える情景を歌謡に託して詠まれた岸辺である。独自の野の文化を育てる武蔵野のなかでも、玉川の渚だけは川で暮らしひたむきに活きる民衆の水音が漂い、嗚咽のない乙女たちのしぐさと川瀬の風土が、文学の題材にも採用されてきた川面である。

こうした古の歌人が求めた河畔の情景は、なにも立川市や府中市、そして狛江市、世田谷区にいたる水面だけではない。後に高麗人が技術指導をおこなった、上流の青梅市まで広がる。青梅市の調布、二子玉川の六郷用水に架けた調布橋などがそれを物語っている。ただ国府の官人たちは京畿の文学にならって、遊里としての詩材を国庁に程近い野面に求めるわけで、幹道からはずれた奥山になれば、秩父吉田の万葉故地のように恋歌が多くなる。

玉川の布晒しの歌意を体した図柄はやはり多摩川の流れのなかでも、とくに自然が醸成する水面に無理なく融合でき、歌人たちの集える道のりのなかで編まれただけに、青梅市の調布は多摩川であっても、玉川ではなかった。三田領の青梅が玉川に組み入れられるのは、もっと時代が降りてからのことである。

また、多摩川には「川魚の王」とまで呼ばれるアユが名産であった。昔時から賞味され、歌人たちに最も賞味されたアユは、多摩川でも玉川流域で獲れるものが最も美味だという。徳川三代家光も、玉川の是政《これまさ》辺に若鮎を求めて、しばしば訪れている。将軍に献上する上ヶ鮎を獲る川面であったから、他の川筋とちがって鮎料理の茶屋や鮎宿まで設けられて賑わったという。浅川に入った「鮫陵源」、玉川本流では日野の「玉川亭」や立川の「丸芝館」、さらに下って府中の「魚元」、「魚重」、そして調布の「井上亭」など、江戸明治からつづいた老舗が、市井遊客をあてこんだ案内板となって玉川鮎の地位を高めた。(48)(49)

諸書に記された鮎漁は江戸時代にすでにみえ、『江戸名所花暦』[50]には府中の中河原や是政あたりを玉川でとらえ、名物をアユにしている。また『江戸名所図会』[51]でも、「玉川獲鮎」の絵図を載せている。ところによっては素性の違うアユもあるが、ここ玉川で獲れるアユは天下一品だという。

アユの減少は今に始まったことではなく、木と紙と泥で創作する江戸の市井を、文明開化という名のもとに、建物も道路も西洋風の街面に変える明治になって、耐震耐火構造の東京づくりを始めてからのことである。魚の数よりも釣り人の方が多そうな、今日の玉川ではアユはもう釣れそうにない。火山灰の覆う武蔵野では、近代的都市造りに必要な砂利や石灰石（セメント）が得られない。そこで一役かっていたのが、都心に最も近いこの多摩川（玉川）である。

とくに清水の湧く玉川の砂利は良質で、建築資材になることから大量に搬出されている。幾つもの砂利穴を川面にあけながら、そのつど東京を成長させてきた。是政の多摩川競艇場は、かつての砂利穴を覆い隠すか

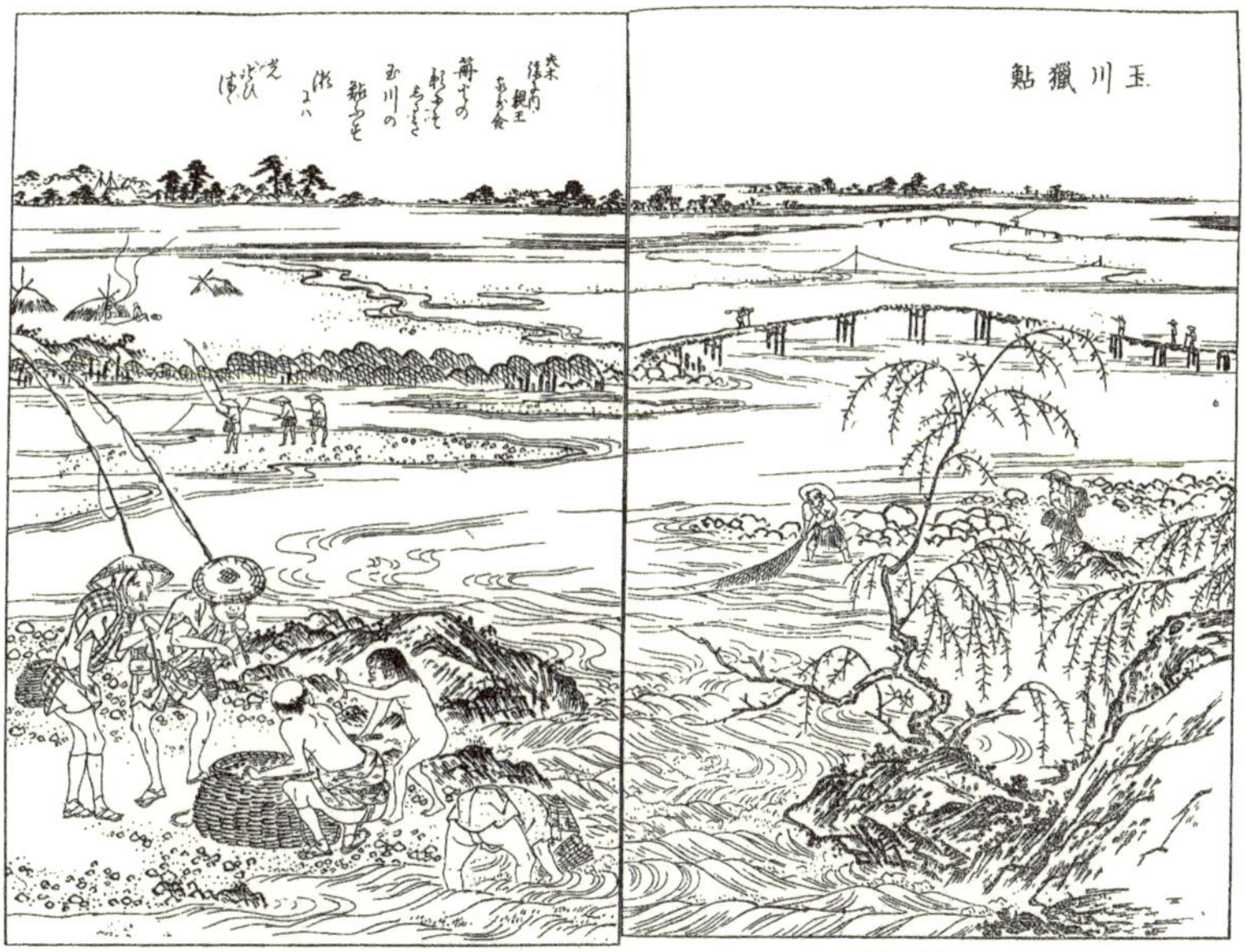

図Ⅰ-2-14　玉川アユ狩り（江戸名所図会）

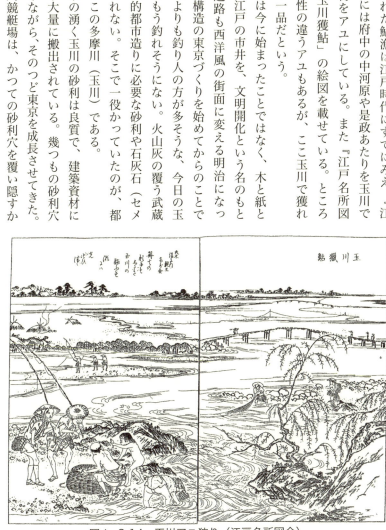

のように、その跡地に設けられている。玉川べりではこうした都市改造のあおりをうけて、大正時代にはアユの漁獲が激減している。[52]

玉砂利の採取が多くなった明治から、アユの減少がみられたが、砂利の搬出は川舟（砂利舟）[53]によって東京や横浜に移送され、その後鉄道輸送にとって代わられた。[54]砂利を鉄道で輸送する先がけとなったのが玉川電気鉄道（昭和四十年代までの路面電車で、玉電と呼ばれた）で、明治四十年に渋谷と二子玉川間を走って、運搬を開始している。次いで明治四十三年開通の東京砂利鉄道（昭和四十八年廃止された旧国鉄下河原線）や多摩鉄道（西武多摩川線）、それに多摩川砂利鉄道（南部鉄道）も大正十年に創業を開始して、多摩川でも玉川流域の良質砂利の輸送合戦に加わっている。[55][56]立川市から青梅市へ敷設された青梅線が、セメント原料の石灰石搬出が目的であったのに比べて、玉砂利搬出のこれらの鉄道は多摩川のなかの玉川流域において敷設されたのである。

古歌や布晒の古跡をのこし、永く鮎漁で賑わった玉川の流域は、自然が創作する玉水の清流域にあたる。このところ、川で遊ぶ親水ばやりではあるが、各地で復活した風物詩、鮎漁の一覧表をみても、もう武蔵玉川は載ってこない。

江戸後期、農家の副業に組み入れられて発展した唐紙の模造「玉川和唐紙」[57]も、管村（川崎市）のミツマタを原料に、調布近隣の古里で漉かれていた。山水を漉きこんだ襖紙など厚手の紙を玉川の清流で漉いたというが、その技法は機業と同じ高麗人から学んだと伝える。やはりこの生業も玉川の風景を砕く新たな改造が始まって、明治中期に消滅している。

いずれにしても、多摩川のなかでも玉川の流域には独自の河相と人びとの営みがあった。玉川上水という上水名を「多摩川上水」ではなく、「玉川」の文字をあてたのは、羽村の取水口付近までの流域を玉川流域に拡大させる江戸時代以降のことである。中古までの玉川流域は、その流域よりも狭小だったのである。

引用・参考文献と注

第Ⅰ章　第二節
(1) 山田早苗著『玉川泝源日記』　天保十三年
(2) 『奥多摩町誌』奥多摩町誌編纂委員会　昭和六十年
(3) 多摩川誌編集委員会編『多摩川誌』　河川環境管理財団　昭和六十一年　頁八七一～八九一
(4) 世田谷区教育委員会『世田谷の河川と用水』　昭和五十二年
(5) 前掲 (3) 頁六〇三～六〇五
(6) 前掲 (3) 頁六〇〇～六〇三
(7) 『萬葉集』巻第二十　日本古典文学大系七　岩波書店　昭和三十七年　頁四四三
(8) 白坂蕃「地図に風土を読む」『多摩のあゆみ』六十四号　たましん地域文化財団　平成三年
(9) 河井酔茗「武蔵野の面影」上林暁編『武蔵野』　宝文館所収　昭和三十三年
(10) 武蔵野の地下水と新田集落については、矢嶋仁吉著『武蔵野の集落』古今書院　昭和二十九年に詳しい。
(11) 『萬葉集』巻第十四　日本古典文学大系六　岩波書店　昭和三十五年　頁四一四
(12) 前掲 (3) 頁一三三六～一三四二
(13) 瓜生卓造著『多摩源流を行く』　東京書籍　昭和五十六年　頁四三
(14) 松尾俊郎編『地名の研究』　大阪教育図書　昭和三十四年　頁一三二
(15) 山口恵一郎著『地名を考える』　ＮＨＫブックス　日本放送出版協会　昭和五十二年　頁一一五
(16) 前掲 (15) 頁二六～二七

(17)『日本書紀』巻第十八　日本古典文学大系六十八　岩波書店　昭和四十年　頁五四
(18)『新編武蔵風土記稿』第六巻　雄山閣　大日本地誌大系
(19)上田孟縉著『武蔵名勝図会』慶友社　昭和四十二年
(20)『江戸名所図会』巻之三　日本名所風俗図会　巻四所収　角川書店　頁二八九
(21)『風土記』日本古典文学大系二　岩波書店　昭和三十三年　頁四六六
(22)井出孫六「峠百選二」朝日新聞　昭和五十六年十一月九日号によれば、「奄美に（峠）が侵入してきたのはそう遠い昔ではない。（―ひら）とは、坂あるいは坂を上りきったところの謂《いい》だという。」そして沖縄に行って尋ねると「奄美と同じひらのつく地名は方々に現存し、それが沖縄の峠にあたる」と述べている。
(23)山口恵一郎著『地名の論理』そしえて　昭和五十九年　頁一八八～一九四
(24)山口恵一郎著『地図に地名を探る』古今書院　昭和六十二年　頁一二三～一二九
(25)池田末則著『古代地名発掘』新人物往来社　昭和五十三年　頁一四六
(26)直良信夫著『峠と人生』ＮＨＫブックス　日本放送出版協会　昭和五十一年
(27)桜井正信著「武蔵野の風土とその変遷」地理二十三巻十一号　昭和五十一年
(28)桜井正信著『歴史と風土　武蔵野』社会思想社　昭和四十一年
(29)西海賢二著『武州御嶽山信仰史の研究』名著出版　昭和五十八年　頁二五〇～二六九
(30)『新編武蔵風土記稿』第八十九巻　雄山閣　大日本地誌大系十　平成八年　頁二八六
(31)前掲（19）
(32)馬場喜信『地図で読む多摩―多摩地図学への招待』『多摩のあゆみ』六十四号　たましん地域文化財団　平成三年
(33)『文政年間　国郡全図』復刻　近藤出版　昭和五十一年
(34)前掲（20）頁二八九
(35)『続武蔵野話』二　日本名所風俗図会　巻三所収　角川書店　昭和五十四年　頁四〇九

(36)　前掲(19)
(37)　前掲(19)
(38)　玉井建三「六玉川の環境と立地要因(一)」聖カタリナ女子大学紀要第六号　平成六年
(39)　前掲(3)頁六〇〇〜六〇三
(40)　『絵本江戸土産』日本名所風俗図会　巻三所収　角川書店　昭和五十四年　頁二三七
(41)　前掲(11)
(42)　矢嶋仁吉「多摩川の水害と万葉歌碑について」歴史地理学紀要一八『災害の歴史地理』所収　昭和五十一年　頁七三〜八二
(43)　桜井正信著『文学と風土　武蔵野』社会思想社　昭和四十三年
白石実三著『新武蔵野物語』書物展望社　昭和十一年　頁一七五〜一七八
(44)　藤岡謙二郎編『古代日本の交通路Ⅰ』武蔵国　大明堂　昭和五十三年
(45)　白石實三著『新武蔵野物語』書物展望社　昭和十一年
(46)　府中市『府中市の歴史』昭和五十八年
(47)　小野武夫著『日本村落史概説』岩波書店　第七刷　昭和五十六年　頁一五九
(48)　前掲(3)頁九四五〜九六九
(49)　松川二郎著『名物をたづねて』博文館　大正十五年
(50)　『江戸名所花暦』日本名所風俗図会　巻三所収　角川書店　昭和五十四年　頁九六
(51)　前掲(20)
(52)　北多摩郡役所編『北多摩郡誌』大正元年(復刻版)象山社　昭和五十八年によれば、明治四十四年の多摩川での漁獲量合計は三千八百貫で、そのうち鮎漁獲量は二千二百五十四貫で、多摩川のなかで最も多い。
(53)　橋爪英磨編『羽田史誌』羽田神社発行　昭和四十年

(54) 三輪修三著『多摩川―境界の風景』有隣堂〔有隣新書三五〕 昭和六十三年
今尾恵介著『多摩川絵図』今昔―源流から河口まで― けやき出版 二〇〇一年
(55) 青木栄一「武蔵野の開発と郊外鉄道網の形成」地理二十三巻十一号 昭和五十三年
(56) 前掲(3)頁九七〇～一〇一一
(57) 多摩川誌編集委員会編『多摩川誌／別巻 写真・図集』河川環境管理財団 昭和六十一年 頁八六～八八

第三節　奥州野田玉川の流域設定

六玉川のうち井出の玉川（京都府綴喜郡井出町井手）、野路の玉川（滋賀県草津市野路町）、梼衣の玉川（大阪府高槻市玉川）、調布の玉川（東京都調布市から狛江市にかけた多摩川）、高野の玉川（和歌山県伊都郡高野町高野山・奥ノ院）については、すでに述べた。この節では「野田の玉川」[(1)]の候補地である青森県東津軽郡外ヶ浜町（旧平舘村）野田の「野田の玉川」、岩手県九戸郡野田村玉川の「野田の玉川」、福島県いわき市小名浜野田字玉川の「野田の玉川」、宮城県塩釜市野田玉川の「野田の玉川」の古歌と風土、それに流域設定に関して考察する。

一、青森県東津軽郡外ヶ浜町の「野田の玉川」

陸奥湾を望む青森県東津軽郡外ヶ浜町(旧平舘村)の開拓は、南部の家臣で平舘左衛門尉貞宗が津軽におもむき、館を築いた正治元年（一一九九）が最初である。平舘氏の系譜につながる柿崎家も、永仁三年（一二九五）南部から日蓮六老僧のひとり日時上人を案内して蝦夷へ渡島の後、石崎沢に上陸して永住したという。しかしながら、野田の玉川流域は、まだ無住の曠野であった。

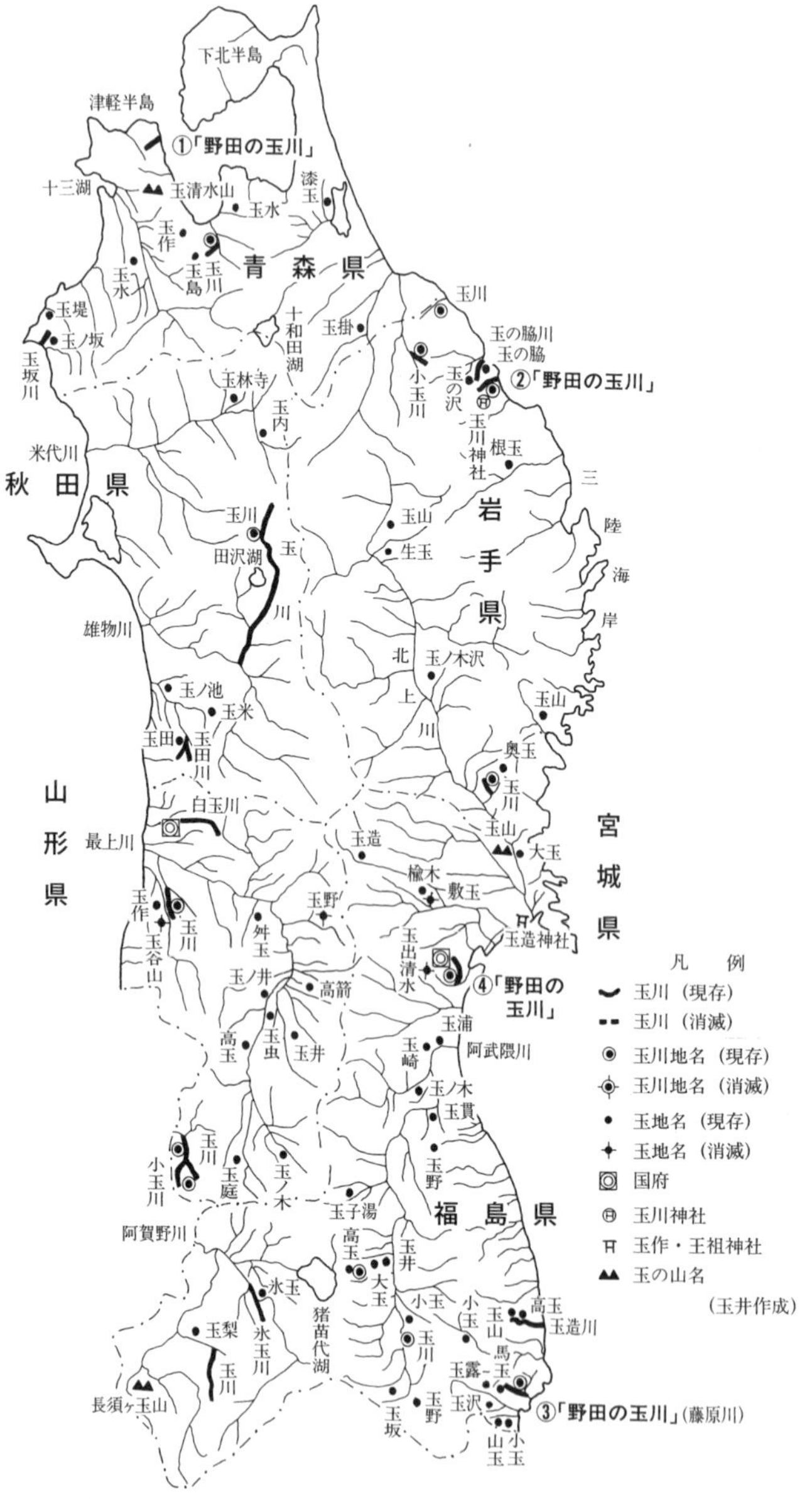

図Ⅰ-3-1　歌枕「野田の玉川」の地と地名

このように南部の人と文化を導入することによって、粗野な大地を拓いてきたが、後世になると、日本海の荒波を越えて北上する北前船などがもたらす生活文化と関係が親密になる。

一七世紀の頃には、その北上する海路の影響で、若狭・越前・越後との結びつきが根強くなり、それらの諸国から漸次入植者がふえて、他国人たちの鍬入れで津軽の曠野を創作して、村おこしをした古里である。なかでも古老の語りは、若狭（福井県）の話題が多い。今日の古集落のたたずまいは徳川中期からといっていい。とくに根岸や今津の里人には日本海文化との関係から「福井」姓が多い。やはり若狭からの移住者が拓いた古里という。しかし野田の里では「藤田」「木村」の姓で、浪岡町野沢からの入植者で構成された古里だと、鍵谷三四郎氏はいう。『松前旧事記』(2)にも永禄五年（一五六二）、南部が野田を領地したことを記している。そのため か、野田には「福井」姓は皆無である。

外ヶ浜の村里では、長男が家督を相続する他は分家を禁じ、全て村外に生活の糧をもとめて転出する慣習がいまも守られていることを考えると、世帯数の増減がない。こうした南部の影響があって、陸奥の古歌の里「野田の玉川」が、ここ青森県東津軽郡外ヶ浜町の野田だとする説を、土着の民に永く伝言されていて一歩もゆずらない。確かに、津軽の野面には文字なき時代の伝説が多い。そのひとつ、『東遊記』(3)後編巻之五に舎利浜が記されている。それによると、

「奥州外が浜にホロヅキ（襲月）という所有り。此海辺に舎利浜あり。小石浜なるが、其中に舎利石まじれり。白きあり、飴色なるあり、大きさ豆のごとく米粒ごとく、……又、此舎利浜の先に今別という所あり、弐三里も隔たれり、此所の浜を瑪瑙浜という。……凡石も瑪瑙も、大きさ大抵拳の程より、鶏卵、或は小さきは蚕豆（そらまめ）のど都市。皆々甚だ明徹にして、京都にて緒〆にするもの也。世に津軽玉といい、又は宝石ともいう。……」

と袰月から今別の浜を図会（図Ｉ―３―３）で記録している。地元の人たちがいう錦石である。

この錦石は山岳の急斜面を落ち、河水によって研磨されながら峡谷を流れて、外ヶ浜の荒波で砂浜にあらわれるという。浜でこの珍石を拾う在所のひとや旅人が、いまも絶えない。また奥山深く分け入り、巨石の荒い錦石を採る者もいるという。かつて家屋周辺の石垣に、錦石を積んだ屋敷もあって、近年の珍石ブームにのって、この石を販売し富を得たという名家も少なくない。このように、舎利の珍石は今でも、その衰えをみせない。

さらに同じ『東遊記』(4)に朱谷の項がある。

「奥州津軽の外が浜に平舘という所あり。此所の北にあたり、巌石海に突出でたる所あり。是を石崎の鼻という。其所を越えて暫し行けば朱谷あり。……此谷の土石皆朱色なり。水の色までいと赤く、ぬれたる石の

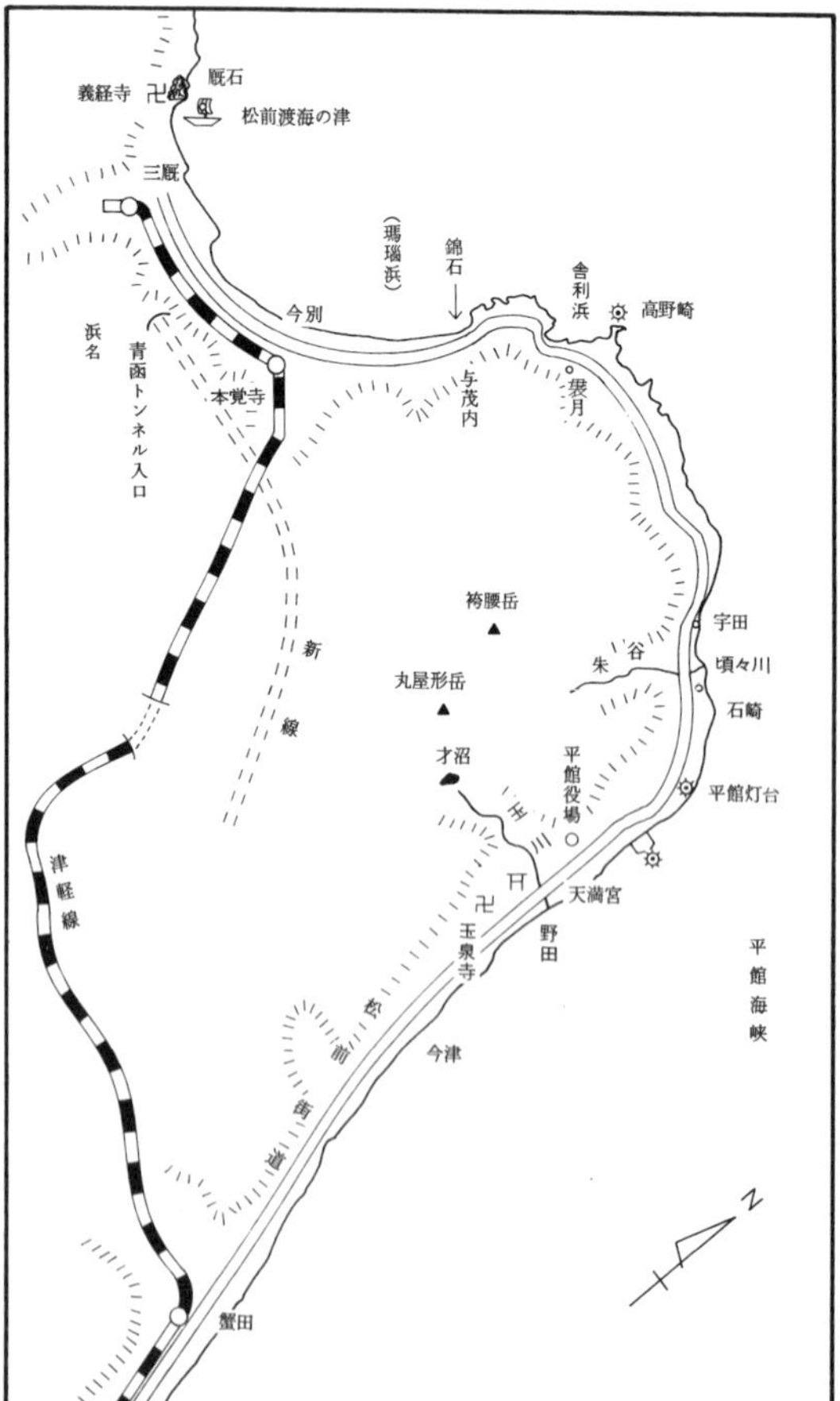

図Ｉ-3-2　津軽半島「野田の玉川」図

朝日に映ずるいろ誠に花やかにて、目さむる心地す。其落つる所の海の、小石までも多く朱色なり。……」と記載されている朱谷は、いま外ヶ浜町（旧平舘村）に属す石崎の頃々（コロコロ）川だという。頃々川の朱石も錦石かと思われたが、村の教育委員会は錦石でないという。ただ朱石にしても、徳川期からの伝承がひそみ、旧蹟であることは確認できた。しかし「野田の玉川」については、諸書には名勝旧蹟で記録されていない。古老の語りによると、野田玉川の里は無住であった平安時代をすぎ、慶長五年（一六〇〇）の関が原の戦い以降、ようやく南部から移り住んだ人たちで拓いた里だという。

野田玉川の流れは、松前街道筋の野田集落の甍を分かつように流れている。鳴川岳に源を発した玉川が、村内の諸流のなかで最も良質の真水だという。そのことが知られて、沿岸交通の諸船は一ヶ月も保存が可能というこの水を求めて、わざわざ玉川沖に碇泊したという。この清水は津軽の浦々に知れわたっていて、いつの頃からか北前船も玉川の河口で給水をおこない、再び荒波を越えて蝦夷や西国へ航海する命の水であった。それだけに野田の里びとも、昭和三十三年に上水道が引水されるまで、古からこの玉川の清水を飲用していた。集水面積の狭い玉川だけに流量は少ないが、他の諸流とちがって、まろやかな清水である。

野田の字鳴川の前田辰太郎氏によれば、川沿いの田畑を掘り返すと、かつての河床の礫がみられ、現在の川幅とちがって、もっと幅が広く、小型船が航行できたという。旧河床沿いには古木も埋まっていて、先

図Ⅰ-3-3　奥州舎利浜（東遊記）

人の伝言を誤りなく語り継がれているという。また野田の浜でも錦石が採れるが、なかでも玉川の河口に多いらしく、旧平舘村役場に展示する錦石は玉川の流域から流れ出た珍石である。

吉田東伍の『大日本地名辞書』によれば、「玉川といふは黒曜石を出す故にあらん」[5]と玉川の来歴を記載しているが、野田の古老小田桐氏も、玉川に黒曜石が河原にあることを語る。

清水と珍石を運ぶ玉川の上流は深く谷を作り、鳴川岳（六五八メートル）の中腹、才沼から出る地下水が水源になっている。この沼は海抜四三〇メートルにありながら、湧水を集水しているが、今もって流れ落ちる場所を探しあてることが出来ずにいる。そのことが高所に湧く沼を、村の不思議のひとつにあげている。沼にはまた珍しいモリアオガエルやサンショウウオなどが棲息していて、潮の干満によっても水量が上下するという。

才沼のほとりには山の神を祀っていて、その神を秋になると玉川の河畔に鎮座する天満宮（天神様）の社にお迎えして、翌年の春に再び才沼へお帰りになられるという。前田辰太郎によると、それは厳寒の才沼をさけ、冬季のみ里に留めて、玉川の水源でもあるこの山の神に感謝する古習からきたものと語ってくれた。

写真12　旧平舘村の野田玉川
（青森県外ヶ浜町）

玉川の右岸、黒松やタモノ木の古木にしずむ天満宮は、かつて茅葺の古社であった。村史によれば「菅原道真をまつる天満宮は勧請年月不詳、昔上方から此祭神をのせて善知鳥（今の青森）を指して行く船あり、此の川口

（玉川）の沖合に止まり、進むことなし、依りてついに此地に安置勧請するにいたれりと。」と記述している。前田氏によれば、全国に六つの名高い天神様があり、そこにはそれぞれ玉川という流れがあって、それを六玉川と先祖から伝言しているという。この六天神のひとつが野田の天神社で、境内横を流れるこの河川を歌枕の「野田の玉川」というのである。

いまは社と玉川の間に、玉川農村広場が設けられて、現代の顔立ちに整備したこともあって、玉川の来歴を語るものはなくなったが、玉川の清流だけは昔も今も変わらない。かつて、玉川の清水を船舶用飲料水に用いたこともあってか、天神様にはおびただしい船を描いた扁額が奉納されている。

天満宮の南には、樹齢三百年を越える老松が寺の墓地を覆っている玉泉寺の古刹がある。玉泉寺は、隣町今別町の本覚寺の末庵で、万治二年（一六五九）単求という僧の開基、阿弥陀を本尊にしている古寺である。玉川の川名は、その万治年間以前からすでに存在していた。

数人の古老をたずね歩いたが、この玉川を説く鍵は聞き取れなかった。ただ共通して『新古今集』能因法師の「夕されば汐風こして陸奥の　野田の玉川千鳥鳴くなり」は先祖から流伝するという。村史の野田の玉川の項[6]にしても、古歌の「野田の玉川」は陸奥のこの里だと、次のように記している。

野田の玉川は平舘村大字野田にあり、青森を去る九里余、古来から有名なる六玉川の一つである。其水清くして川底洗うが如く、その川に産する所の石は皆黒色にして光沢あり、蛤もみがきたる漆器の如くにして、世人の最も珍重するものである。古歌に

光そふ野田の玉川月きよみ
夕しほ千鳥夜半に鳴くなり　　後鳥羽院

夕されは汐風こして陸奥の
　野田の玉川千鳥鳴くなり　能因法師
陸奥の野田の玉川見渡せば
　汐かせこしてこほる月影　順徳院
うつら鳴く野田の玉川けふ見れば
　萩こす浪に秋風そ吹く　家　隆

村史に記載された、玉川に黒色で光沢のある珍石というのは、吉田東伍の「黒曜石に由来する」という内容と一致している。ただ、能因法師が詠んだ元久二年（一二〇五）成立の『新古今集』や、順徳院の詠んだ文永二年（一二六五）に成った『続古今集』は、それぞれの古書におさめられていることからして、当時歌人たちが陸奥の、それも津軽の北端の地にまで足跡をのこすことが出来たかどうか。平舘左衛門尉貞宗の築城が、正治元年（一一九九）であったことからも、まだまだ歌人たちが集う場所ではなく、粗い暮らしの場所であったとみたい。

二、岩手県九戸郡野田村玉川の「野田の玉川」

陸中海岸の北の端、琥珀とマリンローズ（バラ輝石）の里で知られる野田村。塩ベコの古道が北上の奥山に分け入る拠点であり、山と海の暮らしの基本をととのえる野田は、大海原を後景にした陸奥の古歌の里である。陸中の湾頭から台地に拓いた、野田の里なかに玉川がある。岩手県九戸郡野田村こそ、古の歌枕の里、陸奥の「野田の玉川」[7]だという。

赤いラインが荒海に映える三陸鉄道野田玉川駅から、整備された道を海岸沿いに下ってゆくと、玉川漁港が眼下に見えてくる。道筋の崖下に江戸末期の人物で、三之助、円治が塩を焼いたという釜跡は、もう太平洋の波しぶきをかぶるところである。

そこから枯れ松葉で敷き詰められた小径が、切り通しになって、高台の社に通じている。曲がった地道であるが、下茶屋の屋号をもつ大沢家横（平成二十三年東日本大震災の津波によって流失）からは、老松に覆われた平坦な丘になっている。西行法師が訪れ、数年間滞在したという庵跡がこの丘にある。詩情をさそう丘の片隅に、「西行屋敷」と「玉川の玉石」の碑が玉川の歌枕の地であることを伝えている。先の大津波の影響によって、玉川河口に位置する

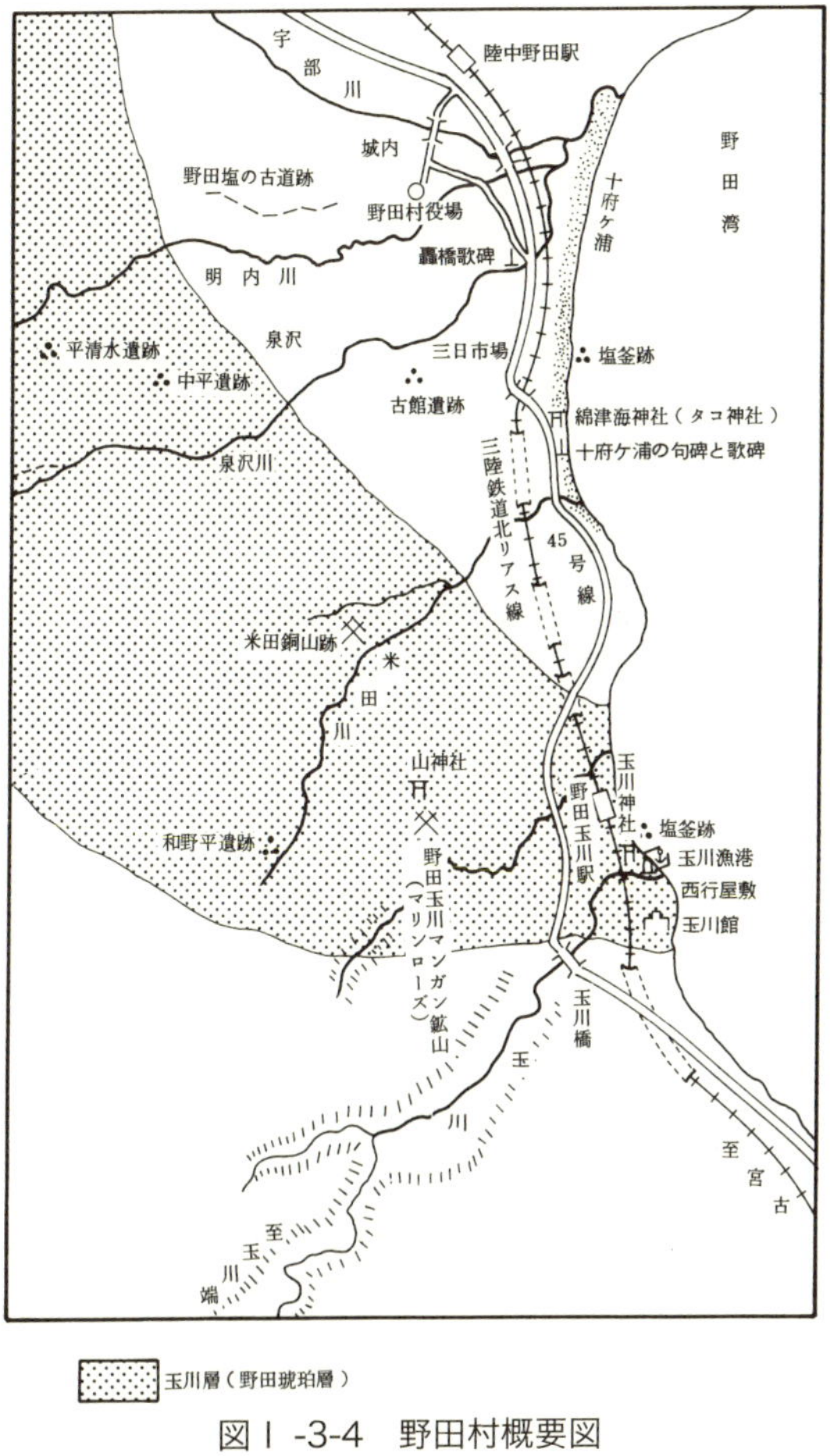

図Ⅰ-3-4　野田村概要図

玉川漁港と生活の舞台である玉川流域の家屋などは、すべて流失してしまった。この「西行屋敷」の丘にも津波が達したが、石碑などが倒壊したものの、大きな被害は及ばなかった。玉川の古歌の里をたずねて、はるばる訪れた者にとっては「玉川の玉石」と書かれた立札が目にとまり、また「西行屋敷」の石碑横、砂岩の玉石が玉川の古里であることを認識させる。

潮騒と潮の香りがただようこの松林の丘は、西行が能因法師に心ひかれて、二度、平泉に旅したなかで、二度目の文治二年（一一八六）、東大寺砂金勧進の名目で平泉をたずねた時に、ここ「野田の玉川」へも脚を踏み入れたと伝える。絶景のこの丘に立った西行は去りがたく、ついに庵を設けて滞在したという。いまも西行の時代そのままの姿で、古歌の地にふさわしい風情をかもしだしている。

夕されば汐風こして陸奥の
　野田の玉川千鳥鳴くなり　　能因法師　（新古今集）
みちのくの野田の玉川みわたせば
　汐風越してこほる月かげ　　順徳院　（新古今集）

この古歌は、昭和五十八年に西行屋敷に建立した歌碑（写真13）に詠まれている歌である。(8) 老松の緑陰から観る平成二十三年の津波の影響を受けた玉川の漁港と玉川の河口は、白砂青松のなかで、松風と海鳴りが時をうばい、詩情をさそう風流の古里である。

また、明治二十九年の三陸津波によっても、西行屋敷の三分の二が崩壊し、玉川河口の風貌を伝えていた眼鏡橋も流出して、古を忍ぶ景観が失われたというから、当時としては玉川館の石垣と巨木の丘とともに、より風情のある土地柄をみせて、旅びとの脚を休めさせたことだろう。

六玉川のひとつ「野田の玉川」がこの故郷なのか、野田の村びとは村内の玉川(9)だというが、その確証はない。能因法師と順徳院のほかにも、故地にちなんだ歌枕を拾ってみると

五月雨は夕しほながらみちのくの
　野田の玉川浅き瀬もなし　　鴨祐夏（続後拾遺集）
さと人や野田のわかなをすすぐらん
　汀ぞにごる玉川のみづ　　為　家（夫木抄）
ひかりそふのだの玉川月きよみ
　夕しほ千鳥はに鳴くなり　　後鳥羽院（夫木抄）

などがこの玉川で詠まれたという。西行屋敷から台地に上がる、枯れ葉で敷き詰められた地道の途中に、苔むした石段と風雨に耐えぬいた玉川の社がある。天照大御神を祭神にする玉川神社は西行屋敷とともに、訪れるひともなく、潮騒のなかにたたずむ。

玉川を詠んだ歌枕の地は当時の中央政庁、京畿の文化圏内に六ヶ所所在するが、なかでも陸奥の野田玉川については、東北地方に四ヶ所認められる。もちろん玉川は一ヶ所である。それぞれの故地で、古老の口碑や歌碑で名所旧跡に仕立てたのは現代の文人たちによって編ま

写真13　西行屋敷の玉川歌碑
（岩手県野田村）

れたのではなく、先祖から伝言する語りと場所決定がひそんでいるからである。台地端の西行屋敷にたつと、北上の山なみを後景にして、歌謡のひとふしが今も現役している。

更にをだえの橋（緒絶橋・途絶圯）で知られる歌枕の古橋跡は、いわき市や塩釜市と同様に存在する。野田の村役場前の三差路を十府ヶ浦に折れ、古い家並の甍をぬけて国道四十五号線に出ると、泉沢川に架かる轟橋のたもとに、昭和五十八年に建碑された一つ橋歌碑がある。地元ではここに古歌で詠まれた古橋があって、一つ橋とか轟橋、または途絶の圯とも呼ばれたという。歌碑には次の歌を記している。

朽のこる野田の入江の一橋
　こころ細くも身ぞふりにける　　平政村朝臣（夫木抄）
年経ればかわるものや今野田の
　入江もなみの礎と成りけり　　正　之（彦九郎北行日記）

潮の香りと浪音をかき消す白砂青松の十府ヶ浦にまもられて、のどかな田園のなかにひっそりとたたずんでいたが、ここも先の大津波の影響を受けて消失した。

文献でみると能因法師は津軽に、西行法師は平泉まで脚をいれているから、ここ野田の玉川を訪れたとしても不思議ではないが、確証はない。郷土史家も、「野田の玉川」はこの地だとしながらも、「この地の人々が、何百年もの間、信じて疑わなかった心情やロマンの温もりを、今さら否定し去ることもあるまい」とのべるだけで、九戸郡野田村だとする根拠は充分でない。

文治四年（一一八八）の『千載集』のなかに（後世の偽作なのか実際の『千載集』には次の歌は存在しない）

来る人もなこその関の呼子鳥
　こいて別るゝ野田の玉川　　藤原俊成

が詠まれている。この古歌からみても、勿来の関をすぎた陸奥に、野田玉川が存在していることは確かである。いまさら里びとが伝言する古歌の地を否定する気はないが、明治十二年の『岩手県管轄地誌』の玉川村の項には次のように記載されている。

名勝、玉川『村ノ西方ニ発シ、東流シテ海ニ注ク処ロ、川ヲ狭シテ岩石アリ。円石ヲ及子出ス。其径小八寸許。大八尺余ニ及フ。其蝉脱マルヤ、殆ント琢磨ヲ軽ルモノノ如シ。蓋シ玉川之ニ因ル歟。……』

この内容は古歌の里というよりも、玉礫を産出する河川に由来している。『岩手県郷土史』にも「河辺多く玉の如き石を出すを以て、欺く名づけたる由いふ伝ふ。」と収録されているごとく、河川名の玉川は玉石をもって名付けられている。玉川の河口付近を探索してみても、玉礫を採取することが今もできる。

玉川の流れに沿って水脈をたどっても、南部藩御用の鋳銭にも使用したという近世に拓いた玉川端鉄山跡があり、鋳銭沢や門番沢の地名ものこる山峡に、「かなくそ」の塊が露出する高森の、山ふところの平坦地に鉱山があった。明治になって、この跡地に巫女（いたこ）が住みついたという。今も口寄や流行病の祈禱に、玉川の峡谷に分け入って巫女屋敷にたどりついた古老の語りもある。この玉川流域には、鉱物資源が埋蔵されていることは確かで、現に野田玉川マンガン鉱山が存在する。

マンガン鉱山といっても、鉱物の種類の多さと稀少鉱物の産地で名高く、実に六十種類に及ぶ。中世代三畳系の累層とそれを覆う白亜紀層、そして第四紀の堆積層からなる地層からはマリンローズと呼ばれ珍重されるバラ輝石が産出する。更に古の時代から、久慈琥珀の産地で知られ、その琥珀層が玉川にも延びている。野田湾に分布する玉川層では、昭和初期に採掘した跡までのこる。琥珀の勾玉や棗玉などが、先古之遺跡からも出土しているし、波うつ岸辺の荒海に琥珀が寄りあがったのを拾い、沼宮内に送ったという古老からの伝言もある。バラ輝石や琥珀は玉川の古里の背後にも散見できることから、それらが宝石の玉類に結びつき、玉川の語源にまで採用されたと考えられる。

ただ、田村栄一郎氏が『村の歴史文化手帳』で「地方から中央を見る必要もあろうというのも、特にみちのくの先住民文化と律令文化の間に、日本史に書かれていない、先人のたくましい足跡があるような気がしてならない」と述べている。古歌を引用する立場だと、そこには京畿文化からみる姿勢が、おのずとひそむことになる。だから、文化圏の設定と時代考証が不可欠となってくるが、それに関しては後述する。

三、福島県いわき市小名浜野田「野田の玉川」

いわき市小名浜に玉川町と野田字玉川という野面がある。玉川町については、近年の都市化の波によって、住宅団地が造成され誕生した町名で、土地に根づく、昔時の玉川は野田字玉川である。

漁港と化学工業の顔をもつが、先の大津波の影響を受けた良港小名浜港に注ぐ藤原川は、かつて奥州「野田の玉川」と呼ばれた清流で、風光明媚な川面であった。国道六号線から分かれて、小名浜市街に入る道が藤原川を渡る玉川橋の橋名が、わずかに古を語りかけている。この橋のたもとから、上流にかけて、河川は大きく蛇行するが、幕末の戊辰の合戦があった二ツ橋付近で、矢田の里から流れ出る矢田川と合流し、藤原川の本流との間に三角状の野面を造っている。そこに小名浜住吉と野田の里がある。

玉川の村名は明治二十二年に、湯長谷領の南富岡、島（志摩）、大原の三村と、幕領の住吉、野田、金成、林城、相子島、岡小名、岩出の七村が合併し成立した村名で、近世まで玉川村は存在していなかった。ただ、野田の小字名で見ると、八合、玉川、我鬼塚、寺作入、柳作、北坪、田中の七字名があって、そのひとつとして玉川が存在していた。

玉川村の新村名選定について、『磐城国菊多・磐前・磐城合併並組合町村調』[10]（福島県歴史資料館蔵、明治二十一年）によれば、住吉に磐城判官の官趾があり、また延喜式内社の住吉神社があって、最も著名であるから、「住吉村に命名しては」との意向であっ

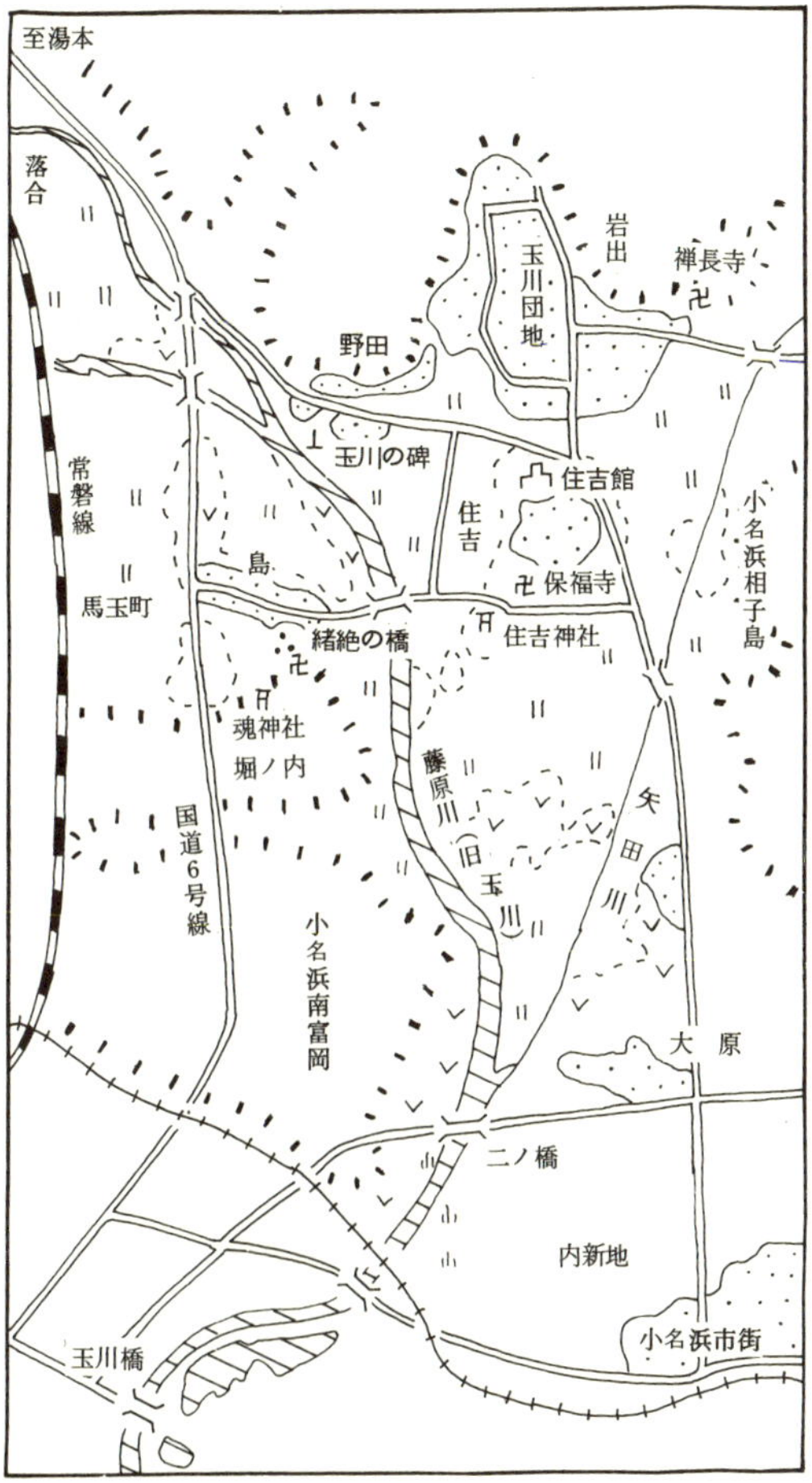

図Ⅰ-3-5　いわき市野田玉川図

たが、他村民の反対もあって断念している。そこで村なかを貫流する藤原川（旧玉川）が野田の里において、玉川や緒絶の橋など、古今集の古歌にみえるほどの著名な旧蹟であるから玉川村と改称したことを記載している。

野田の田仲バス停留所から、畦道に沿って藤原川の堤にでると、二本のシュロ樹に彩られて「六玉川の一野田玉川旧蹟」と刻まれた仙台石の碑が河風にさらされるように、河畔にひっそりと建つ。昔時にかえったような、歌人の跡がしのべる。歌碑は昭和十九年に、「野田玉川旧蹟保存会」[11]が村里の語りを、後世に確実に残そうと平安の歌人、能因法師、順徳院、藤原俊成の歌を記したものである。

夕されば汐風みちてみちのくの
　野田の玉川千鳥鳴くなり　　　能因法師

陸奥の野田の玉川見渡せば
　汐風越して氷る月かな　　　順徳院

来る人もなこその関の呼子鳥
　こいて別るゝ野田の玉川　　　俊成卿

玉川べりの、いかにも時代を越えた風流の地、遊里にふさわしい景をただよわせる堤に添える歌碑である。それは大阪府高槻市の梼衣の玉川（三島の玉川）にも似た、田園の里柄にあった。ただ、藤原俊成の作とされる上記の歌が『千載集』には記載されていないことから、後世の作為と推測される。また、一首の中に「なこその関」と「野田の玉川」という二つの歌枕が詠まれていることからも後世の偽作と考えられる。

古にも歌碑があったようで、昭和四年の『石城郡町村史』[12]の玉川の項には、「野田ノ玉川。みちのくの玉川ハ、此所ニキハマリヌ。先領主内藤氏、能因ガ歌ニ藤原道雅ノ歌ヲ引キ、玉川へ壱町七間、緒絶ノ橋へ十一町半ニ石碑ヲ建ラレ……中略……右ノ石碑ヲ田ノ中へ掘埋メタリ」と記している。

野田周辺の住吉や島なども古里で、早くから拓かれた土地柄であったことを記録している。野田の対岸、藤原川右岸にはその島（志摩）の里がある。この島の里はずれで、玉川の下流に緒絶の橋が架かっていたという。今はないが玉川とともに歌の名所であったと伝える。

みちのくの緒絶の橋やこれならん
　踏みみ踏まずみ心まどはす　　藤原通雅（後拾遺集）
白玉の緒絶の橋の名もつらく
　くだけて落つる袖の涙に　　中納言宣家（続後撰集）

と古歌に残された名橋であったという。『磐城風土記』（寛文八年）には橋の縁起を「今橋なし、只柱礎あり、人もし此の橋を経営せば必ず死す、因て魂の緒絶の心より此の名起これり」と伝言している。今も丘陵下の魂神社などが、歌人たちの歌詠みの作法とその背景を、朽ちゆく中にみせている。

さらに野田の下流、住吉在のはずれ微高地には

写真14　野田の玉川歌碑
（福島県いわき市）

延喜式内社の住吉神社が老松のなかに鎮座する。その北端には館山とも呼ばれる「住吉館」のあった岡がある。この岡は将門の孫、平政氏の居城趾で、岩城四郡を領有して磐城判官と称した場所である。岩城一族たちのこの居城は野田の玉川に隣接していることから、またの名を「玉川城」とも呼び、安寿と厨子王伝説の語りもひそむ舘趾である。

小名浜玉川町は、かつては野田の内で、藤原川が造った自然堤防外の田畑で彩られたのどかな野面であった。それが昭和四十年代の宅地造成によって、玉川団地という街面に変貌した。この現代の街面を取り除くと、昔時そのままの野田の素顔が浮かびあがる。住吉の古里も同じで、館山（住吉館）から住吉神社までの、かつての蛇行する河川がもたらした微高地に、生活拠点である家屋が立地している。明治二十一年の里別の戸数と人口をみても、住吉が戸数六五戸、人口一六一人で藤原川左岸、河原端の清水の湧く荒田の里であった。

藤原川が運ぶ砂礫で埋めつくされた古里は、野良の整備には労を要したが、その土砂で浄化される清い地下水が多くの歌人たちにとって、歌を詠む遊里にふさわしい土地柄になった。「井出の玉川」や「擣衣（三島）の玉川」、それに「野路の玉川」も、玉川がもつ河相に即した庶民の暮らしと貴人たちの遊里の舞台を構成しているように、「野田の玉川」もこうした自然の水面を下敷きにした土地柄がある。

奥州への入り口、勿来関をすぎた浜海道の路のりはきびしく、蝦夷という異郷の地で京畿を想う東歌も残されていることは、京で育った文官たちが東国に活きるために点から線の開発へと発展させる姿勢を伺わせる。それでいて京畿とは地形風土の異なる土地で、奥州の文化を高める指揮者のなかには、中央の遊里を模した場所さえ設定していくのである。

「野田の玉川」も、そうした文化未踏の磐城に西国の光をあて、新天地を密度の高い文化圏域に編んでゆく過程のなかに組み込んでいたのである。東夷の異郷の土地で、野田の廣野を文人たちが「井出の玉川」や「擣衣の玉川」にみたてて、川面で遊ぶ里に仕立てたのか。小名浜入り江が住吉の里まで達していた昔時、歌人たちは京を偲ぶ野面を玉川にもとめている。

吉田東伍によれば、奥州の古歌の名所、「野田の玉川」は宮城郡にもあり疑問があると記載している。又『石城郡誌』（大正一〇年）にも仙台と南部に、同様の玉川が存在することを記している。

磐城の夏井川下流域は、律令の時代から文化の中心であった。現在の平市街の東方は、磐城郡衙と考えられている根岸遺跡や、郡寺で水田のなかに残る塔跡を含めた一帯に夏井廃寺跡がある。更に岩城国造建許呂命の墳墓で、かつて塚全体を老松が枝をひろげた「八方にらみの松」があったという甲塚古墳。それに延喜式内社の古社で、古木におおわれた大国魂神社などが夏井川に沿った丘陵端にのこる。

この政治・文化の中心から遠くない野面に、「野田の玉川」はある。古の官道、浜通り（浜海道）の古道が藤原川と交わる地点から下流方向にそれた、河畔に位置している。古歌に残る玉川は古道のはずれで、しかも高い文化環境をほこる地域に近距離であることからも、磐城の玉川も例外ではない。まさに辺境の地、蝦夷への玄関口にふさわしい、先人の語りがひそむ土地柄である。

ところで勿来（なこそ）は、五世紀のころは「菊多の剗《せん》」とよばれ、奥州三古関のひとつであった。菊は終焉の献花のように、「菊多」もこの世の終わりで、大和文化圏の東端を意味した。勿来の関門は「夷人よ、来る勿れ」の意味で、な来そ（来るな）といったという。夷人の南下を防ぎ、蝦夷を国家の枠に組み入れる軍の根拠地であったが、圏域の北漸によって、むしろそうした関門の役割よりも、平安朝以来語呂のよさから、歌枕で活き続けてきた。そのはずれの沖積地に、「野田玉川」の遊里はある。

四、宮城県塩釜市野田「野田の玉川」

教養のたかい人びとが集う遊里は、けっして蝦夷の異文化と交わる危険性をはらんだ交界地域ではなく、むしろ京畿の文化が伝播して、爛熟する時期になって、はじめて残される。土地の教養をたかめた古歌も、古代地域設定の枠組みの時期から、更に内部が成熟してゆく過程において詠まれている。

宮城の野はこのような先達者たちの文化受容をもとに、粗地の野面を歌枕で化粧させてゆく。歌謡で飾る野にしたてたのは歌詠みたちであるから、山川を奥深く分け入った人稀なる野良にはなく、古道に沿う大路や、そこからそれた野径、そして国府周辺の比較的京畿の流行文化をはやくに入れて、浸透させることのできる古里に残されてくる。

貞観十一年（八六九）多賀城周辺一帯で地震が発生し、多大の被害をもたらしたことが『日本三代実録』に記載されている。更に一〇世紀後半には灰白色火山灰の降下堆積要因によって、十一世紀に入る以前に、多賀城が終焉をむかえたとする。

そうした奥州にきざまれた深い履歴のなかに、「野田の玉川」も流伝されている。「野田の玉川」は現在塩釜市内の母子沢町から西玉川町を流れ、玉川一丁目で泉ヶ岡からの小流と落ち合って、玉川排水路に沿って砂押川に注ぐ細流である。すでに市街地に変貌してしまった玉川の流れではあるが、かつて風流な土地柄であったことをしのぶ場所が、塩釜街道と東北本線とが交差する玉川一丁目の民家の庭先にある。老松をしたがえ、稲井石に刻んだ「野田玉川の碑」がひっそりと建っている。高さ二メートル、幅六十センチの古碑には

ゆうされば汐風越て陸奥の
野田の玉川千鳥鳴くなり
（新古今集）

と能因法師の歌が詠まれ、頭部には『野田玉川』の文字が彫られている。裏面には塩釜の俳人文之が、天明七年（一七八七）の晩夏に建立したことを記し、「玉川や田うた流るゝ五月雨」と詠んだ句がそえられている。

また、この古碑よりも、小振りの石碑が右横に建てられていて、「宮城県三十三番の内十九番　野田玉川　南無観世音菩薩　享保十五戌天四月十七日　月うつる野田の玉川岸みれば水影きよくすめる世の中」と刻まれている。更に朱塗りの観音堂が、二つの古碑を彩るように祀られている。

野田の古蹟の碑や堂は、樹齢二〇〇年以上といわれる黒松（写真15）の笠の下にしずむ。黒松は昭和四十年代までは二本あったが、一本は

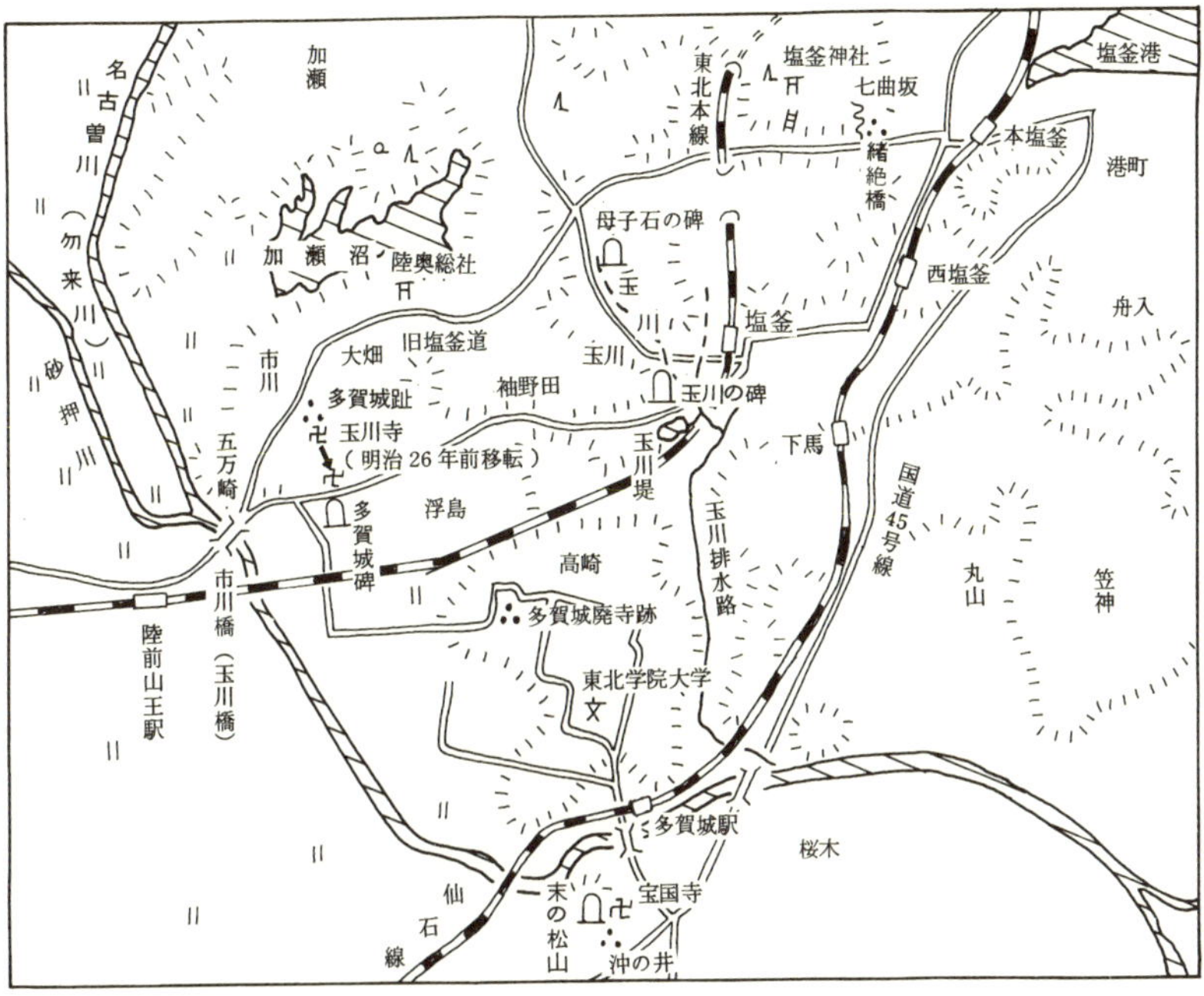

図Ⅰ-3-6　野田玉川図

背後の民家改築のおり伐採[13]している。のこる老松も、昭和六十年になって伐採される予定ではあったが、市教育委員会では「野田の玉川　黒松伐採についての意見書」をまとめ、伐採を中止させている。それによれば「大枝が左右にわかれ片方が市道の上に覆いかぶさっており、折れたりすると太さ約八十センチの枝が歩道に落ち怪我人が出る心配がある。しかし、石碑と松は対のものなので根元からの伐採ではなく枝払いなどにとどめ保存を……」としている。意見書通り、枝払いにとどめていて、唯一「野田の玉川」の面影を残す土地にふさわしい風情をかもしだしていたが、残る老松も平成に入って伐採されて、笠松が覆う古跡の風情はなくなってしまった。

古碑前の塩釜街道の路傍には「奥の細道」と書かれた木柱があり、古碑をやさしく見守っている。もちろん芭蕉もここを訪ねていて、末の松山の項に「それより野田の玉川・沖の石を尋ぬ。末の松山は、寺を造て末松山といふ。」[14]と行脚の跡をのこしている。

ではこの野田が、古歌に詠まれた六玉川のひとつ「野田の玉川」なのか、いまだ確定されていない。前述したように福島県いわき市小名浜野田、岩手県九戸郡野田村玉川、青森県東津軽郡外ヶ浜町野田の場所が、それぞれ「野田の玉川」の古里だとゆずらない。

写真15　昭和61年の笠松
宮城野の野田玉川歌碑
（宮城県塩釜市）

野田の玉川周辺で詠まれた古歌には、後世の偽作の可能性もあるが、「なこそ」とか「をだえの橋」などの土地名がみられる（写真16）。明治二十二年発行の『多賀城古趾の図』によれば、多賀城西方に「ナコソ川」と記した河川がある。また、木橋には「玉川橋」と記入されている。現在の地図には「名古曽川」や「勿来川」の文字もみられる。このように、多賀城周辺の野面にも残されている。

五、奥州における律令体制と文化圏

中央政府は律令国家の充実を図り財政的に、より強固な体制を整えるため、辺境の地に強者たちを送り込み、地域開発のための鍬跡を休みなく入れさせた。進捗な拡域的支配が深く編まれてゆくなかで、フロンティア精神をもった先達者たちは、京畿の指揮を鑚仰の思いで容れ勢をださねばならない。八・九世紀の奥州は、軍事的に緊迫状態にあって、律令政府はまだこの地域を京畿文化の北進する、漸移的交界地としての把握すらもっていなかった。

東北全域に朝廷の支配がおよぶのは十一世紀後半以降まで待たねばならなく、蝦夷の抵抗は一〇世紀前半まで続いている。東北支配の北漸をみると、七世紀までは白河関や勿来関（菊多関）に前線基地的な役割をもたせて、それを過ぎた北方まで進出していた。この北漸に対して、蝦夷は強く抵抗して、七八〇年には蝦夷によって多賀

写真16　宮城野のナコソ川
（宮城県多賀城市）

城が焼かれる反乱もおこっている。桓武天皇は坂上田村麻呂を征夷大将軍に任命して蝦夷を攻め、これによって東北支配は更に北漸し、胆沢城が築かれ、九世紀になって、ようやく北上川中流域の地域が支配されてきている。中央政庁からみると、「国域の外」と考えられていた津軽（青森県）の外ヶ浜が、[15]北方の境界にしだいに組入れられ、「国域の内」に固定していったのは十二世紀中期のころになってのことである。[16]

どの時代でも、軍事的支配体制を整備させ、勢力圏を設定して、後年になって内部を固め中央政庁の指導で文化も高まっていく方法がとられる。換言すると、京畿文化を定着して内部構造を整えるのは、開拓者を送り込み支配体制を整備させた後のことである。

宮城野の多賀城は神亀元年（七二四）の創建で大野東人によって蝦夷平定の砦館となったところである。多賀城鎮護のため高崎の丘陵に、太宰府の観世音を模して建立したという多賀城廃寺跡や宮城野の陸奥国分寺跡と同尼寺跡などが砦館と関連して、奥州の中枢機能が集積していたことを語りかけている。[17]また、塩釜街道の多賀城跡バス停留所近くに建つ「壺の碑《ひ》」[18]（多賀城碑）は、坂東の「那須国造碑」と「多胡碑」とともに、日本三大古碑のひとつに数えられていて、覆堂に納められている（写真17）。芭蕉の『奥の細道』にも記録されるこの古碑は天平宝字六年（七六二）の建立で「去京一千五百里、去蝦夷国界一百廿里……」と石面に彫られており、この頃にはフロンティアの波がすでに北漸していたことを、碑文は語っている。安倍辰夫は古文書を引用し、南部藩の上北郡七戸壺村にも壺碑があるが、この碑については「宮城郡の壺碑に対抗意識が生まれはじめているのではなかろうか」[19]と指摘している。

古代奥州における律令体制が漸移する地域について、高橋は「七〜九世紀にかけての律令国家の東北支配は単に全国共通型の地方支配方式で済まされなく」、[20]東北型律令制の支配があったことを指摘し、その律令国家の支配領域の漸移線を北へ押し上げていったことを記している。[21]工藤は承和六年（八三九）以降、「多賀城から城柵的な要素が減少し、多賀城を中心とする、ほぼ現存の宮城県にあたる地域が、より南の地域と大差のない状況になって、胆沢城に置かれた鎮守府の管轄する地域との体制のちがいが顕著になってくるのである」。[22] 山田は「多賀城鎮守府を中核として、北に面し、半圏状に展開する状態で城柵が配置されており、その城柵を核として局地的な集落生活圏が形成されている。」と述べ、「鎮守府を中核とする広域的行政権構造と、城柵を核とする局地的集落生活圏構造とが、重層圏構造を構成している」[23]と述べている。

奥州という粗野な大地でありながら、土地の暮らしむきや思想など、局地的な生活姿勢を示した後に、京畿文化が北漸沈下して、古代奥州文化をつくりだしているのである。そのため前述したように、京畿文化は律令国家体制が奥州に前進して定着した後、一定期間をおいて地域に根づき熟成された。換言すると政策と歩調は同じでも、文化伝播は国家要請そのものが、軍事的指揮の後になる。

条里遺構にしても、すでに奥州の大地に奥深く刻まれていることからも、昔時の城柵、寺院、軍団などを拠点にして、京畿文化を借用して、ひとつの奥州文化圏域をつくり、生活圏にもあたる土地の充実と熟成が図られてきたのである。[24] このように地域をある程度設定したあと、内部構造を政府主導型で次第に高密なものにしてゆく法が、遠隔の東北地方にはひそんでいる。とくに宮城野の多賀城周辺は奥州文化の拠点で、諸施設を中枢にして内容の濃い舞台構成となっている。

写真17　多賀城碑（壺の碑）
（宮城県多賀城市）

六、「野田の玉川」の歌謡と宮城野の玉川

和歌の名どころ、奥州「野田の玉川」が詠まれた古歌をひろってみると、前述したように後世の偽作も含まれているが、およそ次のような歌が地元では伝えられている。

『新古今集』冬　陸奥の国にまかりける時

夕されば汐風こして陸奥の
　野田の玉川千鳥鳴くなり　能因法師

『続古今集』冬

みちのくの野田の玉川みわたせば
　汐風越してこぼる月かげ　順徳院

『続後撰集』

五月雨は夕しほながらみちのくの
　野田の玉川浅き瀬もなし　鴨　夏

うつら鳴く野田の玉川けふ見れば
　萩こそ波に秋風ぞふく　家　隆

『夫木集』

ひかり添ふ野田の玉川月きよみ

夕しほ千鳥夜半に鳴くなり　　後鳥羽院

『千載集』

来る人もなこその関の呼子鳥

こいて別るゝ野田の玉川　　藤原俊成

凍てる奥州の廣野、古における開拓北漸の土地柄を、うら淋しい歌謡できめている。こうした古歌に詠まれた「野田の玉川」の場所を決定づけるものはない。そのため、現在においては、先に指摘したような四ヶ所の候補地が挙がってくるのである。

志賀忍（理斎）が天保九年（一八三八）に刊行した書物に『理斎随筆《ずいひつ》』(25)がある。

彼は若い頃から読書家で、十四・五歳の頃より閲読した書のなかから、筆にまかせて抄録した備忘録が古稀に至って百巻にもなっている。このなかから数百条を選び編まれたのが、全六巻のこの『理斎随筆』だといわれている。とくにひとつの論理に従って考証した随筆ではなく、歴史的人物の逸話、古今の文学・風俗・風習など、題材が多岐にわたっていて、通俗的読み物として多くの読者をえたといわれる。この全六巻の巻ごとのはじめに、六玉川の絵図と頭書があしらわれている。

本書の副言によれば、六玉川について「この冊子巻ごとのはじめに、六玉川の図をかしむること、いさゝかこゝに関らざることとなれど、巻の員を玉川の六つにかたどり。または玉に比すべき古人の辞もあれば、玉のえんなきにしもあらず。また三男柳川重信に命じて、ところどころに揚げ出すしむるものは、半ば文の意をも助け、見ん人の睡魔を駆らんとてのわざなり。」と記し、文意とは関連がうすいが、全巻に「六玉川」の各名所をちりばめていて、当時の玉川に対する歴史社会文化的価値をのぞき見することができる。全巻の頭書には「六玉川をしる歌」として、次のように詠まれている。

陸奥千鳥武蔵てつくり近江萩

山城山吹に紀伊梅摂津の卯花

と詠んで、六巻に六玉川、その巻頭にふさわしいこの歌を載せている。

本書の巻之五に「野田の玉川」をあしらい、

生酔の引汐風にふかれては

野田の玉川千鳥あしなり　　蜀山人

みち汐をこゆる先陣問答に

野田の腰元千鳥泣なり　　紀定丸

夕ざれば塩風越て寒ければ

野田の玉子のちろり酒かな　　理　斎

しほ風のさむさにたへずのんだのだ

野田の玉川千鳥あしなり　　手柄岡持

と、江戸時代の文人で大田南畝（蜀山人）、紀定丸、志賀忍（理斎）、明誠堂喜三二（手柄岡持）の歌が記されている。古代とちがって、比較的開拓魂のうすれる時期だけに、酒宴にかけて「千鳥あし、ちろり酒」などと詠んでいる。くわえて著者理斎は、

賤の女がうすひきうたに、そなたは浜のお奉行か。塩風にもまれて色の黒まるよなあへとうとふれど、只ひ

と通りに浜辺をすぎゆくみちのくの道ゆく人の色の赤く見ゆるは、寒さにたへかねたる都方の旅人にやあるらん

を添えている。身分の低い乙女の臼をひくうたが、当時の平穏でのどかな奥州の情景を語っているが、これは明らかに古代の歌と趣を異にしている。

では著者理斎は、「野田の玉川」の四候補地のなかで、どの場所で筆録したのか。江戸時代の諸書をひもといて、「野田の玉川」の場所をさぐってみた。最初に名著『奥細道』には、「それより野田の玉川・沖の石を尋ぬ。[26]」と記し、元禄二年（一六八九）六月にたずねている。もちろんこの玉川は、芭蕉の行程から、現在の塩釜市に比定している。安永七年（一七七八）刊の『奥細道菅菰抄』[27]でも、芭蕉の足跡を実地に踏査し注解を加え、宮城野で収録している。

『東国旅行談』巻之四では、「萩の玉川」の項で「萩の玉川といふことは、宮城野の萩ある川辺つづきたる

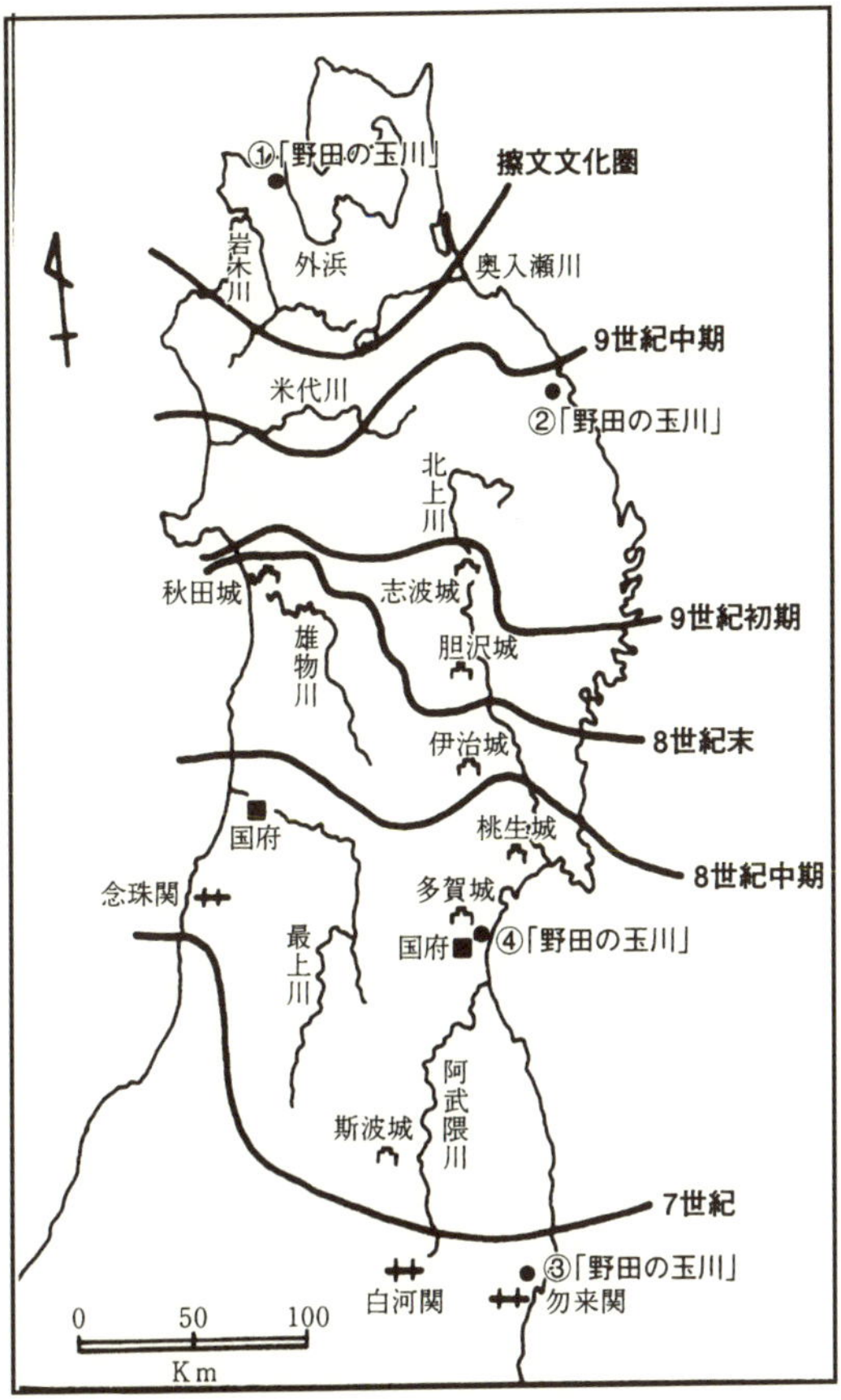

図Ⅰ-3-7　古代東北の開拓の北漸

ゆゑにいふなるべし。日本六玉川のそのひとつにして、旧き名所なり。」[28]と記載している。奥州宮城野の萩は、潅木のような木萩で、草萩とはちがって弓などにも造るという。[29]曠野に生えるこの木萩が、玉川べり（塩釜市野田玉川）の詩材に用いられ、貴人たちの集う歌謡の舞台を形成している。『奥州名所図会』初編巻之一[30]においても、古歌を十五首あげて塩竈村（塩釜市）の玉川を歌名所としている。

このように江戸時代の諸書では、宮城野の玉川流域を古歌でいう「野田の玉川」の舞台だと解釈している。先の『理斎随筆』が著者の閲読した諸書の備忘録を編んだことからも、理斎が閲読した書物には、やはり塩釜市野田玉川を想定していたものと思われる。

ところで、『酔迷餘録』[31]では「摂津野田の玉川」と「陸奥野田の玉川」をかかげ、「摂津と陸奥との玉川は同名にして異地なり。」と記した特異な例もあり、また、『浪華百事談』[32]では西成郡（現在の大阪市福島区玉川）の玉川を「野田の玉川」と称するのは誤りだとして、あくまでも、奥州に「野田の玉川」は存在するとした記述まである。これらの古文献にしても、宮城野の玉川を歌名所の古里であることを想定して編んでいるように思える。

七、京畿文化の波及と「野田の玉川」の流域設定

「野田の玉川」という四ヶ所の候補のなかで最も有力な玉川は宮城県塩釜市野田玉川であった。青森県東津軽郡外ヶ浜町（旧平舘村）野田と岩手県九戸郡野田村の玉川についての否定的な要因としては、北上川流域にも中央政庁の直接支配が及ぶようになって、岩手県の和我（和賀）・稗縫・斯波の三郡が設置されたのが、弘仁二年（八一一）。志波城は延暦二十二年（八〇三）にすでに造営されていたが、水害によって、その南へ移動してい

る。このことは、胆沢と江刺の2郡が陸奥の最北の郡であったことを語っている。斯波郡の北の岩手郡が設置されるのは、大同四年（八〇九）までに志波郡などに先立って岩手郡が成立している可能性は低く、(33) それより大分おくれて一〇世紀の後半である。さらに、そこから太平洋沿岸や北方の閉伊・久慈・糠部の各郡が成立するのは、十二世紀をまたねばならなかった。これら正規の郡が置かれていた地域のより北方まで、中央政庁の影響が及んでいたとしても、京畿文化の浸透は一定期間をおいた後のことである。(34) 弘仁二年（八一一）、征夷の終焉以後も、なお蝦夷問題がこの地域の問題としてあることから、(35) 津軽半島にいたってはまだ外ヶ浜の様相を呈していた。(36)

「野田の玉川」を詠んだ能因法師は永延二年（九八八）生まれ。万寿五年（一〇二五）以後、二度の奥州旅行をするが、この時期においては青森県津軽の平舘の玉川地域はもとより、岩手県野田村の玉川地域にしても、蝦夷と交界する漸移的土地柄で、歌を詠むような歌名所が整備されるかどうか、疑問がある。ましてや、久慈郡さえまだ成立していないことから「この地が野田の玉川」だとする説は疑わしい。後に能因法師の足跡をたどった西行が、玉川を訪

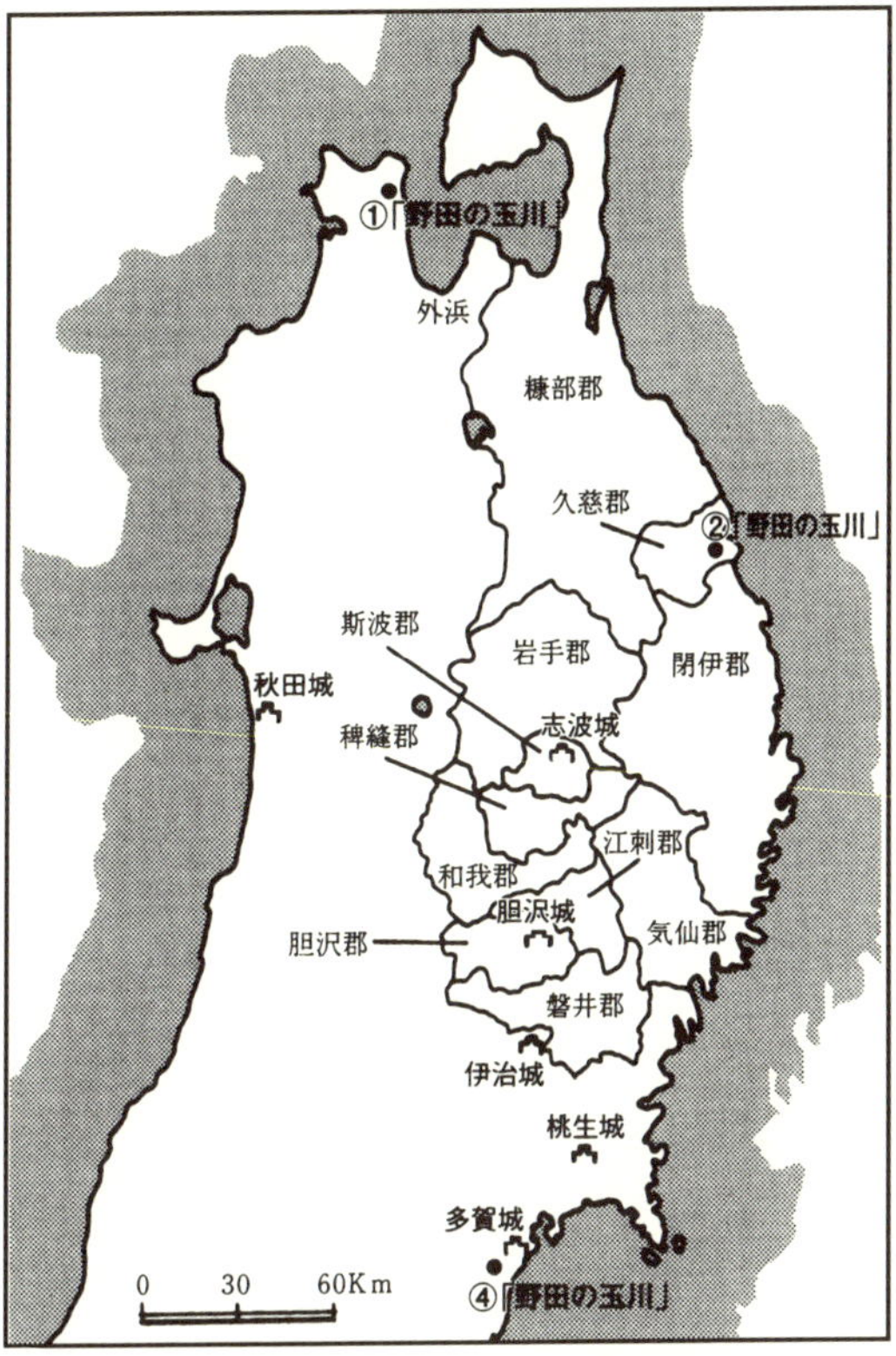

図Ⅰ-3-8　諸郡の位置と「野田の玉川」

ねたとする時期でさえ、文治二年（一一八六）[37]であるから問題がある。

吉田東伍も『大日本地名辞書』第七巻[38]の中で、青森県東津軽郡外ヶ浜町野田の玉川は水中に黒曜石が、岩手県九戸郡野田村玉川では川辺から玉のような石（琥珀も混在）を出すことから玉川と呼ばれるので、決して古歌の名所の「野田の玉川」ではなく、附会だとしている。[39]

奈良時代、日本国家として東北地方の太平洋側における漸移地域は、仙台平野にあった。なかでも、律令国家の漸移地域であった北部の仙北地域は、山田によると「漸移地帯でも辺境の最前線的な様相が濃厚であり、常に蝦夷を意識して開拓が進められている。」[40]と指摘していて、これよりも以北においては、まだ歌人がつどう遊里は存在しない。むしろ、京畿からの古道（官道）が整備されていた宮城野までに、「野田の玉川」も立地していたものと考えられる。

そこで交通路をみると、奥州にはいる古道には、二つのルートがある。そのひとつは，常陸国（茨城県）の那珂川とか久慈川を上り、阿武隈川に沿って宮城野にはいる道筋（中通り）と、もうひとつは、常陸国から勿来を通り、太平洋沿岸にそって北上して宮城野の多賀城に至る道（浜通り）とがあった。多賀城へ至る官道を整備することは、どちらも律令国家体制を整えるために最も重要な作業であった。

このルートを通って中央政庁の政策や文化、さらに教養人たちも流入して、奥州を京畿の色に染めていった。しかしこの古道について、山田は『古代日本の交通路』の中で、『続日本紀』と『日本後紀』を引用しながら次のように述べている。[41]

平安初期、延暦二十四年（八〇五）十一月には、陸奥国海道諸郡の伝馬が不要のため廃止され（日本後紀）、さらに弘仁二年（八一一）四月二十二日には、陸奥国海道一〇駅家が廃されている（日本後紀）。従ってそれ以前に、伝馬も駅家も設置されていたのである。海道の駅家は、設置後約一世紀で廃駅に成ったが、その代わりに長有・高野の両駅を新置することにした。常陸から久慈川を遡上し、上流部にその両駅を設けた。その改変の理由は、『日本後紀』によると、「機急を告げんがため」と記している。海道よりも山道の方が、早道で便利であったために、重要視されたのであろう。

この記述は、浜通りと呼ばれる海道が、弘仁二年（八一一）に官道としての役割を終えていたことを述べ、その後常陸国から阿武隈川上流に出て中通りを下る道のりが、重視されていたことを山田は的確にとらえている。さらに加えるならば、九世紀以後においては常陸国の那珂川とか久慈川を上り中通りに出るか、もうひとつのルートとして、次の古歌が伝えられている。

都をば霞とともに立ちしかど
　秋風ぞ吹く白河の関　　　能因法師　（後拾遺集）

と能因法師が詠んでいる内容をみると、下野国の那須郡から国境を越えて、白河の関、小野駅家から中通りに出る山道が、よく利用されていたと思われる。古代における官道の役割は中央政庁の制度・情報・文化等を地方へ波及させるため、中央と地方出先機関を結ぶ官道が有機的に機能するような経路が重視されていたのである。(42)

そこで残された福島県いわき市野田と宮城県塩釜市野田の二候補地のどちらに「野田の玉川」が成立していたのか考察してみると、いわき市の玉川は勿来をすぎた浜通りルートに位置している。塩釜市の玉川は浜通りルートと中通りルートのどちらのルートをとろうとも、両ルートの古道が終着する多賀城付近にみられた。このことは、八一一年頃には官道としての利用が浜通り（廃止）から、中通りに移行していたという、先の山田の指摘を考慮すると、玉川の歌名所は塩釜市に立地成立していたことになる。吉田東吾も『大日本地名辞書』第七巻の磐城（福島）石城郡で「今玉川村の大字にて、住吉に接したり、奥州の歌名所に、野田玉川といふがあるに附会」[43]だとして、陸前（宮城）宮城郡の玉川を名勝にしている。

しかし、前述の『千載集』の古歌によると「来る人もなこその関の呼子鳥　こいて別るゝ野田の玉川　藤原俊成」と、いわき市の地元では詠まれ伝承されているが、実際にこの歌は『千載集』に記載されていない。特に「なこその関」と「野田の玉川」の二つ歌枕が詠まれていることは、後世の偽作と考えられるのである。

この点に関連して、宮城野には神亀元年（七二四）より明治二十二年までを記した『多賀城古趾の図』（図Ⅰ―3―9）によれば、多賀城西方に「ナコソ川」と記した河川がある。この河川は多賀城西門跡前で砂押

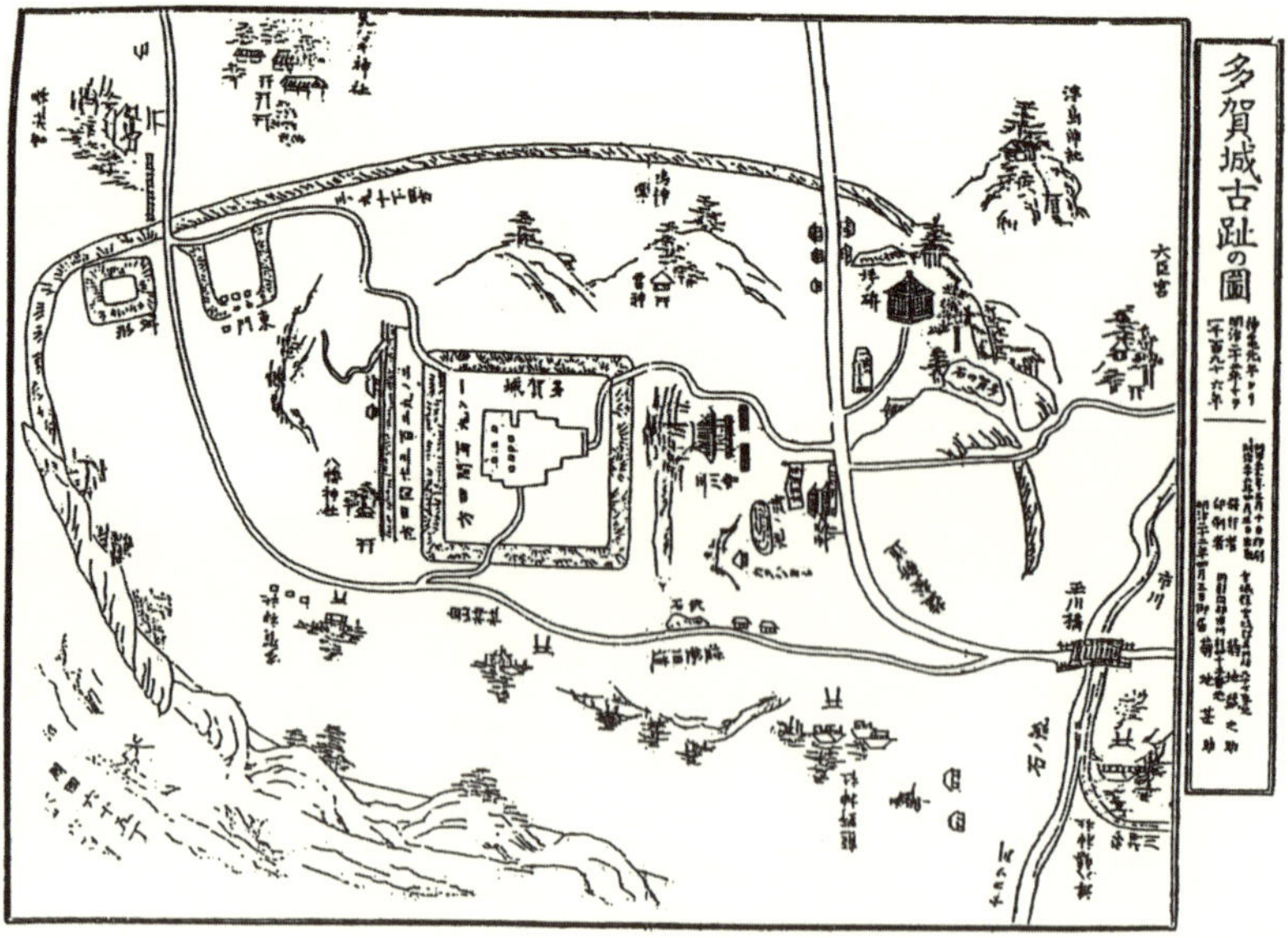

図Ⅰ-3-9　多賀城古跡の図

川と落ち合う河川で、現在の地形図では「名古曽川」とか「勿来川」の文字を当てていて、宮城野にも、昔時から「なこそ」地名が存在するのである。また、『奥州名所図会』巻之二にも「奈古曾関陳蹟、往昔の奥道なり。郷民伝へて、惣関とも呼ぶ。山上に勿来関明神祠あり。この地奥州三関の一にして、胆沢鎮守府より、多賀国府に通ふの要路なり。」と記し、名古曾関・勿来山・なこそ桜・勿来神祠など、宮城野にも「なこそ」地名があり

名古曾関

誰もいま花さく頃は立ちぞよる
なこその関の名にはたがへて

風早実積

の歌を詠んでいる。

更に、能因法師は三十歳のころ（一〇一八）出家して、摂津の古曽部に住み古曽部入道と呼ばれ、永承五年（一〇五〇）ころまで歌に生涯をかけ（没年不詳）ていて、法師が奥州旅行に出るのが万寿二年（一〇二五）以後であるから、法師の行脚の道は、すでに浜通りから中通りに移っていたのである。また『後拾遺集』によれば、「都をば霞とともに立ちしかど秋風ぞ吹く白河の関」と詠んでいることからも、奥州への道筋は白河の関をすぎ、中通りに脚を踏み入れたことになる。以上のことから、古歌にのこる「野田の玉川」は宮城野の塩釜市野田玉川に存在したことになる。

換言すると、中央政庁の律令体制とその文化圏域の北漸からみて、青森県外ヶ浜町と岩手県野田村を流れる玉川に、「野田の玉川」の歌枕の場所が存在していたと考えるのは疑問がのこる。このことから、京畿から宮城野に延びる官道までの間に「野田の玉川」が存在していた。

そこで、のこる福島県いわき市野田と宮城県塩釜市野田のどちらの玉川に、古の遊里の場所が存在したのか。

この点を当時の古歌に詠まれた内容と奥州へ入る官道の盛衰からみて、宮城県塩釜市の玉川であったことが指摘できる。

引用・参考文献と注

第Ⅰ章 第三節

(1) 玉井建三著『武蔵玉川における生活環境に関する地誌学的研究』とうきゅう環境浄化財団 一九八八年
(2) 吉田東伍著『大日本地名辞書』第七巻 奥羽 冨山房 昭和六十三年(増補九刷)頁一一〇五
(3) 『東西遊記 北窻瑣談』有朋堂書店 大正二年 頁一八四
(4) 『東西遊記 北窻瑣談』有朋堂書店 大正二年 頁七二
(5) 前掲(2)
(6) 『平舘村史』平舘村 昭和四十九年 頁三四六
(7) 野田村村誌編纂委員会『野田の詩ごころ歌ごころ』村誌副本叢書第八集 九戸郡野田村 昭和五十八年 頁一三〜一八
(8) 野田村村誌編纂委員会『野田の石碑』村誌副本叢書第十一集 九戸郡野田村 昭和五十九年 頁一四
(9) 野田村村誌編纂委員会『昔の道 野田街道』村誌副本叢書第十集 附録「昔の野田の地誌」九戸郡野田村 昭和五十九年 頁八一
(10) 『磐城国菊多・磐前・磐城合併並組合町村調』福島県歴史資料館蔵 明治二十一年
(11) 雫石太郎著『いわきの文学散歩』昭和四十七年 頁五五〜五六
(12) 諸根樟一著『石城郡町村史』歴史図書社 昭和四年 頁六四〜六七
(13) 塩釜市教育委員会「野田の玉川 黒松伐採についての意見書」昭和六〇年

(14)『芭蕉自筆　奥の細道』　岩波書店　一九九七年　頁八八
(15)外の浜について、荻生徂徠の『南留別志』(日本随筆大成　第二期十五　吉川弘文館　頁一七)では「南部よりさきは、蝦夷の地なるべし。外の浜といふも、日本の外といふ事なるべし。」と記している。
(16)西山良平「古代国家と地域社会」岸俊男編『日本の古代　古代国家と日本』十五所収　中央公論社　昭和六十三年　頁一一八
(17)近藤秋輝「多賀城創建をめぐる諸問題」　高橋富雄編著『東北古代史の研究』所収　吉川弘文館　昭和六十一年
(18)江戸時代以前においては、文献上に見えるのは「壺碑」とある。すなわち、その発見当初から、平安時代以来和歌のなかで、数多く詠まれた「つぼのいしぶみ」という歌枕でよばれていた。この碑に関しては、安倍辰夫・平川南編『多賀城碑―その謎を解く―』雄山閣が詳しい。
(19)安倍辰夫「壺碑」『多賀城碑―その謎を解く―』所収　雄山閣　平成元年　頁二〇七〜二三五
(20)高橋崇著『律令国家東北史の研究』吉川弘文館　平成三年　頁五〇
(21)前掲(20)頁三二六〜三三六
(22)工藤雅樹著『蝦夷と東北古代史』吉川弘文館　平成一〇年　頁二五七〜二五八
(23)山田安彦「律令国家の漸移地帯における局地的文化圏」　歴史地理学紀要十五　昭和四十八年　頁六六
(24)東北歴史資料館『多賀城と古代東北』宮城県文化財保護協会　昭和六十年
(25)志賀忍著「理斎随筆」(天保九年)『日本随筆大成　第三期一』所収　吉川弘文館　昭和五十一年　頁三三二
(26)前掲(14)
(27)「奥細道菅菰抄」『おくのほそ道』岩波文庫所収　昭和五十四年
(28)『日本名所風俗図会』一巻所収　角川書店　昭和六十二年　頁三九八
(29)弓の材料になりうることについては、『雑説嚢話』とか『古事類苑』など、近世から近代の諸書にみえる。
(30)前掲(28)
(31)「酔迷餘録二」『続日本随筆大成』巻四所収　吉川弘文館　昭和五十四年　頁一四九
(32)「浪華百事談」『日本随筆大成　第三期Ⅱ』所収　吉川弘文館　昭和五十一年　頁八五

(33) 工藤雅樹著『蝦夷と東北古代史』吉川弘文館　平成一〇年　頁二三〇
(34) 前掲（33）頁二六七
(35) 鈴木拓也著『古代東北の支配構造』吉川弘文館　平成一〇年
(36) 高橋崇著『蝦夷　古代東北の歴史』中公新書　昭和六十一年
(37) 目崎徳衛著『西行』人物叢書　吉川弘文館　平成元年
(38) 前掲（2）
(39) 吉田東伍の説が通説だと考えられるが、享和元年（一八〇一）の『閑田耕筆』（日本随筆大成　第Ⅰ期一八　吉川弘文館）で記録した「野田の玉川も、南部に有り、仙台にあるは実にあらず」（頁一八六）や、『東遊記』（有朋堂書店　大正二年）天明五年（一七八五）・『年々随筆』享和元年（一八〇一）・『柳庵随筆』文政二年（一八一九）などが影響したものとみられる。
(40) 山田安彦「古代東北における律令国家の漸移地帯」人文地理二四―四　一九七二年　頁一～三五
(41) 藤岡謙二郎編『古代日本の交通路Ⅱ』大明堂　昭和五十五年　頁九三
(42) 武田佐知子「古代における都と村」『日本村落史講座』第六巻生活所収　雄山閣　平成三年　頁一九〇～二〇八
(43) 前掲（2）

第Ⅱ章

川の文化

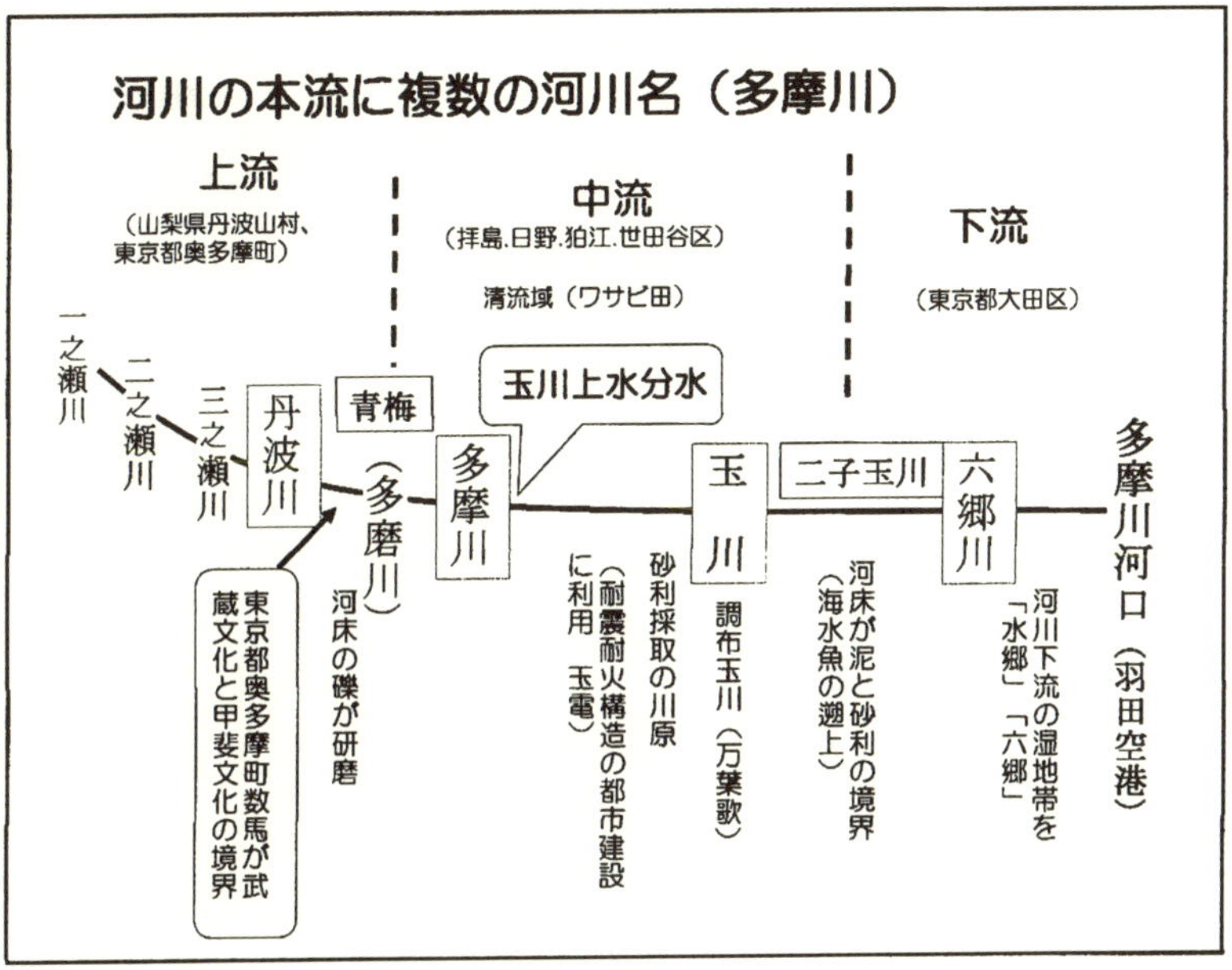

多摩川水系河床断面図

第一節　川と生活

山地の多いわが国では、交通運輸手段の未発達の時代に、陸路よりも水路を利用する方が便利であった。とくに川は海岸と内陸とを結ぶ重要な通路で、帆掛け舟が上り下りする交易路となるだけでなく、信仰や芸能文化などの伝播ルートとして重要な役割をもっていた。このように、鉄道や車の道が十分に発達しなかった時代に、川はひとつの動脈(1)だったのである。更に、川の水は清浄だったので、そのまま飲み水など生活用水として使用していたため、良い水が常に確保(2)できるよう汚染防止には配慮が払われていた。

それが近代以降になると、大都市型の生活姿勢という、都会人の一方的な事情で、川は忘れさられた感がある。川のおかげで暮らしていることも、水にちなんだ生業で活力があることも、現代の暮らし向きからは直視できないようである。(3)もっとも、そうした野面にのこる文化風土は川だけではない。山も野も、それに海もある。つまり自然そのものである。そこには、生活空間という歴史のなかで育まれた、ある種の秩序が保たれていたのである。

この日本人の自然を賛美する文化の根底には、何と言っても人びとの暮らしがひそむ歌謡(4)である。古来から四季を愛でる心をうたいあげてきた和歌が、日本の美意識や生活文化を形成してきた。

「一位は山、二位は川、三位は野または海」という、亀本和彦の調査結果を引用した記事が天声人語(5)に載っていたが、それによると全国の小中学校の校歌に歌い込まれた固有名詞を拾っていくと、このような順序になるそうだ。

とかく郷土の自然が、隣郷に誇るに足るものであったからこそ、競って学舎に自然を取り入れたのであろう。しかし、最近の都市近郊に誕生した新設校の校歌には、山川の固有名詞がめっきり少なくなったという。それは相撲の世界でも同じで、山や川を付けた力士名が少なくなっていると天声人語は記している。やはりそれらも自然に背を向けた、都市指向型の生活姿勢を物語っているが、それでも山と川は故郷を思う、かっこうの野面だということだけは、昔も今も色あせていない。

日本の風景といえば、やはり山と川である。山と川を欠けば、日本の風景は力を失う。だから、日本の創作に、川の果たした役割は大きい。川はなぜか人びとを引きつけ、ほっとさせる。水辺に安らぎを感じるのである。

大地を侵食した川水は土砂を下流に運び、人びとの生活舞台を提供するが、古では土着の人たちの要求とは別に、水脈が自由に、それも蛇行しながら川幅を増している。川の摂理に従って、人びとの生活の縄張りもコンパクトにまとめられ、決して川にそむく姿勢だけはとらなかった。(6) 貴重な生活水を得る川がもつ、もうひとつの粗い素顔を知っておかなければ、古の生活舞台は流出するからである。それだけに人工の堤防を築き、流れを固定させた現代の川とちがって、もっと川原の広い川面であった。かつての河川は常に流路が定まらない不安定なものが(7)多かったから、「川向こうは別世界」「川向こうに嫁やるな」という意識があった。(8)

写真18　人工堤防の神田川
（東京都新宿区）

よく何々川は全長何キロメートル、川幅何百メートル、流域面積何平方キロメートルと、川と川を競い合わせるかのように、現代人はその数値にこだわる。それは大地から川を閉じ込めた数字であって、流れる水は先を争わないはずである。武蔵野を流れる多摩川が、まだ荒多摩川と呼ばれていた時代に、台地を段丘状に構築し地形をきめたことでそれが確認できる。

現代よりも、もっと広く自由に、野面を流れた川の岸辺に、人びとは居住している訳で、そこに自然の一員としての暮らしの基本姿勢があったことを、ブルドーザーで日本列島を改造するような時代となっては忘れ去ってしまったのか。ここに「川離れ」の現象[9]が生じたのである。現代の計量的河川評価と、古の暮らしのなかでの価値や川をみつめる姿勢は同じではない。とかく街にあふれる文化に流されがちな今日でも、先人が河岸でひたむきに活き、ひたむきに歩み続けた暮らしからとらえると、河川には古人の流域をみつめる実相がひそんでいるように思われる。

ところで、「川」は大陸から伝播した流れを意味する文字である。この象形文字は四世紀末頃に導入したが、川は山地平野に湧く泉を出て、一条の流れとなった水脈であるから、いつも「川」の文字を当てることになる。それは流水との関係で、川を直視した先人の生活姿勢を示すものであって、この姿勢だけは大陸でも、またそれを借用したわが国においても崩さないで、日本のすみずみまで波及伝播している。

大地から閉ざされ、取り残された現代の人工の川面にも、そういった心配りを下地に、川のおいたちを探索すると、「巛」は野面のなかを自由に流れる様子を表現しているが、中央の線は流れる水脈を意味し、両側の線は人と触れ合う畔で波打ちぎわである。強固な堤防で固定した今日の川では、もう岸うつ波といえる畔が陰をひそめていて、社会が大地から孤立したことを語りかけているのである。コンクリートによって構築する現代と違って、かつての渚と呼ばれる場所が河畔にも存在していた。我々は近い過去に、こういう河川文化をもっていたのである。

古代人の感性がとらえたカワの形容からも、そうした自然の流れと交錯する世界を、文字で描いたところに、古の感覚に少しの疲労もなく編まれたことが後世に伝言され、記録する結果となった。いまや様ざまな図柄となって組み替えられ、装いもあらたにドレスアップした川の時代であっても、一徹であり反面柔軟でもある古の策が、さりげなく河畔にひそんでいる。それが普段は隠してみせない、故地の川瀬の音であり、移ろう季節感である。

大陸の文字と思想を借用する日本は、自然の内的作用を強く受けた国土に大陸の文化的要素を導入してきたが、そこには異文化というとまどいは勿論のこと、古の無策とも思える策が内在している。大陸の地形とちがって、自然が創造した箱庭式のきめの細かな大地だけに、古人が大地と照合させるにしても、模索という時期を長引かせた。

時をかけたこの自然への細工の腕が、実は大地に活きる作法と日本の風土に合わせた、独自の手法で地域に誤りなく記録されてきたのである。だから世代交代があろうとも、諷諫の口碑が後世の人びとの先蹤となってくる。(10)

都市を建設するために、川は犠牲になったと言われるが、まだまだその解法はある。川にとって素顔を隠した秋冷の時代になっても、ひたむきに活き、まじめに川に取り組んだ古人の息づかいは連綿と活きづいている。その意味で、川にかかる風音や霞をつけた知恵も、そこに宿っている。川の景は、川とともに遠い借景の山やまや、その前景となる野面を美しく見せることである。

山の稜線が細かい国土にあっては、河川密度が高く、川で普遍の網かけがおこなえること(11)を習熟して、文化を育て地域の技を伝達させてきた。それが川の接尾辞を「川」で表記させてきたのである。

第二節　河川名と土地柄

人びとは時代を離れて生きられないように、風土からも離れることができない。ある時には自然の流れに身をまかせ、また時には自在に行く手を変える。先人の野望や猜疑の跡もまじって、土地を構築してゆく。時をかけたこの深い照合こそ、野面に生きる土着の知恵でもある。かつて京都の四条河原では、歌舞伎や芝居小屋が設けられ、武士や町民まであらゆる階層の人びとが集い楽しみ、上方の情報文化の中心であったように、わが国では河川敷利用の伝統をもっていた。

また、人びとの生活空間は川の両岸に、それぞれ小空間が独立した形で営まれていて、現代のように広くなかった。川から潤う生活というか、川あっての暮らしが狭い流域範囲で行われていた。だから川魚をとる漁村であれば、それにまつわる川名を流れに容れて、また川から農業用水を引水して稲作に勢をだす集落であれば、生業と関連する川名も誕生するであろう。このように川に関係した人びとの功績を記念して、後世に伝えるための碑(12)が、各地の川沿いに建立されている。

今日の川名は全国の川を整理する都合上、本流と呼ばれる川の上流から下流までを、ひとつの名称で統一した結果で、同名の自治体（都市名）を設けさせない場合と同様である。整理された名称で指呼する現代の川名を、あたかも古人の深い識見をもった伝承ととらえると、危険な解釈となる。それは近代という、時代の要請に応える川の整理であって、それ以前からの息吹が生々と伝わっている訳ではない。流域ごとの伝統や習俗を、百年以上も経て新しく復活させるにしても、明治以前の河相[13]を再認識しておかなければならない。

全国あまねく小生活圏で暮らしていた昔時では、暮らしのなかの山や川を、冷静で確実な選択のうえで、生活に取り込む手法が流域ごとにあった。故郷の水面によって異なる素地の顔があったから、川名はおのずと里毎に、土地の風土と合わせた独自の指呼法で確実に沈下して誕生する。なかでも里びとが認証した、川名だけが後世に流伝される。そのため、本流と呼ばれる流れに、いくつもの川名が存在したことになる。

昔時の川には川面を砕く工事が始まり、一様化する人間優先の現代の河川では律し切れない論理があった。「自然を壊すのも水、育むのも水」と古老の語るなかにも、流域に応じて趣を異にする、水と人が触れ合う姿を見せている。そのため、河畔の歴史や文化風土は土地に印した地名と同様に、流域の山川草木が微妙な味付けをおこなっているのである。

例えば、信濃川の名称は越後の野面を乱流する範囲で指呼するのみで、信濃国では千曲川に変わる。また富士川も甲斐の国中では釜無川である。更に武蔵野の顔立ちをきめた多摩川においては、上流から一之瀬川、丹波川、多摩川、玉川、六郷川と[14]、それぞれ流域毎にその流れの環境を指して、素直に表現した川名や地名[15]の跡である。

ただ紀州の新宮川は、和歌山県新宮市を貫流することから、大正五年に正式名に昇格したというが、それは官庁の書類上のことで、地元では古習に従って今でも熊野川だという。この流域には部分的にも、十津川や北山川の名さえ消滅しないで現役しているのである。「木の国熊野」の奥深い山里から流れ出る川は、まぎれもなく熊野川の名だという。それを官庁の一方的な事情で、由緒深い流れを新宮川で整理するとは心外だ、と筏師たちはいう。その影響かどうかわからないが、最近の地図や河畔に設置した案内板には熊野川と改めている。また、四国の南西部を流れる四万十川は上流域で四万川と十川が合流することから地元でそう呼ばれていた。官庁では

「渡り川」を採用したが、昔時の里びとたちが残した川名「四万十」が定着した。

　川の名称の変遷は、大阪を流れる淀川においても、山城国から流れ出る川であるから「山城川」とか「近江川」とも呼ばれる時代もあり、また「澱《よど》川」とか「澱江《でんこう》」と記すこともあった。(16) かつての生活と結びついたこの論理は、四面環海の国土にちりばめた島嶼も同じで、実際島の規模が小島であっても、大島名の島嶼が多く、全国に五十五島も存在する。なかでも二十四島に人が住み、残り三十一島が大島とは名ばかりの小島で、無人島である。(17) それとて狭小な島の空間で活きる島民にとって、地方《じかた》で暮らす人びとには理解できない、土地に対する尊称が込められているのである。

　このような立場で川の形状や水質を見つめると、ひとつの水脈であっても、川瀬で暮らす民衆が指呼する川名が誕生し、日本人の原風景として尊ばれてきたのである。(18) 谷筋や盆地で暮らす人びとにとっては、この川の道によって生活がうるおされ、また珍しい上流の山の幸と下流の平野と海の幸が交換される。舟運の終点からは、牛

写真19　四万十川　岩間の沈下橋
（高知県四万十市）

写真２０　旭川上流の船着き場
（岡山県真庭市）

馬や人力によってつながり、物資が届けられる。

それにしても、川は著しく変貌した。(19)都市を建設するため川を犠牲にした時代が、親から子へ、子から孫へという、川に生きる土着の伝統文化の連続性がとざされた時期にさしかかっている証拠である。だとすれば都会本位になりがちな我々は、知らず知らずの間に、暮らし向きそのものにも同様の誤りに陥っているのかも知れない。

自然とともに暮らす、昔時の洗練された姿勢には一種のまろやかさがあったが、現代の地域に学ぶ準備は熟していない。角をとった玉のようなまろやかさに、まだまだ距離感がある。川瀬の音を聴くには、故郷を尋ね、「川向きの玄関」があった時代を知ることである。

引用・参考文献と注

第Ⅱ章　第一・二節

(1)　桜井・北見著『人間の交流』日本の民俗　第四巻　河出書房新社　昭和五十一年　頁一〇二〜一一一
(2)　石上　堅著『水の伝説』雪華社　昭和三十九年
(3)　加藤　辿著『都市が滅ぼした川』中公新書　昭和四十八年　頁一七七〜二〇七
小林信也「近世江戸市中における道路・水路の管理―近代都市空間成立の前史として―　高村直助編『道と川の近代』所収　出川出版　一九九六年　頁三〜三二
(4)　高木・五味・大野校注『万葉集』日本古典文学大系四〜七　岩波書店　昭和四十一年
(5)　昭和六十年五月二二日、朝日新聞(日刊)による。
(6)　阪口・高橋・大森著『日本の川』岩波書店　昭和六十一年　頁一〜二九

(7) 栄森康治郎著『水と暮らしの文化史』TOTO出版　一九九四年　頁一九〜三四
(8) 北見俊夫著『川の文化』日本書籍　昭和五十六年　頁一一〇〜一一一
(9) 日下　譲著『水と人―自然・文化・生活―』思文閣出版　一九八七年　頁九一〜九六
(10)『旅風俗　第二集』日本風俗史　別巻五　雄山閣　昭和三十四年　頁二七四〜二八二
(11) 池田末則監修『日本全河川ルーツ大辞典』竹書房　昭和五十四年
(12) 川の碑編集委員会編『川の碑』山海堂　平成九年
(13) 日本土木学会編『明治以前日本土木史』岩波書店　昭和一一年
(14) 多摩川誌編集委員会編『多摩川誌』河川環境管理財団　昭和六十一年
(15) 松尾俊郎編『地名の研究』大阪教育図書　昭和三十四年によれば、河内は近畿地方より西に多く分布していて、カワチの他にコウチ、ゴウト、カイチ、カッチ、コチなどの読みがあり、村落を意味する地名でもあるらしい。頁一二八〜一二九
(16) 鉄川・松岡・田村著『淀川―自然と歴史―』大阪文庫一　松籟社　昭和五十四年　頁九〇〜九四
(17) 山階芳正「大島という名の小島」『しま』第六号所収　全国離島振興協議会　昭和三十年　頁二七〜二九
(18) 拙稿『日本の文化環境』文化書房博文社　一九九五年　頁二九〜四八
(19) 高橋　裕著『二十一世紀の河川　自然との共生をめざす日本の河川環境』ジャーナリストOB倶楽部　情報資料センター　平成十一年

第Ⅲ章

玉の系譜と文化受容

龍の玉（西遊記）

第一節　玉の呼称とその意義

一、玉の種類とその変遷

玉の思想と文化に関しては、諸科学の先学が多方面からとらえているので、それを引用しながら玉の受容と変容をみつめてみた。

『広辞苑』によると、玉（ギョク）には「宝石・珠に対して、美しい石をいう」とか「貴重または美麗の意をあらわす語」、それに「天子に関する事物に冠して用いる語」、「他人に属する事物に冠して尊敬の意を表す語」などの意味がある。また玉（たま）の項をみると、「美しい宝石類、特に真珠」「美しいもの、大切なもの、またほめていう意を表す語」とか、特異な意味では「芸妓、娼妓などの女の称、露・涙などのひとしずく」といった記載もある。

「ギョク・たま」ともに事物に冠して、貴重で美しいといった内容から、尊称と荘重、それに神秘性の意味までひそむ語意になる。それは『大言海』においても同様で、「宝石の名。遊女芸者などの勤代。賞めて云う語。美しき旨き。天子の御事物に冠らせて、尊び申す語」などととらえて、玉（たま）については「瑪瑙など石類の美しきものの総名。真珠、珠。転じて、すべて事物を美めて云う語。すべて円き体を成せるものの総称」などの古習もある。ともに卑俗というよりも、むしろ鑽仰の意味で記載されている。寺村光晴の『古代玉作形成史の研究』(1)には「玉は単に、装身具の一つとしてだけではなく、呪的・宝器的意義をも有する」と論述している。原義にかなり複雑なものをひめて流伝しているようである。

　これらの内容に醇化されて、野面の玉をみても、それが創られた玉であっても、しさいには天然の玉を基本にして、数寄をこらした文化や腕を磨いた野人の足跡に宿っている。そうした天然のなかに多くの玉が活きるところに、玉の原点とその糸口がかくされている。

　ただ野にひそむ玉には、この他に神仏と結びついて、心のよりどころである魂・霊が転じた玉まで探れる。だから寺村光晴もそれについて「たまは例えば玉、珠、瓊、璁、璵、あるいは珞、蕤などである。「たま」がある一定の文字を使用することなく、多種多様の文字で記されていることは、文字が借字であることにも由来しようが、本来わが国の「たま」の本義が、これらの文字の語義以外にも存在していたことを示唆するものと思われる。すなわち、これらの文字は「たま」の性格の一面を示すものではあるが、「たま」の本来的な名辞ではなかろうと思われるからである。このことは形而下の「たま」(玉)と形而上の「たま」(霊、魂)が相互に関連して、分離が明瞭でないところに起因する」(2)と論じている。

　玉座、硬玉、白玉、玉簾、玉露、玉石、玉垣、玉絹、玉敷、玉子、玉作など、表記のうえでも、玉は受容されていて使用例にいとまがない。寺村も「たまの名称には一定の基準がなく、物質(材質)により、形状により、色彩、色調、文様等により、あるいは使途により、さらには内在する形而上の意義により、それぞれ呼称されており、各方面から慣用語として命名されている」(3)と記述しているように、玉で飾られる日本の生活文化誌がひそんでいる。もちろん、人文を育てた山川の営みの中から、先人たちの生活の基本姿勢をつけて現代に継承されているから、野面に記された玉を通して、大地に寝、巣に住んだ古人をさぐるてだてが、そこにのこされているのである。

このように、玉が故郷の土地と結びつく立場で、整理復元する法は、単に形而下の「たま」（玉）と形而上の「たま」（霊、魂）の借用だけにとどまらず、玉を道しるべに故郷を塗り替えていく民衆の鍬跡とその縁起とが、時代を降るにしたがって、深く編みなされる法を語りかけている。

先学が記録した玉をみても、土地にひそむ玉が時代を越えて暮らしに容れられてきたことを語っている。それは野面に心惹かれた土人の先蹤で、自然の摂理に従った伝言である。

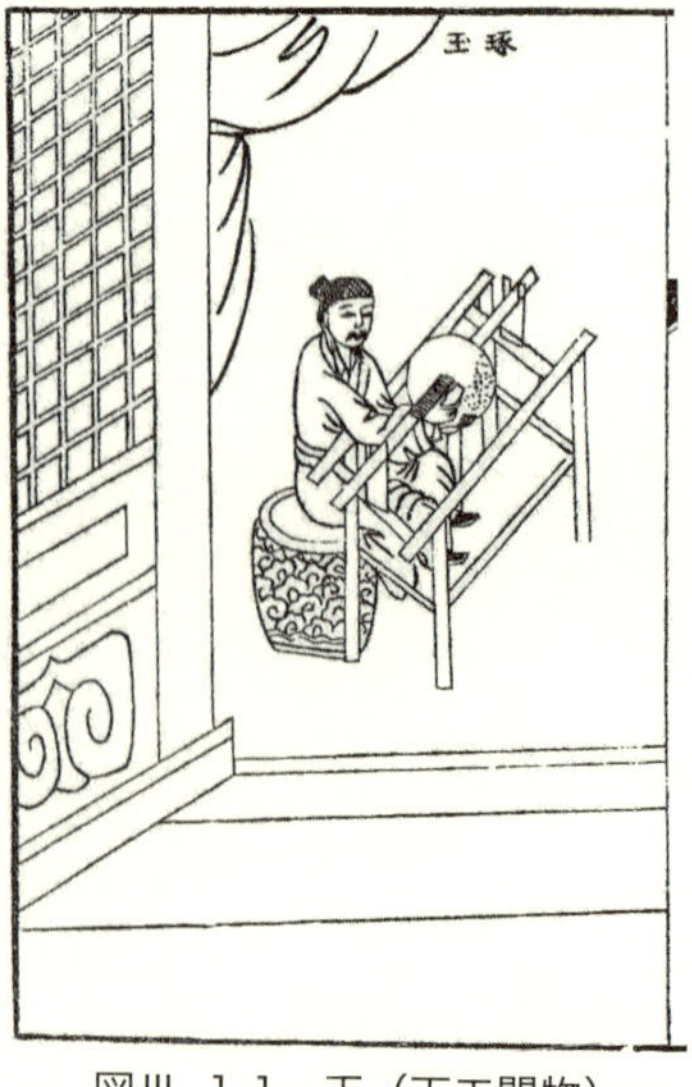

図Ⅲ -1-1　玉（天工開物）

『古事類苑』によると、「玉石ハ玉ト石ナリ、サレド玉ト石トノ区別ハ甚タ詳ナラズ、而シテ支那ニ在リテハ、玉ヲ珠、玉、璞ニ分チ、海ヨリ得ルモノヲ珠ト云ヒ、陸ヨリ得ルモノヲ玉ト云ヒ、其未ダ磨カザルモノヲ璞ト云フ、或ハ自生ヲ珠ト云ヒ、磨ケルヲ玉ト云フト云フ説モアリ、我邦ニテハ、珠、玉、璞ヲシンジュシラタマ、シラタマ、アラタマト云フ」と記している。『東遊記』[4]後編巻之二、蚌珠《ほうじゅ》に「山から出ずるを玉といひ、水に生ずるを珠といふ。唐土《もろこし》にはむかしより卞和《べんか》が玉、合浦《がっぽ》の珠……中略……新潟の人の語りしは、此近きあたりに福島潟といふかたあり、此潟に珠をふくめる貝あり」と珠玉を分けている。むろん本書は『天工開物』[5]などが影響した記述であろう。中国の古玉については、『寶石誌』[6]『中國古玉の研究』[7]などに詳しく記されている。

同様に『倭訓栞』にも「海に出るを珠とし、山に出るを玉とす。令義解には自然の物を玉とし、造作に出るを珠とせり」と記載している。また『天工開物』[8]は珠玉と金銀、それに宝石を区別して「金銀は太陽精を受け、必ず深土に埋もれてできあがる。珠玉や宝石は月の精を受け、少しの土にもおおわれていない。宝石は井戸にあって、上方の青空に通じるが、真珠は深淵にあり、玉は急流にあって、ただ透明な水の色におおわれるだけである」と巻末に記し、更に瑪瑙は宝石でも玉でもないと付記している。

しかし、中国では珠玉を金銀や宝石と区別しているようであるが、わが国においては瑪瑙・水精・琥珀・珊瑚などや、玉工にいたっては金銀までも珠玉にふくめている。借用文字をそのまま当てても、そこにはわが国独自の手法の珠玉が宿っているのである。したがって、寺村氏が「同一のものであっても、材質によりヒスイ玉、形状により勾玉、色調により青玉、使途により頸玉など」[9]ととらえ、また究極的には形態であるから「名称は形状を主とし、材質を従とし、必要に応じて色彩、文様など他の要素をこれに冠して呼称するのを基本」[10]にするように、やはり先人の暮らしのなかで、相当慣用の熟したものとなって時代を降りてきた「たま」がある。高橋健自も同様に『鏡と劍と玉』[11]に記載している。

平賀源内の『物類品隲』[12]玉部には、珊瑚、瑪瑙、水精、雲母、白・黒・紫石英が記されていて、やはり日本人のもつ語義の一端が知らされる。それには『古事類苑』の記載内容と同じで、中国の語義と異なる、別の分類と呼称を踏んでいる。

二、玉の文化受容

ところで玉類の文化受容（次頁表）と全国各地の玉類や玉作の来歴については、『日本玉作大観』[13]『日本古玉器

玉類の変遷

時代	世紀	玉の受容	玉の社会・文化史	備考
原始	B.C.	神体・神宝としての玉類、日本産の堅硬質中心	櫛明玉命玉を作る（一名豊玉・玉祖命）	
			工人を多磨通久利・多磨須利（玉作）という	
			硬玉製珠玉の出現	櫛明玉命子孫出雲に居住する
			頭髪・頸・手足等の装飾（玉の緒又は魂の緒）	玉作連の祖
	1世紀		部族国家の成立	中国に仏教が伝わる（一説B，C.）
	3世紀		古墳文化起こる	中国三国時代
	4世紀		硬玉製勾玉、碧玉質管玉（北九州硝子製玉）	首長の権威、装身具、呪的性格
			五十瓊敷命玉作部を監督する	
	5世紀		滑石製玉類・子持勾玉の出現	神祭用で強調、宝的・呪的性格保持
	6世紀		仏教伝来	
古代	7世紀		玉工を京に集め緒玉作る	
			衣服に装飾始まる（阿利岐奴・多麻岐奴という）	玉類の多様化（仏教的色彩をもつ）
	8世紀 前期	玉類の用途多様	『風土記』編纂の命下る。衣服に装飾する技法盛んとなる。大坂砂（金剛鑽）をもって始めて玉石を治む（大友斐太の技）	玉工の業大いに盛ん
	8世紀 中期		『万葉集』（調布玉川）	万葉集に玉に関する枕詞を三百数十首にちりばめる
	8世紀 後期		風俗一変し玉を衣服の装飾とせず	玉工衰退す（出雲の工人のみ業を伝承）
			僅かに王冠、寺院を飾る	支那から渡来する玉・玉器が増す
	世紀 前期		出雲の玉作技法を世襲す。『古今集』（井手玉川）	出雲の玉工富岐玉（硝子玉）を朝廷に献ず

	10世紀	中期	玉類の緊縮の時代	天慶の乱後出雲の玉を献ずることを廃止	朝廷支那の玉を用いる
	11世紀			『拾遺集』（井手玉川・調布玉川）、『後拾遺集』（三島玉川・野田玉川）	
	12世紀			後鳥羽天皇玉器を造らせる	名匠を召集
				『金葉集』（三島玉川）、『千載集』（井手玉川）	
				水精・瑪瑙等で僧徒玉を作る	僧法範をもって善工とす
	13世紀			僧徒中心に玉工増す	弘安の役後渡来船少なく玉類輸入減少
				『新古今集』（井手玉川・野田玉川）	
中世	14世紀			朝廷近江の日吉神社造営のため玉工招集す	京の玉工守清・妙法・成仏・為網・妙子の作という
				『玉葉集』（野路玉川）、『風雅集』（井手玉川・高野玉川）	
近世	17世紀	慶長	庶民受容の時代	国産玉石を支那産宝石で玉工の業更に発展	男子印籠巾着に緒〆玉流行
		元和		硝子をもって眼鏡を作る	長崎の玉工生島藤七眼鏡製造す
		寛永		玉工更に繁栄する	緒〆玉ますます流行する
				京都の玉工、水精・瑪瑙・琿璖・琥珀・出雲青石・佐渡紫石・赤石・蝦夷唐太石・夜光貝・真珠・蠟石・珊瑚・孔雀石・疑水石等を材料に用いる	
		寛文		支那・オランダ人美玉をもちこみ玉工更に繁盛する	緒に玉を貫いた多婆古伊礼流行する
		天和		玉工店を構える	京の御幸町・江戸の南伝馬町・芝三島町・大坂の備後町で印籠・巾着・多婆古伊礼等販売
	19世紀	文化		玉工大いに発展する	婦女子玉を愛し、カンザシ・櫛で装う
		天保		玉工衰退するが数年後再び繁昌す	徳川家慶、多婆古伊礼・カンザシ・櫛に玉をちりばめることを禁止するが数年後再び流行する

※出典・『工芸志料』、『古代玉作形成史の研究』、『風土記』等により作成

雑攷』[14]『工芸志料』などが詳しい。『工芸志料』によると「玉は太古よりあり、伊弉諾《いざなぎ》尊其の着くる所の御頸玉《たま》を以って天照大神に賜う。……櫛明玉《くしあかるだま》命は能く玉を作り、以って天照大御神に奉仕す」[15]と記されていることから、古墳時代には玉作部の生業による玉が愛用されていたことがわかる。また本書は「神武天皇日向より大和に入り、都を橿原の地に定め、是の歳を以って即位す。時に櫛明玉命の孫某、玉を作る工人若干を率いて玉を作りて献じ、以って践祚《せんそ》を賀す。是を美保岐玉《みほきだま》という。」[16]と記載していて、『日本書紀』巻第三においても、この内容と類似する。

櫛明玉命の子孫は、その後「居を出雲に移し、玉を作るを以って職と為し、毎歳玉を調物に副えて貢献し、其の業を世襲す。是を出雲の玉作という。此の子孫を玉作連《たまつくりのむらじ》、玉祖宿禰《たまのやのすくね》という」[17]とある。また『日本書紀』（天武天皇十三年十二月）にも、玉作連に「姓を賜ひて宿禰（すくねはもともと皇室と関係するものから選ばれた位の敬称で、連姓の有力な者に賜った。特に神別諸氏に多い）と曰ふ」[18]と記され、『出雲風土記』の意宇郡には玉造湯社がすでにみえている。

垂仁天皇三十九年をみても、皇子五十瓊敷《いそにしき》命をして諸国の玉作部を督せしむとあり、五十瓊敷命が率いて居住した諸国の玉作部が、垂仁天皇の時代になって、五十瓊敷命が総督し、玉を朝廷に献上したようである。しかし大化二年（六四六）になると「考徳天皇、歴世の政体を改革して玉作連及び玉祖宿禰の諸国の工作部の工人を督する職を罷む。而して諸国の玉工の貢献する所の玉及び玉器は、国司これを収む。（文武天皇以後に玉及び玉器を献ずるを、出雲国の外は停めたという）……玉工を京師に召集して以って諸玉を作らむ。当時の俗、玉を以って衣服を装飾する者あり、是を阿利岐奴《ありきぬ》といい又多麻岐奴《たまきぬ》という。」[19]と変容し、また「飯含むるに珠玉を以ってすること無。珠襦《たまのこしころも》・玉柙《たまのはこ》施くこと無」（日本書紀巻第二十五）と死者に珠玉をふくます故習や、衣服に玉をちりばめた珠襦（上衣）や玉柙（下衣）をこの時代にとりやめている。

それが延暦十四年（七九五）になると「……帯に白玉を著けしむ。本邦に於いて帯に玉を著くる制、此に始まる。

是より後天下の形勢大いに変じ、人珠玉を以って衣服の装飾と為さず、其の用いる所は僅かに神幣と為し、或は玉冠、玉佩及び革帯に著け、及び仏寺の荘厳と為すのみ、玉工益衰う。以来業を以って相伝うる者甚だ稀なり。瑪瑙、水精、琿璖《しゃこ》（硨磲）、珊瑚、琥珀、金、銀等を丸と為し、諸器の装飾と為すが如きは往々これ有りと雖も、而れども出雲の国産の玉の如き堅質の者に至りては、諸国の玉人其の技を子孫に伝えず。故に其の製造法独り出雲国の意宇郡の工人のみ相伝えて、其諸国に於いては其の巧遂に絶ゆ。」[20]と記されたごとく、特定の場合にかぎり使用され、玉を生業にする工人も、出雲にかぎって技を伝承世襲しているが、諸国においては次第に衰退したようである。

出雲の堅質な玉は延喜五年（九〇五）に、毎年赤水精玉八枚、白水精玉十六枚、青玉四十四枚が意宇郡の工人の技によって献上されたことを記している。それは国造が真玉を、国司が硝子玉を献じていたが、天慶の乱（九三五〜九四一）以後は廃止している。この乱後に、中国から渡来する玉を多く用いたという。しかし文永の役（一二七四）や弘安の役（一二八一）からは、中国人の渡来が減少して、玉の輸入も少なくなったことによって、再び玉工の業が僧徒を中心に起こっている。玉の系譜については『日本古玉器雑攷』『玉』[21]などでも詳細に論じられている。また、こうした玉が、玉作部たちの細工だけにとどまらず、歌枕や修飾句とか霊魂の意味で、中古文学のなかへも盛んに導入されていった。

とくに万葉の時代から後、諸書には高貴な人びと

写真 21　出雲の玉作址
（島根県松江市玉湯町）

が川瀬をレクリエーションの場所として取り込んで、精霊にみちた歌を詠み、また相聞をひそませた歌などを収録している。なかでも、古人たちが仕立てた六玉川はそうした歌枕の地にふさわしい川面の環境であったから、玉の語義をこえた作法で採用し、まろやかな歌の世界を演出させている。格調高い歌でまとめた『万葉集』から十四世紀の『風雅集』にいたる諸書に、玉川の波うつ故地にちりばめる時の文学は、慣用の熟したその玉を語りかけている。

三百数十首に玉をちりばめて、歌のまろやかさを一層引き立たせているという『万葉集』では、宝石の玉はもちろん、玉川や白玉などの歌枕から霊魂にいたる「たま」にも玉をおいて、それが映発しながら更に美を添える手法に、万葉の荘重がある。

ところが、家康が江戸に幕府を開いてからは玉も多様で、庶民に至るまで受容される時代になってくる。『工芸志料』(22)には「男子印籠と巾着と相具して腰間に佩ぶることを好む、而して其の緒に玉を貫き、以って縮束す。是を緒〆玉《おじめたま》という。是に於いて玉工の業更に起こる。」と記載されているごとく、生活のなかにも玉をちりばめた用具が用いられているのである。とくに寛永年間になると、玉工の業がますます繁盛して、京の工人は水晶、瑪瑙、琿璖、琥珀、出雲の青石、佐渡の紫石・赤石、蝦夷の唐太石、矢光貝、真珠、蠟石、珊瑚、孔雀石、凝水石などを用いて、緒〆玉を創っている。また南蛮の巧を伝承する平戸玉は、肥前の工人が製し、その玉の技が江戸大坂まで伝わったという。

寛文の頃、多婆古伊礼《たばこいれ》が流行ってくると、それまでの緒〆玉と同じように、緒をつけることによって、庶民はきそってこの美玉を求めた。文化年間以後、女性たちが玉をちりばめた簪や櫛を求めるようになったことで更に繁栄している。ただ緒〆玉にはその紐の神秘な結び目そのものにも、霊魂を結びこめる作法があって、それを「魂の緒」とも呼ぶ。水引の結びと同じで、自身の霊魂を結びこめると、人びとは信じていたからである。「玉の緒」

の流行りのなかには、緒に玉をいくつも通した「御統玉《みすまるだま》」のたまとは別に、この霊魂を独特の紐結びの作法で、結びこめるたまが内在しているのである。

庶民が受け入れるこの時代になると、すでに古の官人たちが諸書で詠んだ玉の記載例にとどまらず、玉工が製作する玉類を含めて、時代を生きる民衆の暮らしのなかへも取り込まれていく。更に広義にも貴重で美しく、丸い形状や霊魂に至るまで、玉を冠する思想が庶民にまで浸透している。勿論、玉の原義は太古の昔に溯らなければならないが、十七世紀のころにはすでに現代とほぼ同様の語彙でとらえていたことが諸書にみえている。

十七世紀に著された『毛吹草』巻第三、附合の玉の項には「貝　目　牛　舟　正月　湯　水　藻　藍　昆若《こんにゃく》　勾　刃《やきば》　暦　鐵炮　龍《れう》」[23]など、玉工の創作以外の事物にも附合させる手法が生活にまつわるあらゆる面にみうけられる。この影響をうけて、『毛吹草』巻第四や『庭訓往来』に記された諸国の産物でも、そのことが確認できる。十八世紀になると、三宅也来著『萬金産業袋』[24]（享保十七年）巻之三に記載された玉のほか、動植物や言語においても、過去の語彙を超える立場で、その使用範囲を拡げている。越谷吾山著『物類呼称』[25]（安永四年）には玉の原義を忠実に守って流伝する内容を集録している。

玉つばき（植物、柾《まさき》）、玉紫（植物）、すすだま（植物、薏苡）、たまてばこ（植物、玉楼春《いわくちなし》）、しほだま・くろだま（植物、楠）、大玉・小玉（動物、蛤）、まゆ玉（動物、蚕）、もだま（動物、鮫魚）、たまげる（言語、魂消る）、ぐだま（言語、おろかあさましさ）、しごくだま・しこたま（言語、多い事）、手玉（言語、石投）

本書に記載されたすべての「たま」が、先人が伝言する「玉」と結びつくのか疑問であるが、形而下と形而上の「たま」を問わず、相当慣用の熟した呼称で多方面から受容されているのは確かである。まさに、庶民の暮らしのなかへも取り入れられた時代である。特定の人びとが生活に取り込んだ貴重な細工物や歌謡の世界などに冠した中古の時代以降も、玉はそれまでの語彙を引き継ぎながら、庶民が暮らす街面や野面に幅広く流行らせ流伝しているのである。そのなかに、玉や玉川もひそんでいる。

このような江戸時代の風潮を受けてか、明治になっても東京の大店ではまだまだ江戸の名残りをとどめ、屋号や商標としての玉、それに慣用語としてすでに定着している硝子玉、緒〆玉などの玉を商いの看板に仕立てて、和洋の文化が交錯する街なかに活きづかせている。明治という耐震耐火構造の都市のなかに、そうした江戸から引き継ぐ玉と広義にとらえる玉の店を『東京買物独案内』[26]は記載している。

中古から現代へ、玉の思想が特定の人びとだけの受容と伝言から、その後諸国の民衆にも受け入れられるような玉となって、確実に暮らしのなかで定着してきたのである。

引用・参考文献と注

第Ⅲ章　第一節

（1）寺村光晴著『古代玉作形成史の研究』吉川弘文館　昭和五十五年　頁一九

（2）前掲（1）頁三六

（3）前掲（2）

（4）『東遊記』（明治四十二年四版発行　頁一四一〜一四二）には「山から出ずるを玉といい、水に生ずるを珠という。」と記されていて、同じく『倭訓栞』には「海に出るを珠とし、山に出るを玉とす。」の記述がある。

（5）『天工開物』十一組出版部　昭和十八年

(6) 鈴木　敏著『寶石誌』思文閣（復刻）昭和四十九年
(7) 林　巳奈夫著『中國古玉の研究』吉川弘文館　平成三年
(8)『天工開物』平凡社（東洋文庫一三〇）昭和四十四年
(9) 前掲（2）
(10) 前掲（2）頁三六〜三七
(11) 高橋健自著『鏡と劒と玉』冨山房　昭和六年
(12) 平賀源内著『物類品隲』八坂書房（生活の古典双書二）昭和四十七年
(13) 寺村光晴編『日本玉作大観』吉川弘文館　二〇〇四年
(14) 梅原末治著『日本古玉器雜攷』吉川弘文館　昭和四十六年
(15)『増訂　工芸志料』東洋文庫二五四　平凡社　頁八二
(16) 前掲（15）
(17) 前掲（15）
(18)『日本書紀』下　日本古典文学大系六八　岩波書店　頁四六七
(19) 前掲（15）頁八三
(20) 前掲（15）頁八四
(21) 藤田富士夫著『玉』ニュー・サイエンス社　考古学ライブラリー五二　平成元年
(22) 前掲（15）頁八五〜八六
(23)『毛吹草』岩波書店（岩波文庫）昭和十八年
(24) 三宅也来著『萬金産業袋』八坂書房（生活の古典双書五）昭和四十八年
(25) 越谷吾山著『物類称呼』八坂書房（生活の古典双書十七）昭和五十一年
(26)「商人名家　東京買物独案内」『諸国買物調方記』所収　渡辺書店　昭和四十七年　頁一五九〜二七九

第二節　中国の玉河と玉の伝播

―ホータンの玉の道―

中国の地誌について、かつて筆者は「中国の辺境　雲南省のさまざま」[1]、『中国の自然と社会』[2]を報告した。これらの報告は日中関係が今日のように、必ずしも友好的とはいえない昭和四十年代前半期までの資料をもとに編んだが、とくにＦＢＩの捜査資料、それに戦前戦後の中国乾燥地域の地形と気候を多田文男博士から学び、更に中央アジアの文化伝播としてシルクロードのストウーパを山口弥一郎博士から、それぞれ指導を受けながらまとめたものであった。

しかし、今回ここで報告しようとする内容は前記の拙稿とは間接的に連関するけれども、決して中国の地方誌や文化誌をただ考察する目的ではない。むしろ問題の所在は玉の伝播にある。あらゆる日本の文化ジャンルに玉が派生してゆくなかで、その語源というか、玉のルーツとなるとどうしても中国に求めざるをえないからである。つまり日本の伝統文化の和歌、謡曲、茶道（煎茶）、玉造に介在する玉と玉川の思想、それに古代における水銀鉱床（丹生）などと玉川の関係[3]を求めてみたかったのである。

ただ玉の溯源となると、かつての漢土の中国ではなく、中央アジアの「玉の道」から流入する珍石であって、この流入が紀元前十六世紀に遡る。紀元前に漢人が玉石を西域の中央アジアにもとめたというのは、于闐国のことで、いまの新疆ウィグル自治区タクラマカン沙漠の南辺で崑崙山脈北麓のオアシス都市ホータン（和田）を中心とする地区のことである。

この乾燥地域を流れる白玉河・墨玉河・緑玉河が[4]、最も良質の玉を産出することから、于闐国は漢人に早くから知られていた。本報告においては、ホータンの玉河の流路が時代により異なるが、玉石を育む玉河とその周辺の自然環境を地域学の立場で捉えてみた。

一、中央アジアにおける東西文化交界地域の道

騎馬民族の活躍の舞台である「草原の道」の南、パミールを境に東部の東トルキスタンの地方は、乾燥地帯に属しながらも、タリム盆地のタクラマカン沙漠周辺部ではタリム川など諸河川が流れてオアシスが河岸に点在している。このオアシス付近は、古くからアーリア系の民族が定住して都市国家をつくり、東西の中継貿易を営んで、中央アジアにおける文化交流の上において、大きな活躍舞台を提供した[5]。中国から西南アジアあるいはインドにぬける道が、パミールの高原を分岐点にしながらも、このオアシス国家も重要な役割を演じていたのである。この道は、古くから中国特産の絹を西方に輸出したので「絹の道」と呼ばれ、東西を結ぶ廊下的通路には亀茲《くじ》（クチャ）や于闐などの都市国家が隊商貿易の宿場として栄えた。前漢の武帝の時代になると、張騫《ちょうけん》がこの地方に派遣されたことによって情報も増え、中国とこの方面、すなわち西域との交通がにわかに盛んとなった。

さらにパミール高原の西、西トリキスタンのアムダリアやシルダリアなどの河川が流れる地方にも多くのオアシス国家が発達し、とくにサマルカンドの地方は、内陸アジアの中心的位置をしめ、匈奴におわれた月氏がこの

地方に大月氏の国をたてた。またこの南のアムダリアを境としたバクトリアの方面は、イランやインドに通ずる重要な分岐点にあたり、アレクサンダー大王の東方遠征によって、ギリシアの勢力がこの方面におよんで、その文化の強い影響をうけたが、前一世紀末、大月氏から分かれ、西北インドを支配したクシャーナ朝がおこり、仏教の伝播や文化交流の上に大きな力があった[6]。張騫西使の目的は、漢と大月氏との同盟を結ぶことにあり、それは失敗に終わったが、かれは帰国して西方の珍しい品々をもたらした。

一方「草原の道」と呼ばれる北方アジアの遊牧民たちは、農産物やその他の物資を求めて西域との貿易路を確保しようと南漸するきざしを見せてくる。すると、中国は「絹の道」を握って、西方諸国との貿易を独占するためには、タリム盆地から遊牧民の勢力を退ける必要があった。漢が匈奴を討ってこの方面に積極的に進出し、屯田兵を配置して西域都護をおいたのはそのためである。漢代には匈奴の力が

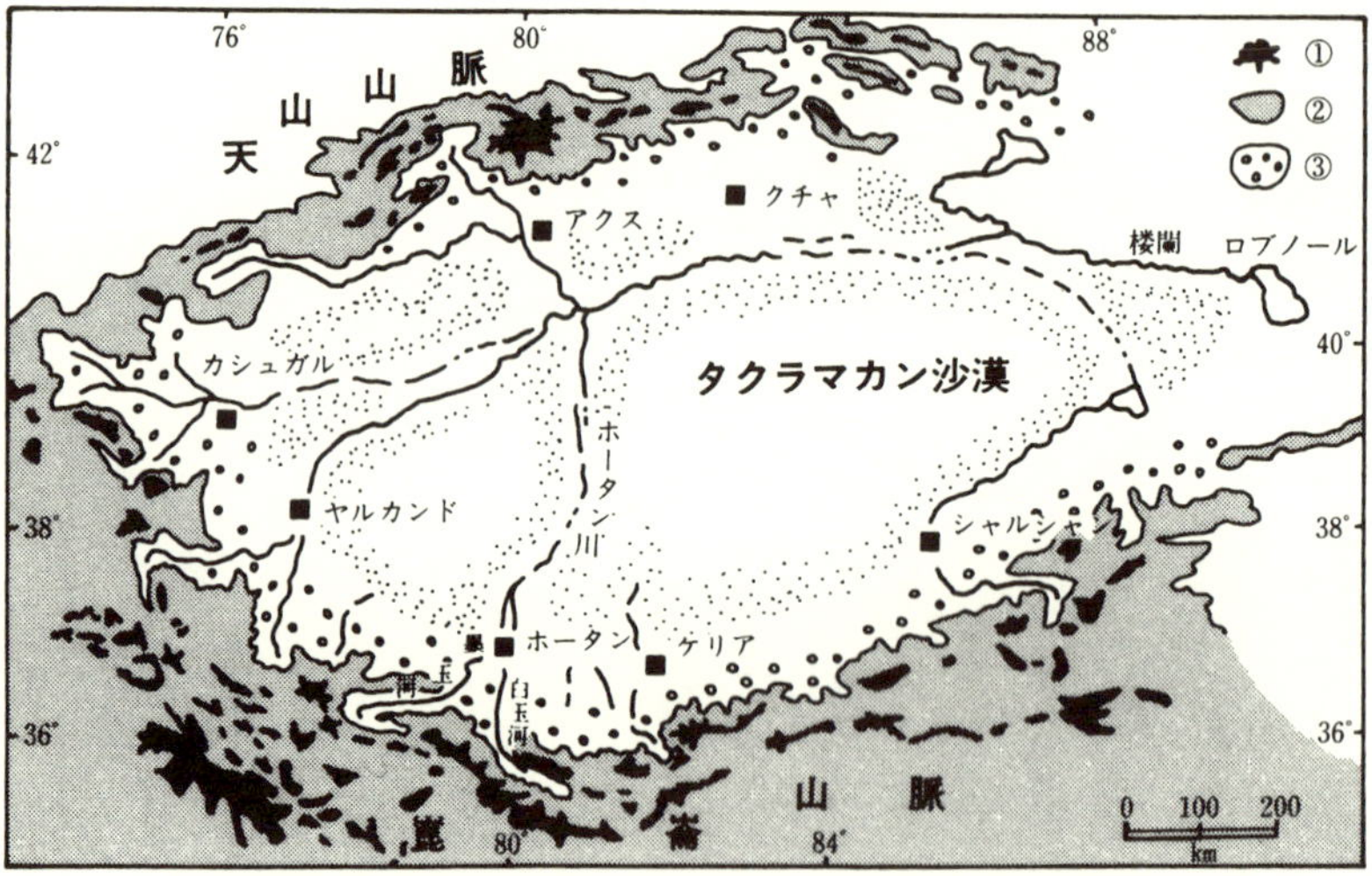

①現在の雪原　②ヴュルム氷期の雪原　③山麓礫層

「シルク・ロード地帯の自然の変遷」（保柳睦美）をもとに作図

図III -2-1　タルム盆地周辺の雪原分布

強く、天山山脈の北側の道が開けないで、タクラマカン砂漠の南側と北側とで東西を結ぶ二つのルートが開かれた。その後天山の北側の道が開かれて天山北路といわれ、従来の道が天山南路と呼ばれるようになった。唐は対外発展に力を注いで西域の貿易路の確保につとめ、安西都護府や北庭都護府をおいたので、この東西交通路が大いに栄えることによって、仏僧の往来が盛んになったばかりでなく、西方の諸宗教や文化が中国に流入したのである。(7)

二、西域への足跡と玉の伝播経路

このようなオアシス沿いの道を介して、玉も中国へ流入したのである。とくに良質の玉と呼ばれる珍石は西域のホータンから産出する玉のみであった。

玉は殷の時代（紀元前十六世紀頃）から、すでに中国人が最も珍重したもののようで、『漢書』西域伝では「于闐国王は西域に治している。長安を去る九千六百七十里。戸数は三千三百、人口は一万九千三百人、勝兵は二千四百人

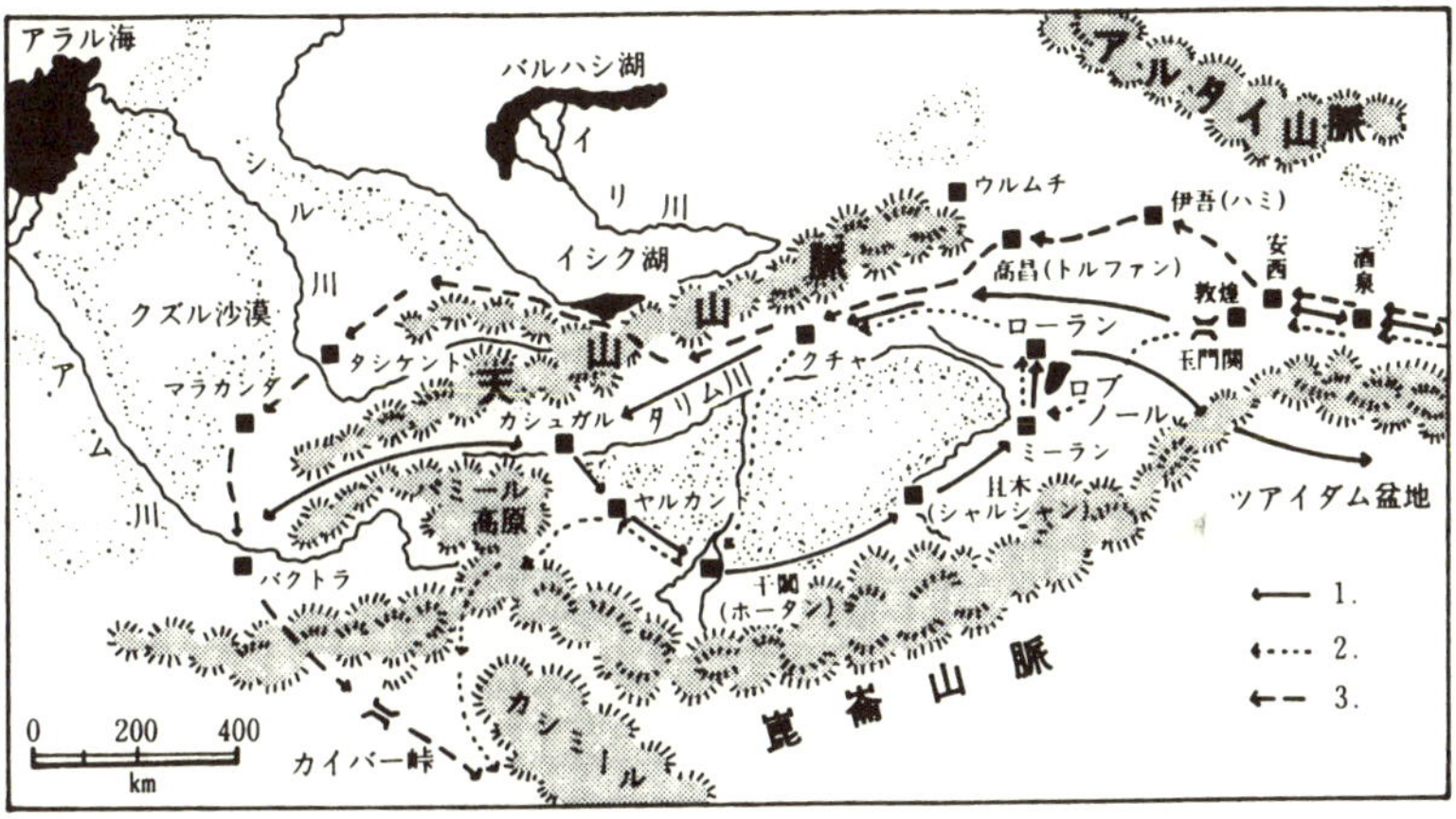

1.張騫の行路（B. C. 139〜）　2.法顕の行路（399〜）
3.玄奘の行路（629〜）

図Ⅲ -2-2　張騫・法顕・玄奘の行路

である。……略……〔黄〕河の源はここから出ている。〔ここは〕玉石が多い。西は皮山に通ずること三百八十里である。」と記されていることからも、太古から漢土とホータンとの間には、何らかの交流が行われていたと思われる。

しかし、玉というものはどのような経路で、何処から入手しているのか、まったく判っていなかった。幾人かの仲介人の手によって都に入って来てはいたが、その玉の入手経路を逆に辿ってゆくと、必ずや途中で異民族の中買人が関与していた。北の匈奴もいれば南のウィーグルもいた。そこから先は玉の入手経路を辿りたくても辿れない、闇の世界があった。ただ中買の隊商たちは、玉はみな崑崙山から産出されるものと思っていたが、この崑崙山さえ何処に存在する山脈なのか、誰も知らなかった。口伝では、黄河の源流に崑崙の山波があるから、玉もそこから産出されるものと思われていた。

では黄河の源流であるが、春秋時代から戦国時代（紀元前七七〇から前三〇〇年頃）にかけては、甘粛省西寧付近、邪連山《きれんざん》の東部の支脈にある積石《せきせき》（チーシー）付近だと思われていたし、もちろん玉の産地もその場所だと考えられていた。それに当時この付近は、まだ西方の化外で異民族の土地柄であった。

後の戦国末期（紀元前二五〇年頃）になると、崑崙山麓地域は誤認ではあるが、遠隔の化外の土地から都に近い、今の秦嶺山地に黄河の源流があり、そこに崑崙山もあって玉がそこから産出されるものと思われていた。(8)

こうした源流未踏による伝言をくつがえす踏査の旅としては、前漢の建元三年（紀元前一三九年）から天朔二年（紀元前一二六年）まで、武帝が匈奴におわれ西域に走った大月氏との同盟を企て、使者に張騫を送ってからである。この同盟は失敗に終わったが、十三年にわたる大遠征の末に、張騫は豊かな産物と新奇な文明をもつ諸国の正確な情報を持ちかえった。なかでも、西域の地勢というか黄河源流の情報に関しては、西域にはタリム川が流れていて、その流域は于闐（ホータン）南方の山中から流れる支流と葱嶺《そうれい》から流れ出る支流があり、于闐国で合流しタリム盆地のタクラマカン砂漠を流れて、ロブノール（蒲昌海）の湖へ注いでいる情報を伝えた。このロブノールは黄河の源流の西方にあたる。その水脈は、地中を伏流して黄河の源流と思われる積石で地表に顔をだす。

つまり張騫は、于闐南方の山中から葱嶺（パミール）にかけた、タリム盆地南側の山なみこそ崑崙山であり、そこが黄河第一の源流で、この水を集水する湖がロブノールである。ここで伏流した水の脈が現れる積石が第二の源流である。だから玉の産地も、タリム川上流域の于闐国[9]にあると考えたのである。

ところで、仏教が最初に中国へ伝わったのは紀元前二世紀のころ、大月氏の使節によって伝えられていたという伝承があるが、どうしてか張騫の遠征には仏教や仏像などの東漸は伝えていない。大月氏の勢力範囲が于闐国よりも西方のパミール、天山西部の山麓、草原と沙漠のオアシス地域で、張騫の遠征したころには、まだ仏教は于闐国や高昌国《こうしょう》（トルファン）、亀茲国など西域には及んでいない。于闐に仏教が伝来したのが紀元前七四年で、中国の漢土へは紀元元年前後に伝播したという説[10]から判断すれば理解できる。

仏教の真意を求道するようになった最初の貢献者といえば、法顕《ほっけん》や三蔵法師玄奘《げんじょう》である。法顕は西安よりインドへ旅立ったのが三九九年。途中、法顕はこの世とは思えない難渋を大沙漠タクラマカンを横切ることで経験して、于闐国のホータンに三ヶ月間立ち寄り、その間、仏教寺院に滞在している。[11]このころの西域図には、ホータンの位置に玉河が図示されていて、すでに情報が得られていたことが確認できる。

法顕より遅れること約二百年、六二八年玄奘は西安を立っているが、成都・重慶を一巡しているので、実際西域に向かったのは六二九年になる。そして、十七年にもわたるインドへの求道の旅の帰路において、ホータンにたどり着く。ここは当時仏僧が仏都としての独立国をなしたオアシスであった。この大旅行の経路は『大唐西域記』[12]に著わされている。その後の人たちも、崑崙山脈北麓の道筋を通ったが、法顕と玄奘はシルクロードのいく筋かの道を往復して西域路を開拓し、その記録を詳細に残したことに意義がある。

長慶二年（八二二年）になると、唐の入蕃会盟使の劉元鼎《りゅうげんてい》が吐蕃《とばん》（チベット）に赴き、黄河の源流地域を経由して、吐蕃使の論悉諾息（ロンタグシグ・ギエンコル）を随伴してこの年の二月に帰国している。彼は青海の東境河曲の洪済梁《こうせいりょう》から西南二千里あたりが黄河の源流であり、その南方の紫山が崑崙山であろうと報告[13]している。

于闐の玉については、『崑崙の玉』[14]（井上　靖著）がある。それによると、後晋（九三六年〜九四六年）の高祖の命をうけて于闐国へ赴いた三人の使節のもとに一行六十余名、そのなかに桑と李の二人を書記として採用するが、二人は良質の玉を入手して持ち帰り、一攫千金の巨利を得ようとする。玉は于闐（ホータン）で産出すると流伝されていたが、誰もその場所は知らなかった。辛苦の末、ホータンに到着した一行は、二ヶ月滞在し使命を無事果して帰国の途についたが、二人の姿が隊列のなかから消えていた。二人はホータンにのこり、玉の得られる三河の白玉河、緑玉河、黒玉河で回子（土着ウィーグル人）のなかに加わって玉を入手する。二人は僅か一ヵ月ほどの間に、于闐の人たちが想像することのできない量の玉を手に入れ、ひと目につかない場所を選んで、砂漠を東にタリム河に沿って帰国の途についている。ロブノールから、更に砂漠の海を渡り玉門関《ぎょくもんかん》にたどりついたが、関は閉ざされ、国内に入れなかった。二人はやむなく再び砂漠を引き返し、ロブノールのほとり、月夜に幕舎を張った。その夜、李は幕舎を出て湖畔から蘆荻《ろてき》の茂みの向こうに姿を消した。李はこの湖に身を投じれば、タリム河の流れが黄河に通じていて、確かに漢土へ帰国できると信じていたのである。また、この夜を境に桑の消息も判らない。……といった語りで記載されている。

于闐は、今ではホータンとも呼ばれ和田、和闐とも書かれ、『漢書』や『史記』にも記載されている西域三十六ヶ国の一つに数えられている。後には隣接弱小国を支配下におさめ、タクラマカン沙漠北部の高昌国（トルファン）、東部の楼蘭国（ローラン）、そして南部のこの于闐国に制圧されていった。

東西にのびる沙漠の道を旅することは、古代の人たちにとっては想像を絶するものがあった。隊商がラクダのキャラバンをくんで、絹を運び、絨毯を運び、ガラスや玉、それに銅器・鉄器・陶磁器も運ぶ道であった。一般にこうした物資を運ぶ路を、絹の道と呼ぶが、なかでもタクラマカン沙漠の南側を通る南道からは、ホータンの玉も送られ、「玉の道」[15]でもあったのである。

この良質の玉を加工し身につける風習は、中国の新石器時代よりあったという。漢民族は何千年来、それを珍重し愛好し続けてきた。たしかに玉の潤いのある軟らかさは、冷ややかななかにも温かみがあるが、色合いは地味で、なかには美しさから程遠いと思える色調のものも少なくない。漢民族が伝承する玉に対する愛着は、いつの時代になっても生活文化に広く深く浸透し、古来から多く使われてきた。それらは装飾品であるとともに、その材質や形から呪術的意味をもち、さらに財宝でもあった。後世には尊重されることとなる玉を身につけ触れることによって、無病息災というか、幸福がえられることが身に宿り、形を少しづつ変えながら継承してきている。

更に死の月が徳によって生まれ変わり、また衰えた太陽が再び力をえて蘇る徳、つまり天地の精、陽精の至純なるもの、生産的なエネルギーを保持し、発散する材質であるという玉の観念は実に古く、新石器時代には既に考えられている。神を宿らせる器物に玉が用いられるのも、その時代からである。中国人の玉に対する観念は、紀元前の昔に遡ることができるのである。[16]

三、ホータン（玉河）周辺の土地利用

ホータン県の人口は約二十万人。そのうち約五万人が市街地に居住している。この市街地の都市部は、東部の白玉河と西部の墨玉河（諸書に黒玉河とも記載されている）とに挟まれている。両玉河はともに南部の崑崙山に

源を発していて、北部のタクラマカンの大沙漠で合流し和田（ホータン）河となって北流しつづけ、さらにカシュガル河などと流れをひとつにしてタリム河となり、更に大沙漠と天山南麓のあいだを東流してロブノールに注いでいる。

図Ⅲ—2—3は白玉河と墨玉河が合流してホータン河となる、タクラマカンの沙漠中央に至るまでの河道周辺部の土地の利用状況と環境を図示したものである。南部の海抜三千メートル以上の古氷河、または五十日から百日以上の年降雪地域は、白玉河ではAより上流になり、同じく墨玉河ではBよりも上流にあたる。ここでもまれたモレーンや激流の侵食礫が、急傾斜の河床を流れ下り、乾燥した低山の麓に戈壁（ゴビ）を形成させている。激流で研磨され、丸みをおびた礫が、両玉河の河床や古河道、それに水無河床を覆い未利用の景観をゴビの土地で確認できる。ただ白玉河下流の和田（ホータン）や墨玉河下流の墨玉（モーユー）の都市周辺に開かれた灌漑農地や水田は、戈壁を流れる両玉河から取水して、扇状に灌漑用水をめぐらしている。ポプラ並木が幾条にも町を走る和田地域の緑のとりでは、この玉河とそこから引く水路によって保たれているのである。

和田と墨玉の都市周辺部になると、河床も緩やかになり、一面白色の砂礫と玉石で埋めつくされ、細流が幾筋か流れているが、季節によっては氾濫することもあるという。

ところが、タクラマカン沙漠になると、沙漠の中央部から周辺に向かって、流動沙地から半流動沙地、そして半固定・固定沙地へと変化を示している。なかでも流動沙地を中心とする沙漠表面の形状をみると、バルハン沙丘、ドーム沙丘、ピラミッド沙丘、侵食沙丘（マンハ沙丘・弓形沙丘・放物線状沙丘）、それにそれらが複合した沙丘[17]などがみられ、この流動沙地を固定させながら人びとは活動舞台を拡大させてきた。

図Ⅲ—2—3のホータンから下流の白玉河と墨玉から下流の墨玉河とが合流するC点までの、河岸の景観をみると、まずポプラを主にした林地がみられ、そのなかに灌漑農地が点在している。外側にはこの林地と農地を保

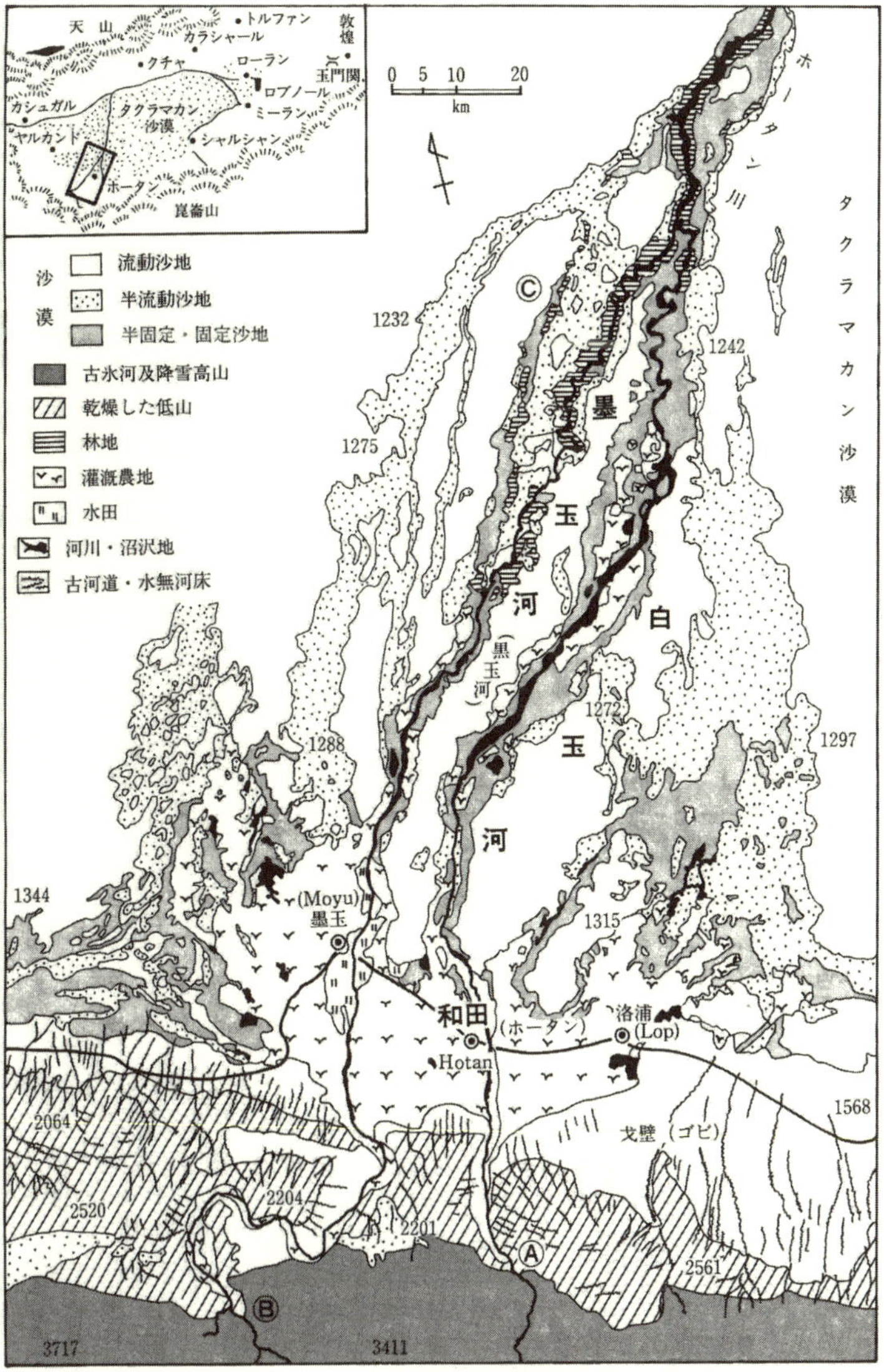

・ホータン（和田）はコータン・和闐・于闐ともいう。
・モユ（墨玉）はカラタシともいう。
・図中のⒶ～Ⓒ地点は図Ⅲ-2-4のⒶ～Ⓒ地点と一致
・図中の数字は高度（m）

中国科学院タクラマカン沙漠総合科学観測隊の資料（1993年）等により玉井作成

図Ⅲ-2-3　ホータンの玉河と周辺の環境

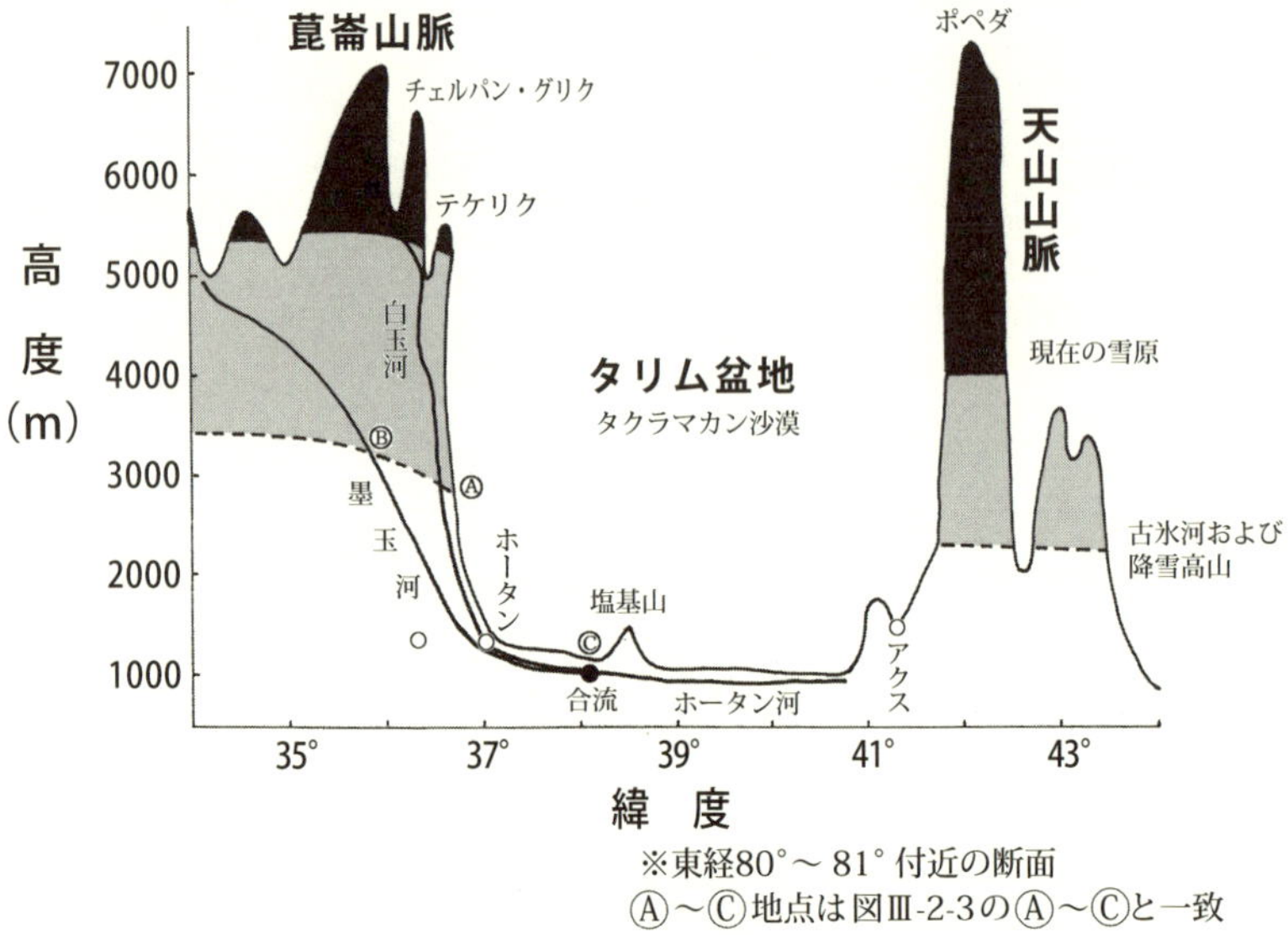

図Ⅲ-2-4　玉河とタリム盆地の断面図

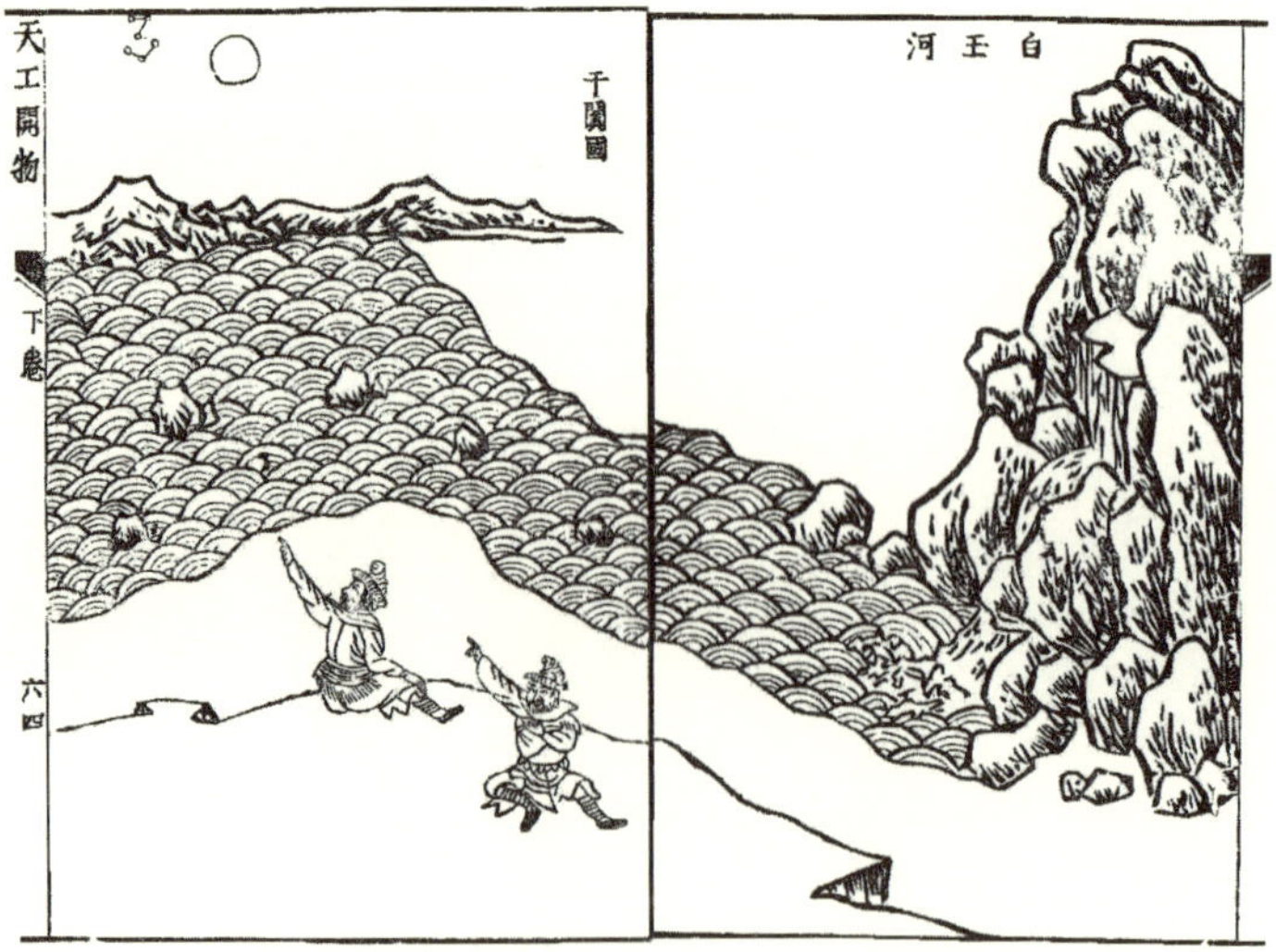

図Ⅲ-2-5　ホータンの白玉河（天工開物）

護するかのように半固定と固定の沙地が分布している。更にその外側になると、半流動沙地と流動沙地がみられ、自然が完全に支配する無住の沙漠になっている。つまり両玉河の水脈によって、かろうじて生活舞台を保つ土地柄が読図できる。ホータン周辺の土地利用は、湿潤地域とは大きく異なる、乾燥地域の居住限界地における土地利用の典型といえる。

四、ホータンの白玉河と墨玉河

かつてホータン周辺には、白玉河と墨玉河とその中間を流れていた緑玉河の三つの玉河が存在していた。年間降水量三十三．四ミリの寡雨地域でありながら、それらの三河川からの引水によって灌漑網が張りめぐらされていたことが、西域南道最大のオアシス都市に発展してきた要因である。

ホータンは前述したごとく、紀元前から良質の玉を産出する場所で知られていたから、「崑崙の玉」とよばれ、中国歴代の王や貴族たちにとって、あこがれの的であった。ホータンでの玉の採取は、一九四九年まで特別の階層のみに牛耳られていた。(18)

白玉河流路はホータンの市街地から東に約三十キロメートルにあり、そこから河原へは約五十メートル海抜高度を下げて流れている。河幅は約一キロメートルあり、崑崙の雪解け時期になると、その増水にのって崑崙の玉も運ばれてくる。白玉河と墨玉河のどちらも、その河床断面図（図Ⅲ―2―4）でみるかぎり、ホータン付近で急傾斜から緩傾斜にかわり、ここが玉礫の集まる河原である。この河床断面図の図中AとBとをみると、海抜高度が三千メートル以上で、ブュルム氷期において氷河が分布していた高度、もしくは現在の年間平均降雪日数が五十日以上の高度と一致する高山で、玉石採取にとって過酷な自然環境である。むしろ崑崙の山麓付近の河床の方が、『天工開物』に図示されているように、玉石の採取場所に適している。

そうした条件のもと、いまでも洪水のあとの八月から九月にかけて、住民の多くが農業の片手間として採取している。ただ墨玉河は白玉河とちがって、上流に発電所が建設されて山麓のオアシス付近では河床が砂質に覆われていて、すでに玉の採取が困難となっている。採取法は礫の重さや色つやを頼りに、長い経験と勘にたよっている。[19]

于闐国の王は玉河の河原に、囚人たちを横一列に並ばせ、水深約一メートルから玉を採取させた。その採取は玉そのものが光を発すと伝承されることから、月明かりのない闇夜だったという。また緑玉河では秋の明月になると、夜の河に女人が裸で入ると玉が引き寄せられるといわれている。

こうした玉河における昔の採取法について、『天工開物』[20]には次のように記載されている。

中国に運ばれて珍重される玉は、すべて于闐の葱嶺に産する。……略……その嶺から流れる水の源を阿耨《あじょく》山といい、葱嶺に至って両河に分れ、その一つを白玉河といい、他を緑玉河という。

玉の母岩は深い所には埋蔵されない。川の源が急流となっている所で激しくもまれてできる。しかし玉を採取する者は、玉のできる場所ではとらない。そこは急流で手が下せないからである。夏になって水がいっぱいになると、母岩は急流につれて百里か二、三百里もおし流されるから、そこでこれを川からとるのである。

玉は月精の光を受けてできる。だからその国人が川から玉をとるばあいには、多くは秋の明月の夜に川の様子をみる。玉の母岩がたくさん集まった所は、その月光が二倍も明るい。母岩は水につれて流れるが、やはりごろごろした石や浅い流れの中に入りまじっているから、とり出して見分けて玉の母岩であることを知る。

玉はただ白と緑の二色だけである。緑のは中国では菜玉[21]とよぶ。赤玉や黄玉があるというが、これはいずれも奇石や琅玕《ろうかん》の類で、たとえ値が玉以下でないとしても、玉ではないのである。

玉の母岩の根は岩につながっている。まだ流水のためにおし出されない前は、母岩の中の玉は棉のように軟らかいが、しかしおし出された時は、もう硬くなって、空気にあたるとますます硬くなる。

この『天工開物』は、明の崇禎十年（一六三七年）に宋應星によって著された中国の産業技術書である。とくに「珠玉」に関しては、西域の採取場所と採取法、そして中国への運搬経路とその加工技術について、他の諸書とくらべ質量ともに極めて豊富である。

採取された玉の原石は、ホータンではただ原石を集荷するだけで、いまでも単純な加工はしても、そのまま東部の北京や上海などに送られるだけで、ホータンには精緻な加工場はない。ただ崑崙山奥の海抜五千メートル付近には、原石を切り出す採石場があって、ここからの玉は一旦、且末（チェルチェン）の都市に送られてから東部へ移送されている。

以上のように、西域のホータンから産出する玉の場所とその踏査の時代、更には東部へ送られる輸送経路（玉の道）について述べてきた。まず中国西域の玉は、口伝では崑崙山から産出されると云いながら、どのような経路で、誰が何処から入手していたのか、確認できない時代が長く続いたが、踏査によって正確な情報を最初に伝えたのは張騫である。彼が前漢の建元三年（紀元前一三九年）から天朔二年（紀元前一二六年）まで、西域の旅をおこない白玉河、緑玉河、墨玉河の流域設定をはじめて行った。そこで産出される玉の多くは、天山南路の南道から玉門関を経由して漢土に輸送されている。[22]

またホータンの玉は、崑崙山から流れでる白玉河と墨玉河が運んでくる研磨された河床の礫から採取するが、その場所はホータン郊外の比較的河床が緩やかになる山麓付近である。ホータン周辺の土地利用は、居住空間としての限界地を示し、玉河の流れとそこからの引水による灌漑網を発達させて、かろうじて生活の舞台が構築されている。

引用・参考文献と注

第Ⅲ章　第二節
（1）拙稿「中国の辺境　雲南省のさまざま」『東書地理』一四七号　東京書籍　昭和五十年
（2）江口旻・玉井建三著『中国の自然と社会』文化書房博文社　昭和五十一年
（3）拙稿「武蔵玉川の生活と環境の歴史地理的方法」『多摩川の歴史地理の研究二』所収　駒澤大学文学部地理学教室　昭和五十九年
拙稿「南会津の氷玉川の歴史地理」『南会津の村落産業と形態の研究』所収　駒澤大学文学部地理学教室　昭和六十年
拙稿「日本の河川における『玉』の歴史地理」歴史地理学会第一三二回例会発表　歴史地理学一三五号所収　昭和六十一年
拙稿「川の歴史地理」『東と西』五号　昭和六十一年
拙著『武蔵玉川における生活環境に関する地誌学的研究』とうきゅう環境浄化財団　昭和六十三年
拙稿「愛媛における玉川の文化環境とその成立」『愛媛の地理』一二号　平成六年
玉井建三・山田徹「四国西部における丹生地名」聖カタリナ女子大学研究紀要　第八号　平成八年
拙稿「四国遍路の習俗と歴史地理」（コメント）一七八回歴史地理学会例会　歴史地理学一九一号　平成十年

拙稿「六玉川の環境と立地要因」（一）聖カタリナ女子大学研究紀要　第六号　平成六年
拙稿「六玉川の環境と立地要因」（二）聖カタリナ女子大学研究紀要　第七号　平成七年
拙稿「六玉川の環境と立地要因」（三）聖カタリナ女子大学研究紀要　第九号　平成九年
拙稿「武蔵多摩川における玉川の環境と立地要因」聖カタリナ女子大学研究紀要　第十号　平成十年
拙著『日本の文化環境』文化書房博文社　平成七年
拙稿「六玉川誕生の背景」愛媛地理学会発表　平成八年

（4）緑玉河はかつて白玉河と墨玉河の間を流れていたが、今は存在しない。この河の流れはホータン郊外に網目状に発達した灌漑用水の一部となり、沼沢地に旧河道の名残をとどめる。

（5）松田壽男著『砂漠の文化』中公新書　中央公論社　昭和四十一年
ヘルマン・シュライバー著　関楠生訳『道の文化史』岩波書店　昭和三十七年

（6）a山口弥一郎著『シルクロードのストゥーパ』国書刊行会　昭和五十八年
b森豊著『西域の古都望見』六興出版　昭和四十九年

（7）a山口弥一郎著『タクラマカンの旅』文化書房博文社　昭和六十一年
b中村元・笠原一男・金岡秀友監修『シルクロードの宗教』アジア仏教史　中国編Ⅴ　佼成出版　昭和五十年
c A.Stein:Ancient Khotan,New Delhi India.1981
d前掲（6）a

（8）a黄文弼著『ロプノール考古記』田川純三訳　恒文社　昭和六十三年
b井上　靖・長澤和俊・NHK取材班著『流砂の道　西域南道を行く』シルクロード第四巻　日本放送出版協会　昭和五十五年
c井上　靖著『崑崙の玉』文藝春秋　昭和四十五年

（9）マルコ・ポーロ著　愛宕松男訳注『東方見聞録1』東洋文庫一五八　平凡社　昭和四十五年によれば、この時代の住民はすべてイスラム教徒（十一世紀までは仏教王国）で、木綿、アサ、アマ、穀物の産額が大きい。またブドウ園（ブドウ酒）も多い。三つの玉河からは異色の玉を産すことを記している。頁一一五

(10) 寺本婉雅訳著『于闐国仏教史の研究』国書刊行会　二十五刊　昭和四十九年
前掲（6）a

(11) 長沢和俊訳注『法顕伝・宋雲行紀』東洋文庫一九四　平凡社　昭和四十六年の法顕伝によれば、ホータンの人びとは仏教徒で、僧侶は数万人いて大乗仏教だと記している。頁一七～二一

(12) 水谷真成訳『大唐西域記』中国古典文学体系二十二　平凡社　昭和五十一年
水谷真成訳注『大唐西域記』一・二・三東洋文庫　平凡社　平成十一年
桑山正進著『大唐西域記』大乗仏典九　中央公論社　昭和六十二年

(13) 前掲（6）b

(14) 前掲（8）c

(15) 藤堂明保「新疆ウイグル自治区の現況」『シルクロードと日本』歴史公論ブックス7所収　雄山閣　昭和五十六年
ヘディン著『シルクロード　上・下』岩波文庫　昭和五十九年
前掲（8）b
前掲（8）c

(16) 林巳奈夫著『中國古玉の研究』吉川弘文館　平成三年
樋口隆康監修『故宮博物院　第十三巻　玉器』日本放送出版協会　平成十一年
Berthold Laufer:Jade,Dover Publications,Inc;New York.1974
Hansford,S.H:Chinese Carved Jades,London;1968

(17) 多田文男著『自然環境の変貌』東京大学出版会　昭和三十九年
保柳睦美『シルク・ロード地帯の自然の変遷』古今書院　昭和五十一年

(18) 永田英正・梅原郁訳注『漢書食貨・地理・溝洫志』東洋文庫四八八　平凡社　昭和六十三年
前掲（8）c
(19) 前掲（6）a
前掲（8）c
(20) 藪内清訳注『天工開物』東洋文庫一三〇　平凡社　昭和四十四年
(21) 一般的には翡翠と呼ばれる物をさす。
(22) 前掲（7）a
前掲（8）b

第Ⅳ章　玉川誕生の背景

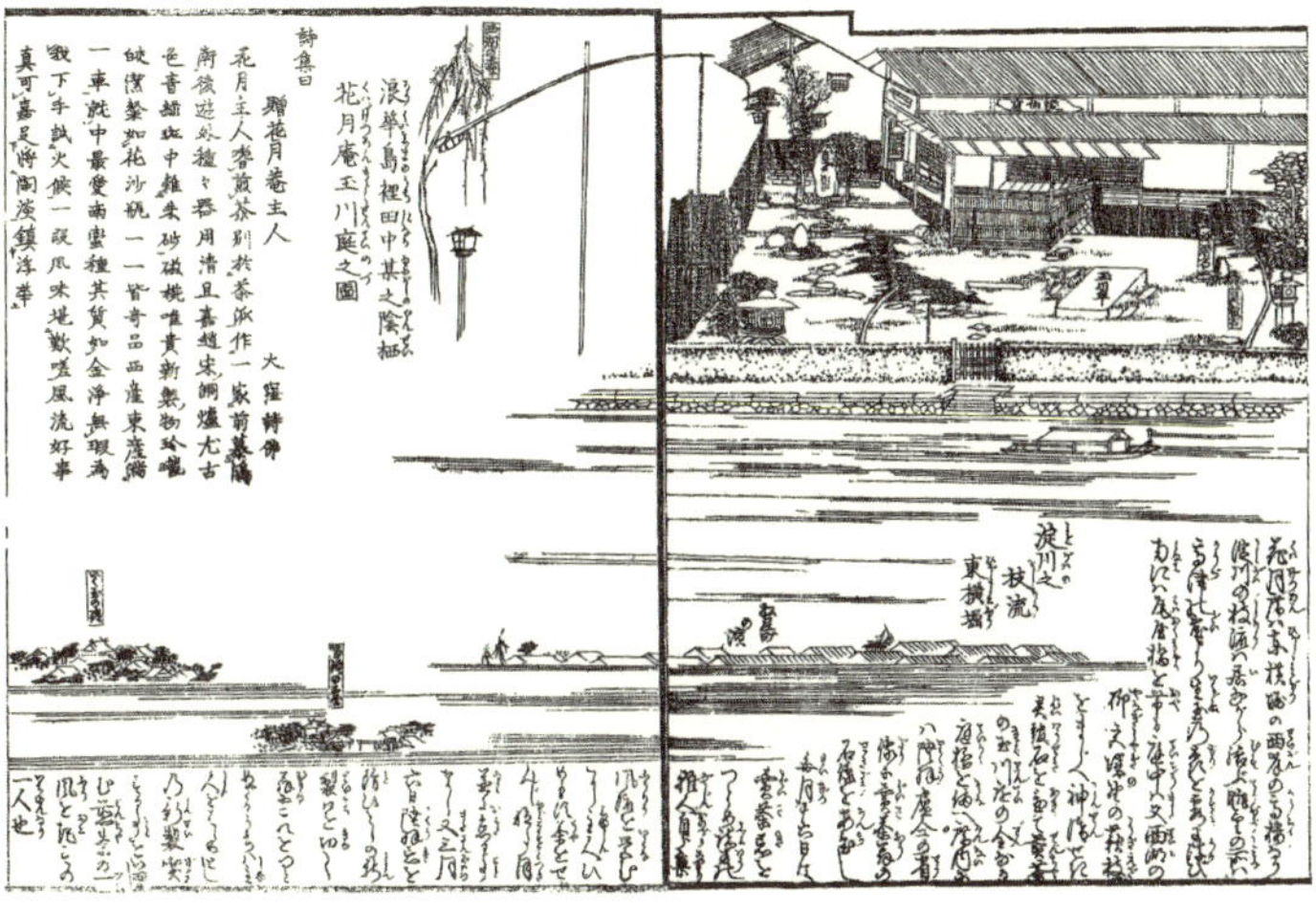

煎茶道　玉川庭（筑山庭造伝）

第一節　玉の伝承と霊魂の宿る玉

一、国府周辺の玉の水面

律令という国家意識の高まりのなか、中央政庁は国府に国分寺や国分尼寺、それに総社を設けて諸国を整備し(1)、国土の隅々まで支配体制を浸透させていった。この地方統御によって、国家統一の枠組みを一歩一歩遠隔の地域まで確実に波及させながら、政治体制のみでなく、文化の面においても知らず知らずのうちに中央政庁の色彩に染め替えてゆく。それには土地の人びとの意識を踏まえたうえで、仏教という信仰をかりて京から派遣された官人たちの手によって、漸次国域を熟成させて統治していった。

他国人である官人たちが支配するにしても、中央政庁からの要求に応えるだけの産業を興し生産性をあげてこそ、国府の役人としての立場が保てるのである。そのためには知に劣る土着の人たちとの距離感を縮める必要があった。

彼らがとる姿勢には常に土着民と京畿との狭間で、解決しなければならない問題が山積していたが、唯一職務をはなれて、京畿のイメージを喚起させながら余暇を楽しむ野面も、異郷の地で暮らす役人たちにとっては必要不可欠である。その癒しの場として玉川の水面があった。

山紫水明の異郷の地にあって、清水の水面に光線がゆれ風光明媚な流れである玉川は、役人たちが山野を逍遥する格好の非日常空間になりえた。そこはまた川の自浄作用によって清流域を保つだけに、土着の人びとにとっても生業の場に相応しい条件が整っている。庶民にとって、自然律の形で玉川の呼吸を汲み上げる川の特性が浸透しているのである。時の指導者層の遊里の場所として、また起居の場所として、玉川の流域は古から熟成し醸成されてきた。

古代人の川に対する基本姿勢には都人も土着の野人も、暮らしのなかへ取り込む態度が四季を通じてひそんでいて、その一方では荒れ狂う川面であることも熟知しておかなければ彼らの活躍舞台が流失する。むろん古人たちにとって、自然と同化融合する知恵も受け継がれてきた。だから、国府や国分寺など当時の中枢機能が集積する場所には氾濫という自然の影響が及ばない、それでいて川からの恩恵だけは十分に取り込める河畔に生活の場を構築してきたのである。そんな川をみつめ、川で腕を磨いた跡や古歌を詠んだ跡が川面にさしこんでいるところに玉川の素顔がある。

遊里の水面に仕立てた「井手の玉川」、「三島の玉川」、「野路の玉川」、「高野の玉川」、「調布の玉川」、「野田の玉川」など、前章で述べた六玉川はもちろん、出羽の白玉川（山形県酒田市八幡町）や伊豆国の玉川（静岡県三島市）、伊予国の玉川（愛媛県今治市玉川町）、それに倉吉の城下を流れる玉川（鳥取県倉吉市）などは国府に程近く、官人た

写真 22　武蔵国分寺
（東京都国分寺市）

ちの行動圏内において呼称している。官人たちにとって非日常空間ではあるが、前人未踏の鍬跡のみられない人稀なる処が斑痕するような、群山のひしめく奥深い未知の空間には玉川の痕跡すらみられない。そこは山岳脊梁の草木の葉ずれと川音だけが聞こえる遠隔の地である。

六玉川のひとつ、「調布の玉川」は自浄作用によって清水の川面を保つことから、第一章で述べたように鮎が棲息し、かつてから鮎漁[2]の川瀬となったことが古書にみえる。また、佐賀県唐津市の玉島川も、歌枕の地として多くの歌に鮎が詠まれている。『万葉集』には、「松浦河に遊びて詠める歌」として

松浦川玉島の浦に
若鮎釣る妹らを見らむ人の羨しさ　（大伴旅人）

写真23　松浦川河畔の大伴旅人歌碑
（佐賀県唐津市）

天女のような乙女が、松浦川の玉島の浦で、若鮎を釣っている姿を見ることができる人は羨ましい、と旅情をかきたてるような歌をのこしている（写真23）。神功皇后の故事によると、歌人たちの心を打つ水面において、皇后が鮎釣りをされた「玉嶋里小河之側」は、現在の玉島川と平原川が落ち合う玉島神社付近である。神社下には皇后が川中にあった岩に立ち鮎を釣ったと伝えられる「御立石」（「垂綸石《すいりんせき》」「紫台石《しだいせき》」とも呼ぶ）[3]がある。また、「玉島神社参拝の栞」に「拝殿ノ西側ニ繁茂セルハ皇后ノ釣シ給ヘル釣竿竹ナリ妊婦ニコノ笹ヲ飲マシメ安産ヲ

祈……」(4)と、その縁起が伝承されていて、境内には皇后が鮎釣りの折、釣竿にしたという篠竹の「釣竿竹」がある。

神功皇后は三韓征伐の途中、玉島川のほとりで足をとめ、戦況占いの目的から釣りをしたのが、この「御立石」の上であった。皇后は裳の糸を抜き取り飯粒を餌にして釣ったという。玉島とは皇后三韓征伐の時、千珠満珠の二宝を得たことに由来するが、神功皇后の三韓征伐伝説については、六玉川の「三島の玉川」が、兵の集結地になったことが伝えられている。(5)

清流の玉島川は昭和三十年代まで、稚鮎が河底から湧きあがるようによく獲れたと古老が語っている。(6)ちなみに、この地で皇后が戦況を占ったことから「鮎」という漢字に「占」の文字をあてるようになったと伝承されている。

このように先人が道をつけ、後世の人たちが玉を借りた作為によって、玉川が誕生する例も認められるが、それはあくまでも後世のこと。換言すると諸国にみられる多くの玉川は、官人たちの逍遥する水面であり、土着の人びとの生業とが玉川の河相をきめている。

二、玉工の細工をのこす川面

大和朝廷の時代には勾玉、管玉、白玉などをはじめ玉類を製作する部民が組織されたが、その技法は太古から継承されたものである。

天孫降臨に供奉し、伴造《とものみやつこ》には玉祖連《たまおやのむらじ》(宿禰)が中央政庁の影響を強くうけ勢力をたくわえた。それにひきかえ、玉作部《たまつくりべ》は職業集団となって諸国の玉を産出する野面に分散し、木地師や鍛冶集団と同様、古代国家の体制のもとで次第に強固な組織となって地域に根づいていった。今日の地名に玉作や玉造が散見できるのも、これらの玉工たちが腕を磨いた跡を語っているところが多い。

玉祖連は『日本書紀』(7)巻二神代下一書に「玉作上祖玉屋命」と記載されているように、玉作部の祖神でもある。この玉祖命を祀る玉祖神社は『和名抄』に河内国高安郡玉祖郷玉祖神社（大阪府八尾市神立）、周防国佐渡郡玉祖郷玉祖神社(8)（山口県防府市大崎）とみえ、古社のたたずまいを今に伝えている（写真24）。

周防国の玉祖神社の縁起によれば、天照大神が天岩屋戸におかくれになった時、思兼《おもいかね》命の発案で伊斯許理度売《いしこりどめ》命が鏡を造り、玉祖命が玉を造られたという。この鏡や玉と供え物を前にして、天宇受売《あめのうずめ》命の踊りをみていた神がみが大笑いをし、それを天岩屋戸におかくれになった天照大神が、何事かと岩屋戸を一寸ほど開けたところを手力男《たぢからお》命という力自慢命がこじ開けて、天照大神をお迎えしたという神話をつけて周防国衙のはずれの佐渡川の畔に鎮座する。この古社は周防国の一ノ宮である。今も玉の岩屋を背後の山ふところにおいて、八尺勾璁《やさかにのまがたま》（八坂瓊之曲玉）を造られたことから、メガネ・レンズ業者は勿論、時計や宝石を扱う人々も全国から多数参詣する。

写真24　玉祖神社（山口県防府市）

玉作部たちの祖神、玉祖命を崇め、諸国に散らばった玉作部たちは、各地で集団を組織して玉作や玉造の地名をのこしながら玉作神社や玉造神社、また玉祖命を祭神にした社を設けて、職業集団としての縄張りをきめていく。この工人たちの足跡は国府の周辺や玉川の河畔にのこしている。

大阪城の南、難波に鎮座する玉造稲荷神社（大阪市東区玉造）も古代の玉作の岡にある。高麗に工匠をもとめ、玉作の集団を形成した難波の高台は『日本書紀』(9)巻十五、仁賢天皇六年是秋に「難波玉作部鯽魚女、嫁㆓於韓白水郎㆒生㆓哭女㆒。」と記載されているように、四九三年にはすでに玉作を組織していた。それが豊臣の時代になっても、大阪城の守護神として城内玉造門を出た正面に西向きで祀られ、とくに秀頼や淀君の崇敬あつく、神殿跡の後方には月花を楽しむ高殿まで建立された。また玉作岡付近には、千利休の屋敷跡と茶をたしなむ良質の清水が湧く清水谷（玉造清水）もあって、時代の垣根を越えて玉工の伝統は受け継がれた。

また、大分県豊後高田市御玉の高田若宮社は玉祖命を祀る古社である。鳥居前の縁起板には「字御玉の璞《たま》を神体」

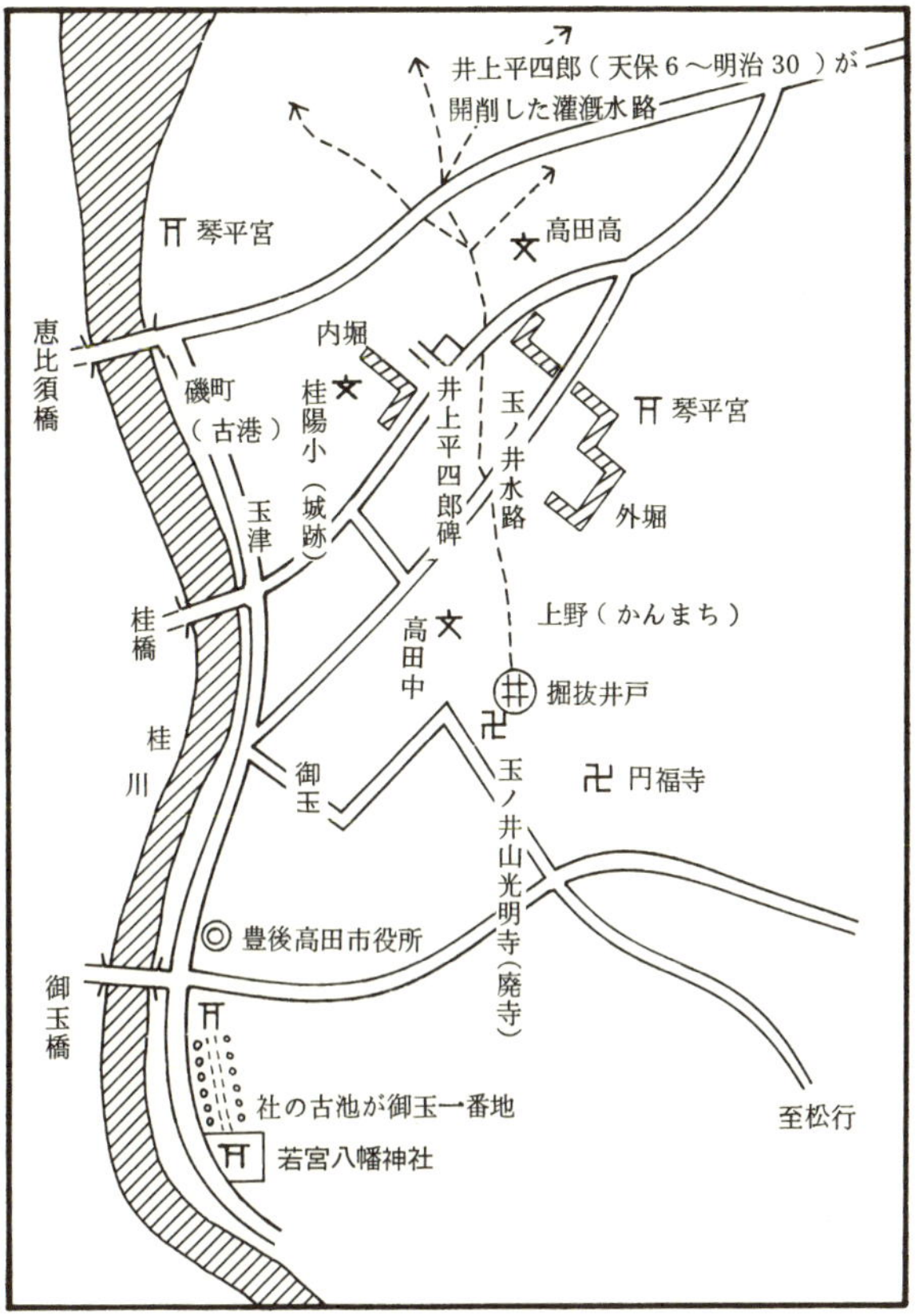

図Ⅳ-1-1　豊後高田市御玉と玉ノ井

と記載されていて、璞とはハクであり、未だ手を入れぬ素玉《あらたま》、すなわち璞玉《はくぎょく》である。この御玉一番地は若宮社境内の、山門前の古池である。「御玉一番地」と記した標柱があり、また玉を洗い清めた「玉の井」という掘り抜きの清泉井戸がのこる。

　このような工人たちが河川の流れのなかに玉作の技を容れて拓いた川面には、他に出雲の玉造川や相模の玉川（厚木市玉川）などがある。相模の玉川は厚木市の西郊を流れるが、その上流の広沢寺付近では今も緑色細粒凝灰岩という碧玉の原石が採取できる。この玉川産の原石は、相模地方の古代遺跡から出土する玉類と極めて類似している。[10] また日向川と落ち合う小野の古里の西方、丘陵尾根を光玉山といい、光玉とは攻玉であって玉造との関係も深い土地柄である。現在においてはこの一帯から玉造工人の生業跡がいくつも発見されていることを郷土史家が語る。『和名抄』の国郡の部にも、すで

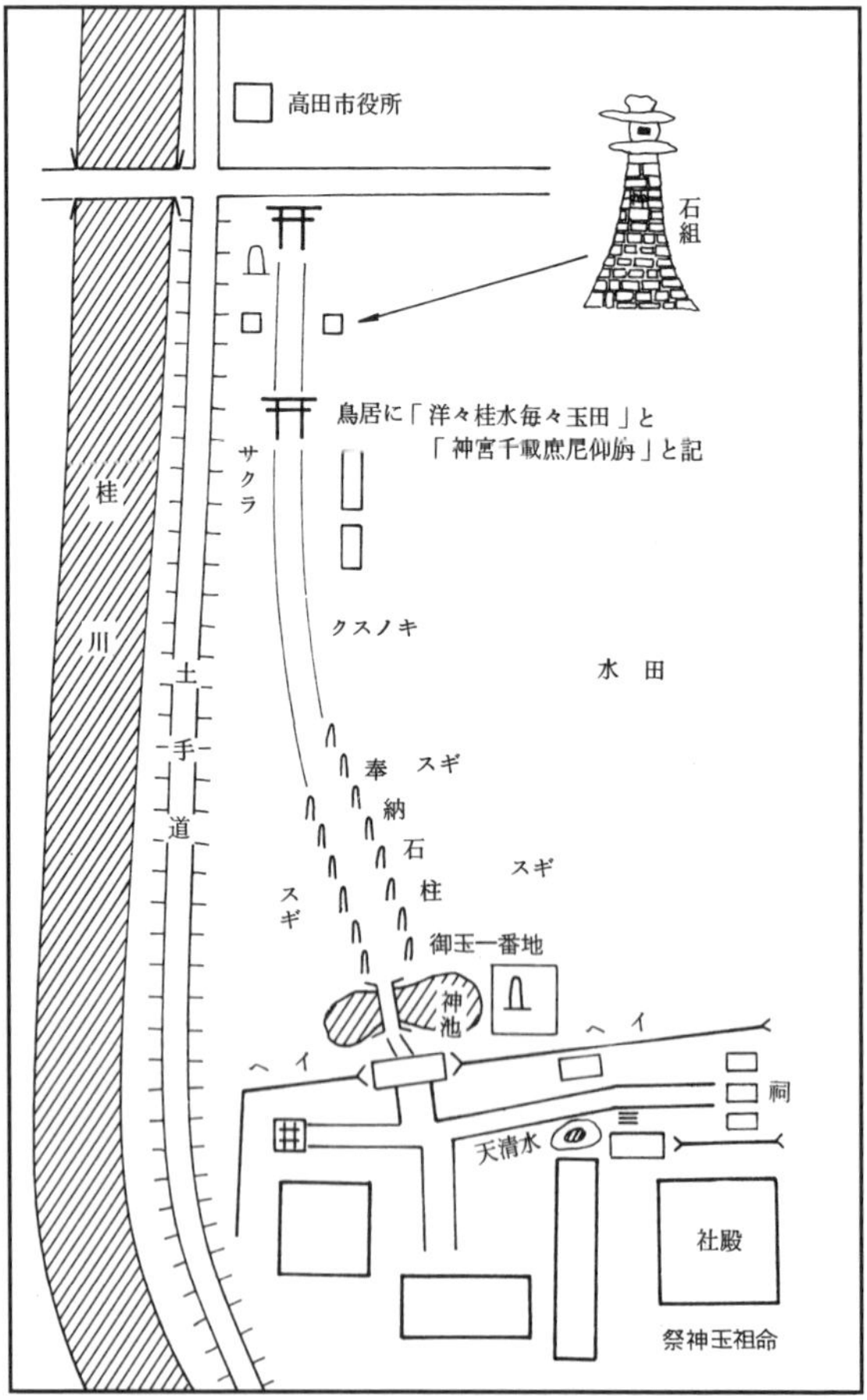

図Ⅳ-1-2　豊後高田市御玉と若宮社の配置図

に玉川郷の名がみえる。

玉川と玉造の関係は、他に武蔵の玉壺川（埼玉県ときがわ町玉川）、玉作（埼玉県神川町大里）、常陸の玉川（茨城県常陸大宮市大宮町）などをみても同様である。武蔵では緑色凝灰岩を産し、常陸では瑪瑙が産出され、その原石の細工跡が埼玉県月輪玉造遺跡（滑川町）や舟木玉造遺跡（神川町大里）、大宮町の東野遺跡などにのこる。

三、古社寺に宿る玉と玉水

全国にみられる玉水を探っていると、霊魂の宿るたまや、それから派生して心を癒す清泉の玉水といった御霊のタマ川が詰め込まれている場合もある。楠原佑介他編著の『古代地名語源辞典』[11]の「たま」（多摩・多万）には、東京都を流れる多摩川について、その語源を述べている。それによると「①『和名抄』の訓注に太婆とあるように、峠を意味するタバ・タワに由来する説、②聖なる御霊のタマという意味の二説になる」と記載していて、②について「多摩川は本来、その源流の名に由来する丹波川であったろうが、同時に武蔵国の中央部を貫流する聖なる川であるから御霊を表すタマ川に転訛」したと、地名二元説をあげている。

多摩川の語源がこの二説であることには、いささか疑問がのこるが、タマ川に聖なる御霊が宿る点では田万川（山口県萩市田万川町）も同様である。しかし、なかには付会説であることも、また諸説を複合させている場合もある。

詳細は後述するが長門国の田万川も二説をもって今日に伝承している。田万川町の郷土史家の中野清已氏によれば、田万川河口の漁村湊集落において、古代牡蠣から美しい太玉の真珠が五玉あらわれ、それに「たましい」

が宿っていると信じ村人たちは採取した河川を玉川と崇め、後に多磨川・田万川に改めたという。中野が語ったこの伝説を裏付けるかのように、日本海を臨む河口丘陵端の八坂瓊之曲玉を祀る八幡の古社が風雪に耐え鎮座している。この田万川も武蔵多摩川と同様に諸説があって、稲穂で敷き詰める田圃が川筋に万とあることに由来するとも伝えている。

　また田万川と同様に、水田の拡がる意味の「たま」でとらえた野面が山形県鶴岡市郊外の中清水に玉作の小字名でのこる。浄土真宗隆安寺の住職板垣顕栄氏によれば、玉作には人家はなく、かつて清水田圃といっていた一面の水田で、土壌が良いことから今日まで良質米が栽培されてきたという。庄内平野のなかにおいても特に良質で、酒井藩の御用米になっていた。玉作の諏訪大明神は八十年前、盛り土した岡に老木が覆っていたと言われているが、今では耕地整理によって田圃の一角に鎮座する。良質米が収穫できるのもこの大明神のおかげだという。そこで村人たちが「良質米が作れる所」と田圃を崇め、玉作りの小名をのこした。大明神に隣接する圃で稲

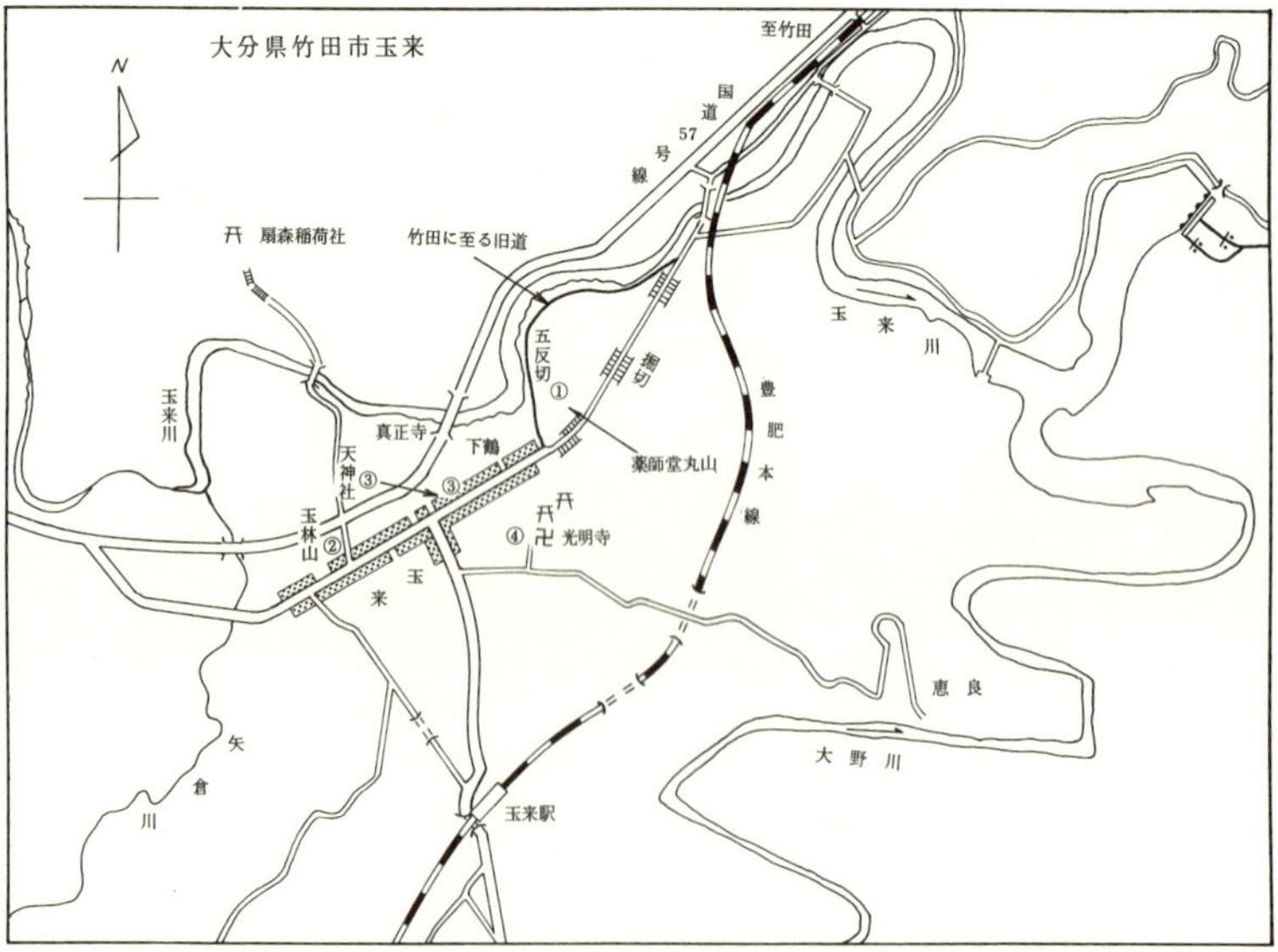

図Ⅳ-1-3　竹田市玉来図

作に勢をだす下小中の佐藤不二雄氏が、ここは古の玉工たちの玉作集団の居住跡ではないという。

更に神社名としての玉来という名が、九州は大分県日田市天瀬町五馬市《いつまいち》に鎮座している。現在の社殿は宝永二年（一七七三）に建立したというが、古社の縁起によると景行天皇の時代にまで溯るという。境内の東方五百メートルの清森という場所に玉来の塚があって、同じく西方五百メートルにも黒土盛という場所にやはり玉来があり、その中間の位置に玉来社を設けて合祀したという。古社前の古道は英彦山の山伏たちの修行の道であり、鳥居の傍らには苔むした山伏の墓がある。里の古老湯浅三男氏は、玉来にはどうも山伏と大日如来との関係にその起源があるという。

それは大分県竹田市玉来川の河畔にも同様の由来がある。民俗学者の柳田国男は狩猟民が集まり「たまる」意味としているが、郷土史家久保巌によると猫原《ねこばる》という野良猫の集まる場所があって、里人に悪さをすることから、四個の玉石を里の四方にうずめたからという。かつて玉洗の小名も村中にあったという。四個の玉石は、一の玉が丸山の（北東の鬼門除け、鶴林山という）薬師堂、二の玉が申（南西）の玉林山の祠、三の玉が天神社（北西の乾）、そして四の玉は巽（南東）に来福寺を建立したが、山崩れによって破損。現在不詳（かつて塚あり）であり、(12)霊魂の宿る「たま」が確認できる。このような伝承は南会津の氷玉川にも、谷口下の福永に鎮座する雷社や藤巻神社に由来するし、庄内の鶴岡市羽黒町には玉川遺跡で名高い玉川の里があって、玉川寺（玉泉寺）の古刹に因んでいる。

玉に霊が宿っている例には、伊勢の鳴玉や薩摩の竜の玉が名高い。伊勢の鳴玉は掌中で少し動かせば、大いに鳴響いて動くという。竜の玉は鶏卵ほどの玉で、それを握ると、いかなる寒中といえども自然に暖気を感じる珍石という。この暖石を庭園の飛石などに用いると、積雪をみない名石（図第Ⅲ章扉）になるという。唐土の人の温気を得ると、自然と動く緬鈴《めんれい》（中国雲南省産）のような名玉で、他国人に献上するような珍石である。

また、霊魂の「たま」が清泉に宿り、それが玉簾の滝という名瀑となっている場合が、全国各地に分布している。スダレ（簾）をかけたような、玉しぶきをあげる清冷な瀑布には水霊が宿り、行者の「みそぎ」の場であり、水中に霊魂を込めているとされる。玉水をスダレにしたような、無数の細流になって落ちるさまは水の霊力によって、それぞれの土地で名水を誕生させている。水の神に感謝でき、また仏の聖水を供えるような清水が湧く土地に、お玉ヶ池、玉の井、涌玉、玉泉、玉川などが存在する霊水である。それを神仏の御利益に結びつけ、機業の布晒や醸造などの生業の場所に醸成する。

玉簾の滝では神奈川県箱根町や茨城県日立市が名高い。旧東海道筋の箱根湯本の和風旅館、老舗天成園の前庭の飛烟の滝と玉簾の滝は、玉しぶきをあげながらおちている。湯坂山南斜面中腹から涌く玉水は溶岩礫層からの伏流で、不老長寿の美味な霊水と伝えられる。滝際の急な石段を登りつめると、水神を祀る玉簾神社が鎮座し、玉スダレの名瀑をみすえている。

紅葉せし木の間の滝の玉簾
落つる錦を着てこそまされ

と水戸徳川家九代斉昭が詠んだ日立市の玉簾の滝も、凍てる常陸の奥にあって、玉散るスダレを垂らすような滝である。水戸光圀が建立した瀑布玉簾寺（玉簾観音）の裏手にあり、光圀が玉水に観世音菩薩の霊を感じたという名瀑である。このように清泉な滝の流れは、聖なる水、霊魂の宿る水としての「たま」がひそんでいる。

一方、湧水にも聖なる水、霊魂の宿る水としての「たま」がある。それは長野県御代田町の涌玉川を事例として後述する。

―山口県田万川の事例―

田万川は日本海に面した山口県の北端にある。田万の河川名は珍しく、町名までも田万川町である。田万川は隣町の須佐町弥富から、山塊をぬうように北流して、田万川町に入って西川や畠田川などと落合って、粗い山陰の海に注ぐ河川である。

田万川の下流付近は『和名抄』によると、「多万」の古郷で記されている。勿論隣郷江崎を含めてのことであるが、里名は昔時から連綿と活きづいてきた故郷であった。

多万の故郷の沿革をみると、(13) 興隆寺所蔵の文正二年（一四六七）沙弥備中守連署執達状に「当山興隆寺三重塔婆料所長門国阿武郡多万郷内拾五石地、同郷内五石地等段銭事、自去年文正三年三月二十七日御寄進以来至己後所免除也」と見える。正任記文明十年（一四七八）の条には「阿武郡多万郷祥雲寺巻数御茶餅等進上之…中略…文治年中長門守護職佐々木高綱本郡に十八郷を置きたる節、田万郷、小川郷」としている。その後石州の名流吉見氏が天文二十三年（一五五四）に領有している。

慶長五年（一六〇〇）の関ヶ原役後においては毛利氏坊長二州削封され、萩三十六万石領に属して、上多万・下多万の両地区に分かれた。寛永二年（一六二五）になると益田河内守が門田御領替の際、江崎を歳入にして江崎村に改村して多万の二村は益田家所領として共に奥阿武宰判の管轄となっている。いまも益田家墓所が、須佐町の良港を見下す高台にあり、益田館は港奥のモクレンの古木に彩られてのこる。

享保年間には多万の本郷に江崎の浦も含まれていて、風土注進案に「江崎往古江津湊と弥す。繁昌の地で阿武郡各郷の米を若狭の国に積出し、後益田河内守常浦の内湊と須佐湾の大江津と隣接、まぎらわしいとて入江の崎にあるをもって江崎と改むと伝う」とある。

明治期に入ると、二十二年町村制実施によって、上田万村、下田万村、江崎村を合併して、田万崎村に改称したが、昭和十五年町制を敷き江崎町と改めた。更にこの江崎町と田万川流域の古代の宿駅小川村を、昭和三十年に合併させて、両町村を貫流する河川名をとって多万川町（萩市田万川町）に改めている。

田万川中流の旧小川村は「延喜式諸国駅伝馬長門国駅、馬小川三疋」とあり、山陰と山陽の古道を連絡する主要駅であった。文治年中長門守護職佐々木高綱は小川郷を上小川と下小川に分けており、益田氏文書には延元二年（一三三七）南北朝抗争のさい、石見の軍が小川の関所を破り長門に進撃したことを記している。このような山陰の終駅で、田万に沿う山間の古里であった。古駅が設けられた小川の里は、田万川の清水が民の白い肌を化粧しているといい、今も色白の小川美人を生むと

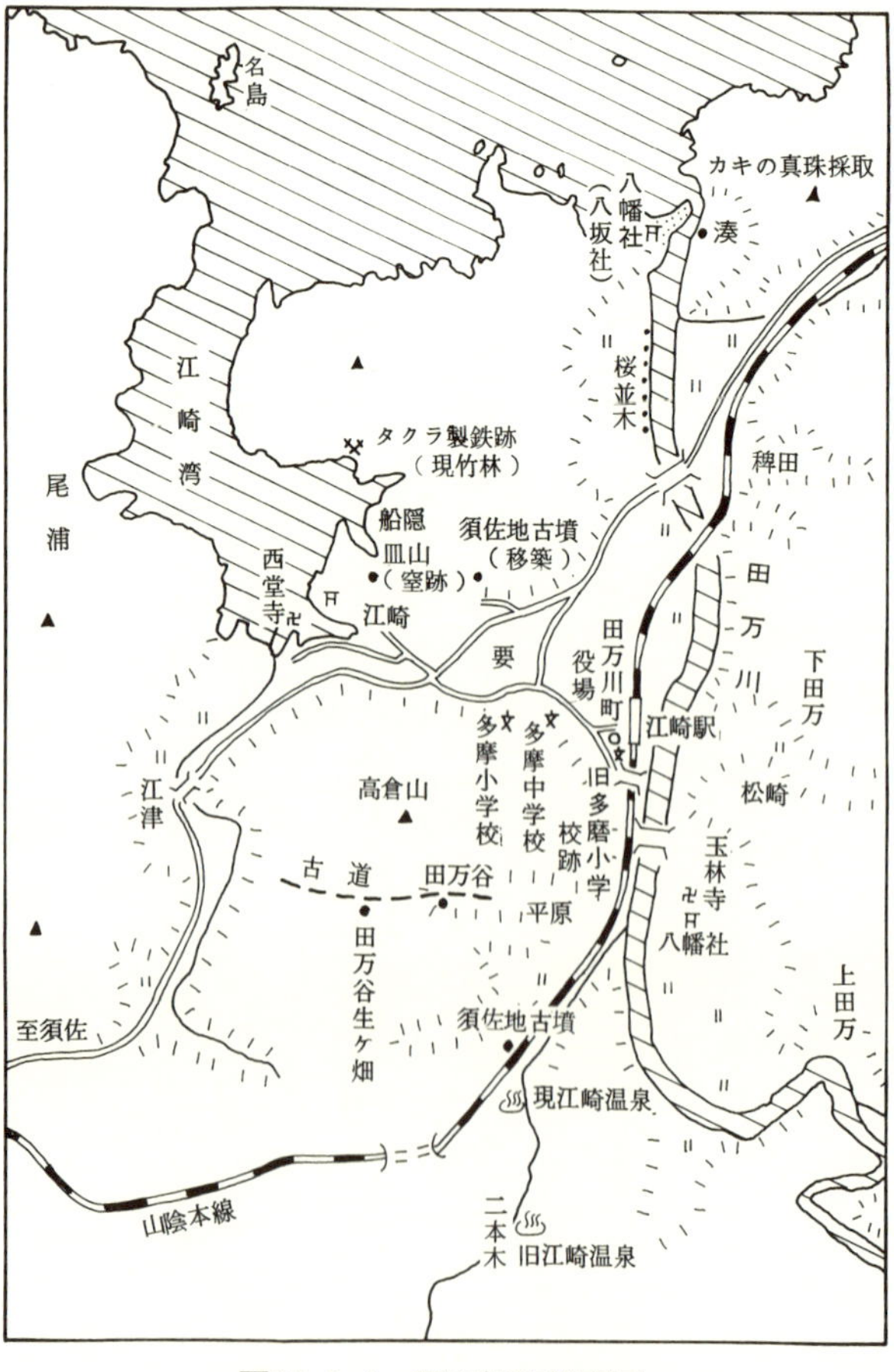

図IV -1-4　田万川町概要図

いう。

前述したように町名の田万川は江崎町と小川村の合併による合成地名にたよらない町名を思案した結果、両町村を貫流する河川名を採用することで意見が一致し、田万川町と命名している。なお、文政天保の「国郡全国並大名武鑑」によれば、古里名と河川名は田万で図示記録していることから、多万も田万と同義であった。

ところが、田万川町の郷土史家中野清己氏によれば、藩政期の頃、歌を美しく詠むことで玉川を使用したという。とくに文化文政の頃には玉川であるが、多磨川と記すこともあったようである。それが昭和十年から十五年にかけては多磨川と記載し、その後田万川になったという。

田万川について、中野の語りをまとめると、次の二つの説になる。これも伝説であって、確認できる内容ではないという。

田万川の河口、日本海の荒波が洗う崎に、八坂社、三穂社を合祀した八幡社が、河口を見下ろすように鎮座している。社の対岸に河港と外港にふさわしい里、湊集落がある。この漁港からは須佐唐津で焼いた赤瓦と、江崎字船隠皿山という杉木立で覆われた窪地があって、かつての窯跡が遺っており、その破片が今にのこるが、両者で焼かれた物を田万川上流の山里まで小舟で輸送したという。古の小川駅も、この瓦で甍が葺かれたという。船隠とは琉球との密貿易船が停泊した字地で、皿

写真25　田万川下流
（山口県萩市下田万）

いう。

山の窯は須佐町の唐津と同じく、製品は北前船によって越前小浜や、遠く秋田までも年間百三十俵も送られたという。

湊の漁港は海水と田万川の淡水がまじる河港でもあり、昔時からカキで真珠を養殖していた。今からおよそ一一三五年前、カキの貝に大粒の玉が五個ほど入っていて、その玉を耳飾りや首飾りにして使用したという。あまりにも美しい光を放つ玉（真珠）だったので、近郷近在の里人にも知れわたり、それを里人たちが求めたという。湊の漁師たちはその後も真珠を珍重し勢を出して磨いたことから、貴重な玉として崇めた。この玉を田万に置きかえて、河川名に採用したという伝説である。先の八幡社は、玉作部の守護神玉祖神社の神器、八尺勾璁に関係がある。とすれば、湊集落の真珠伝説は、古代玉作部と関係する。

もうひとつの伝説は、やはり一一三五年前、弘法大師（空海）は稲がまだ青田の七月十四日頃、須佐寺（現在須佐地）の谷奥の、榎木の古木が二本あったという二本木の古里で、コンコンと湧き出る湯につかったという。この湯は後に毛利元就公の御用湯で、須佐領主の益田氏も愛用したという現在の江崎温泉である。その途路、大師は須佐寺の入口の緑陰で、ひと休みしていると、野良の草取りに出かける在の農夫が通りかかった。

大師はその田園風景の中で、あまりにも田畑が多いので、百姓に「お百姓さんや、この里は田が多いなあ」と言葉をかわすと、百姓はみすぼらしい風体の大師をみて「坊さんや、この里には田が万とござんす」と答えたという。この田が万とある伝説が流伝されて、田万になったとも伝える。

伝説に語られる須佐寺は、今では須佐地に改変されている。この経緯については江戸前期に溯らなければならないが、当時須佐寺は流行病や火災などが、多発する村里であった。そこで村びとたちが思案した結果、村名を改名して、里中にこもる邪気を祓うことになり、田万崎村江崎浦の庄屋小野七兵衛が、天保十二年（一八四一）萩藩の絵図方奉行井上武兵衛に「須佐寺の寺という文字が、村里に災をもたらすと思いますので、地の文字に改めてください」と申し出た。これを機に、里中が平穏になったという。

それにしても、須佐地は故郷である。里の山肌が昭和四十一年に崩れ、在所の民家が崩壊した折、約一五〇〇年前（五世紀）の古墳がぽっかり口をあけた。いまは移築されて、町民センター前の墓地横に復原保存されている。竪穴式石室古墳のこの古墳には、妻石が箱式石棺で田万川の丸礫を敷きつめ、エビス土器などが埋葬[14]されていたという。

さて田万川の由来であるが、先の二つの説以外に由来を伝えるものはない。ただ旧田万川町役場前に、「旧多磨小学校跡」（写真26）と刻んだ石碑があり、多磨の地名も村中に遺っている。いまでも、要《かなめ》集落の丘に移転した多磨小学校と多磨中学校が、ともに校門の標柱に玉が添えられている。多磨の校名については、町役場の美原氏によると、学問を幅広く、また多く磨くことから、多磨の校名になったという。これは明治二十五年のことで、それまでは上田萬・下田萬小学校の字で表記されていて、両校を統合させてから多磨の校名が誕生したらしい。もちろん、多磨は明治期に田万川の田万を改めたもので、そう古くはない。旧多磨小学校跡も、かつての字名は関であり、旧役場は清水ヶ谷であった。また、須佐地の北側の谷筋奥には、田万谷という無住の地があった。その谷を上りつめた山方に、多万谷生ケ畑《うぶがはた》がある。ともに、いまは葉ずれの音だけが聞こえる、陽のこもるところである。この谷筋は須佐へ出る古道に沿っているが、この故郷が、田万の起源なのか、それとも、田万川の河名の方が先なのか判明できない。いずれにしても、田万川の下流付近に、タマや田万の履歴がひそんでいるのである。

写真 26　多磨小学校跡の碑
（山口県萩市下田万）

―長野県御代田町涌玉川の事例―

長野県御代田町に涌玉川がある。信濃追分宿のはずれ、分去れから浅間山の山麓を、古道が善光寺道と中山道に分岐する山里に御代田町がある。緩やかに傾斜した街道筋に、明治八年維新の御代を慶賀した御代と、小田井、前田原、池田新田の田の文字を合成させて誕生した町である。[15] 白樺の小径に別荘の木漏れ日がさす隣郷の軽井沢とちがって、土地に根づいた民と大地とが、深く編みなされている故郷である。

浅間山の堆積物によって創作された御代田は、軽石流の堆積物と追分流火砕流が覆っている。軽石流の噴出物は一万一千年前、デイサイト質のマグマが噴出したもので、すべてが軽石や火山灰となって、御代田の曠野を構成している。山麓の巨木は軽石によって炭化し地中に埋没しているという。その上には火砕流やスコリアなどが、下層には仏岩溶岩流や黒班山の噴出物があって、その互層が土地柄をうむ要因[16]にもなっている。とくに村人が「ネオ」と呼ぶ沢沿いの崖から見る露頭には、地下水を透水させる層と不透水の地層が確認でき、清水が湧く節理をみることができる。

火山灰で覆われた御代田の故郷には「七玉の池」があった。清水が湧く「七玉の池」とは、真楽寺の大沼池、塩町の湧玉、小豆玉、小田井の飯玉、それに小諸市平原大豆田の大豆玉、赤沼、池の前の菖蒲玉の七玉である。故郷を潤すこのような水源が、浅間の山麓に無数存在することから、古の幹道は、この玉の清水が湧くオアシス沿いに設けられ、東国坂東に入る碓氷峠[17]を目指すのである。

「七玉の池」の玉とは浅間山の伏流水が地表に顔をだす湧水を意味する。涌玉の源泉も、塩野字大谷地のキャベツ畑の窪地にあった。甲賀三郎の妻が夫の後をおって、蓼科の大穴に飛び込み、ようやく明るい世界に出た場所が、この涌玉だという伝承をもっていて、泉の中央からモコモコと湧く清水が盛夏においても秋冷を思わせるような低水温で、水量に変化がなく、下流域の庶民の飲料水になっていた。
涌玉は涌玉堰とか涌玉川といって、御影用水、赤沼堰、平原呑堰、石井堰、大沼堰、出間清水堰など、佐久の野面を潤してきた。とくに佐久平の水田開発には、これらの堰が果たした役割が大きかった。馬瀬口の古老は「在ではは水が余っていたの
で、下流の和田、市村の
里へ酒五升で分けた」と
いう。五升の酒で水利権
を認めさせたことは、塩
野や馬瀬口の開拓が、ま
だまだ進んでいなかった
ことを語っている。
「七玉の池」などの湧水はこの一帯に点在していて、昔時から語り継がれてきた名高い玉の井が多い。古老の伝承によると、昔京都の侍が浅間山に登って佐久平を見渡すと、山麓に目を疑うよ

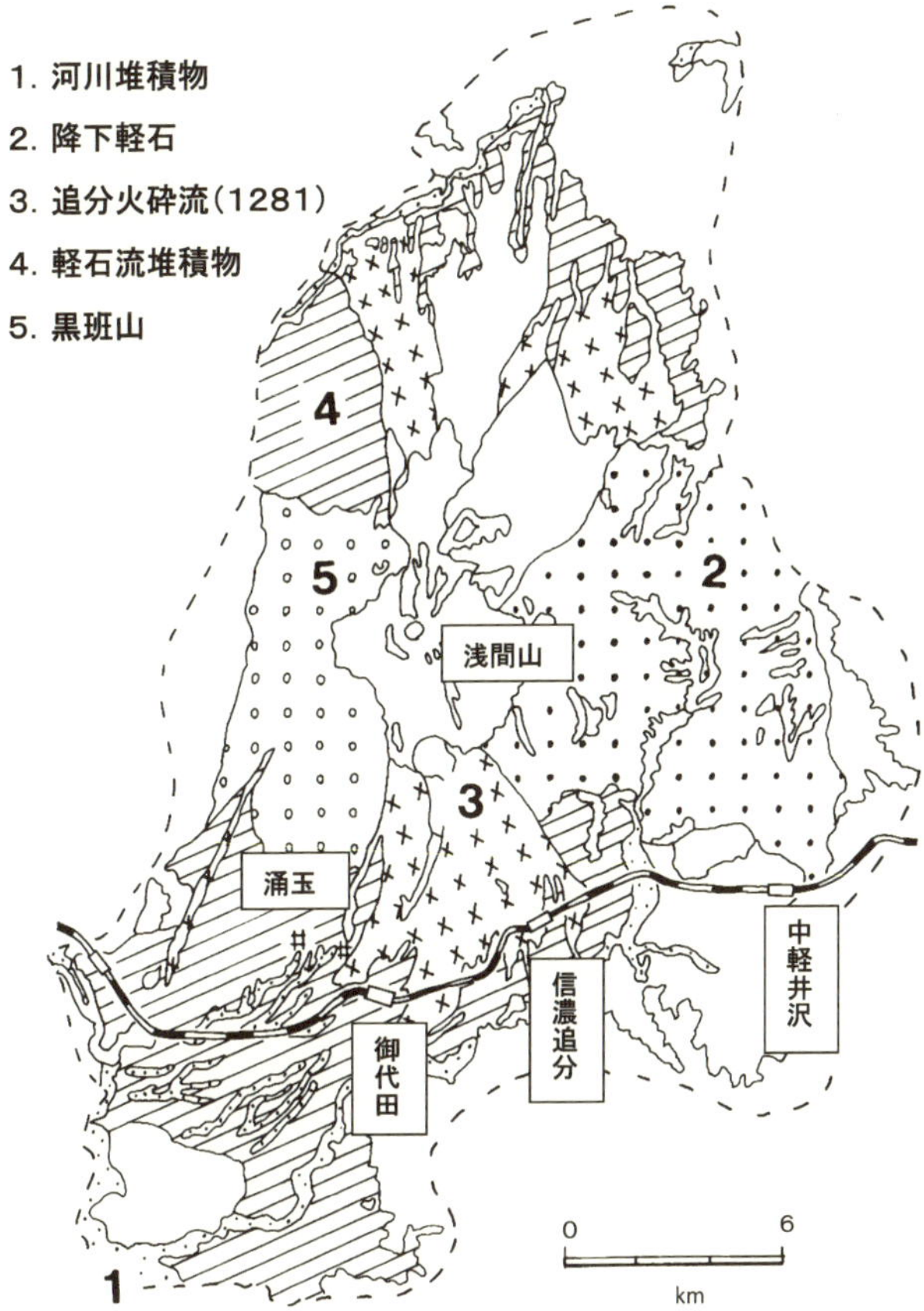

図Ⅳ -1-5　浅間山の地質

うな美しく澄んだ七つの池が見えた。京でもみられなかったような清水を前にして、侍は感激のあまり、何時とはなしに七玉という歌を詠んだという。その後村人たちが、池を「七玉の池」[18]と呼ぶようになったという。

今も豊富な清水を湧かせているのは、飯玉の池と涌玉、そして大沼の池である。飯玉の池は前田原の中里にある。老松で覆われた丘に飯玉神社が鎮座し、参道石段の左隣には清水が湧く飯玉の古池がある。このため、地元では清泉のえられる湧水池を飯玉という伝承がある。

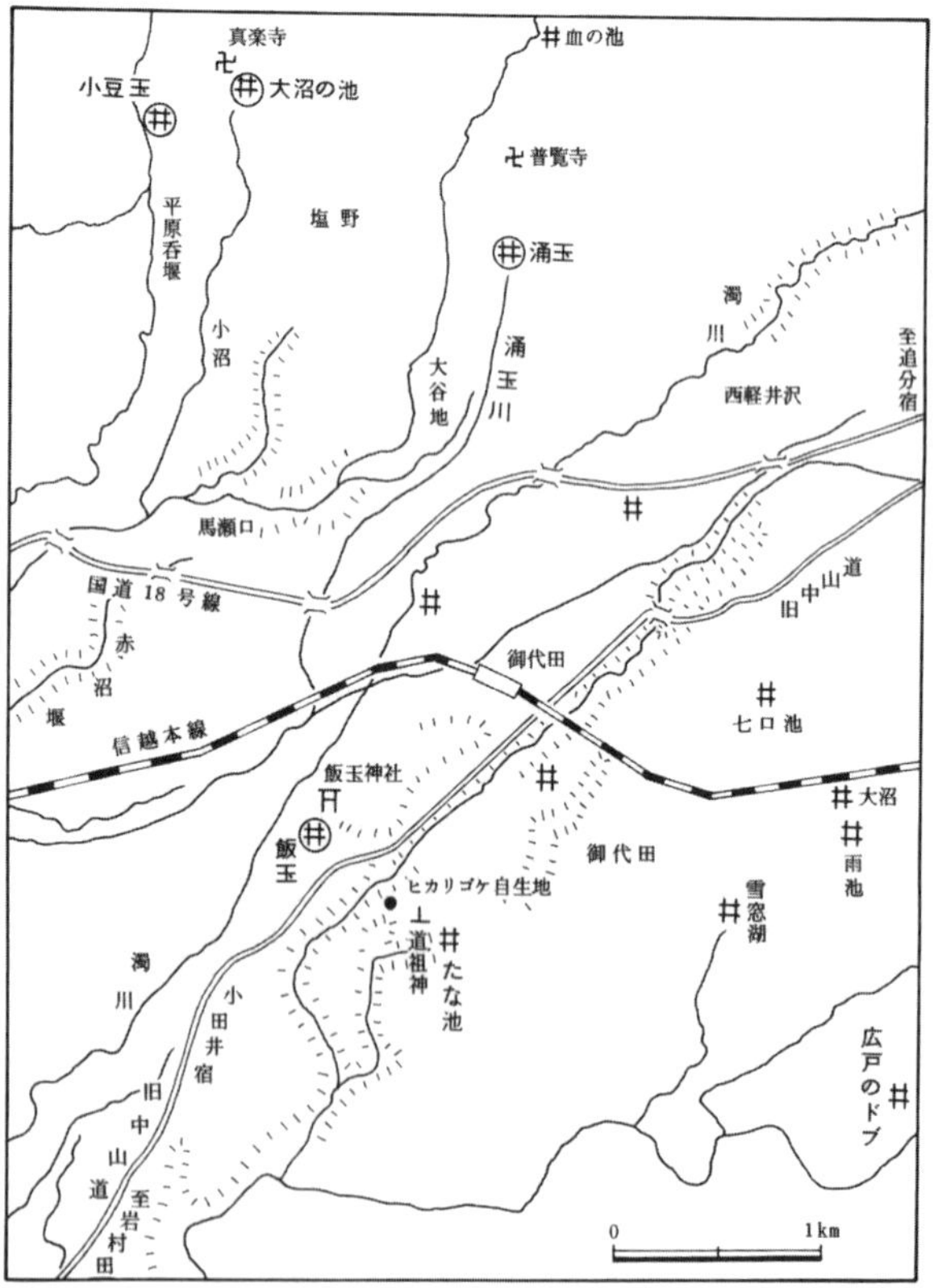

図Ⅳ-1-6　御代田町概要図

前田原で伝承された口碑には、故郷の水旱魃の季節に、きまって活動する浅間の御山を崇める古習がある。山神様がすむという浅間山が御水をくださり、そのおかげで、地元民たちの生きる基本が整えられたとか、また長雨の季節になると水量を調節するよう御山に祈ったという。

名水は里人にとって生命線であった。だから、飯玉神社の背後が、雄大な浅間の御山になることから、ただ一心に浅間山を祈ることで、火山灰のまう曠野を拓く先人たちの作法があった。

名刹真楽寺の大沼の池については、古寺の縁起「大沼の池伝説」が詳しい。それによると「近江の甲賀家には太郎、次郎、三郎の三兄弟がいたが、三郎が最も武勇にすぐれていたので、父は三郎に甲賀家の存続をたくしました。この事を知った二人の兄たちは三郎を殺すことを決意して、蓼科の大穴に落としたが、三郎は横穴からにげ、出たところがこの大沼の池だったという。しかし三郎はすでに蛇体になっていて、やむなく池に住んでいたが、体が大きくなって池に住めなくなく、蓼科の双子池に移り住んだ後、諏訪湖の湖底に住んだ」という。

いまはヒシで覆われ苔むした古池に、佐藤竜泉が製作（昭和七年）した「三郎の蛇体像」から清水が湧きだしている。応永二年（一三九五）建立の仁

写真 27　中山道の道祖神
（長野県御代田町）

写真 28　真楽寺の大沼池
（長野県御代田町）

王門を入って、老杉の参道右手樹間から眺める大沼の古池は、昔時からコンコンと休みなく湧くさまを、蛇体の寝返りという年に一度のおみわたりの現象で表現している。真言宗智山派の浅間山真楽寺が、火を噴く浅間山に木花之佐久夜毘売《きはなのさくやひめ》を祀って、爆発を鎮めたのに始まったという古刹であるだけに、大沼伝説もこの時期まで遡らなければならない。

四、毒水と玉川

故郷の地名にひそむ玉の遡源に、霊魂の「たま」、清泉の玉水、宝石としての玉石、貴重で美しい事物に冠する玉など、多岐にわたって玉や「たま」を当てた先人の思考の跡が確認できるが、その他、丹生に関する玉や玉川もひそんでいる。丹生つまり水銀である。

地下資源を表舞台にだし論考する場合は金、銀、銅、鉄などが主で、それらの処理に不可欠である丹生については忘れ去られた感がある。伊勢白粉のような塗料や西陣織など機で織られた染料など、また古くから中国の処方を用いて製す富山の反魂丹など漢方薬にも含有されている。

更に珊瑚を枝玉にして緒〆にするが、この玉職人たちも丹生を使用するようで、三宅也来著『萬金産業袋』(19)(享保十七年)の巻之三、万玉類　珊瑚には「本玉の瑕《きず》もの、あるひは小粒にてさしたる直にもならぬなとを打くだき、其外玉のやすり粉等を末にし、餅糊と松脂とにて丸し玉形を作りて、右の本玉の贋《にせ》とす。……此ころは一向に寒水石を粉にしいくども水飛して後、色よき程に辰砂（水銀）を和し、これに又もちのり松脂とにて丸し玉に作る。」と水銀を用いて緒玉を加工することを載せている。

このほかにも、『本朝食鑑』[20]水火土部温湯では毒水であるが、辰砂が温泉にも含有されていて、治療に効があることを、また『本草綱目譯義』の丹砂や『大和本草』[21]の金玉土石にも、毒性について記している。この丹生を採掘する故郷にも玉の地名が確認できる。

丹生については松田寿男の『丹生の研究』が詳しい。本書によると、栃木県塩谷郡塩谷町熊ノ本字玉生と富山県婦負郡八尾町大玉生《おおたも》、土玉生《どたも》の郷はともに古からの朱産地であり、壬生（にう）と解すべきであると記載している。

毒水については橘南谿の『西遊記』[22]続編　巻之四「肥後の毒水」に次のように記されている。

> 尾国《おぐに》（熊本県小国町）の近きかたわらに毒水あり。少さき谷川の流れなり。諸の禽獣此流れを飲めば即死す。鳥獣の枯骨数多く此傍に有りとぞ。然るに人には会て毒せず。此ながれの下に村里も有りて、人皆汲みて用うれども、終に毒にあたる者なし。犬もまた死せずとぞ。都て常に塩気のものを喰うものには、此水の毒あたらず。……那須野の殺生石などは殊に名高きに、斯の如く世に顕われざるとの幸不幸は有りけり、高野山の玉川の水は世に毒水といえども、これは実の毒水にてはなきという。

高野山の玉川とは六玉川のひとつで、古歌に詠まれた「高野の玉

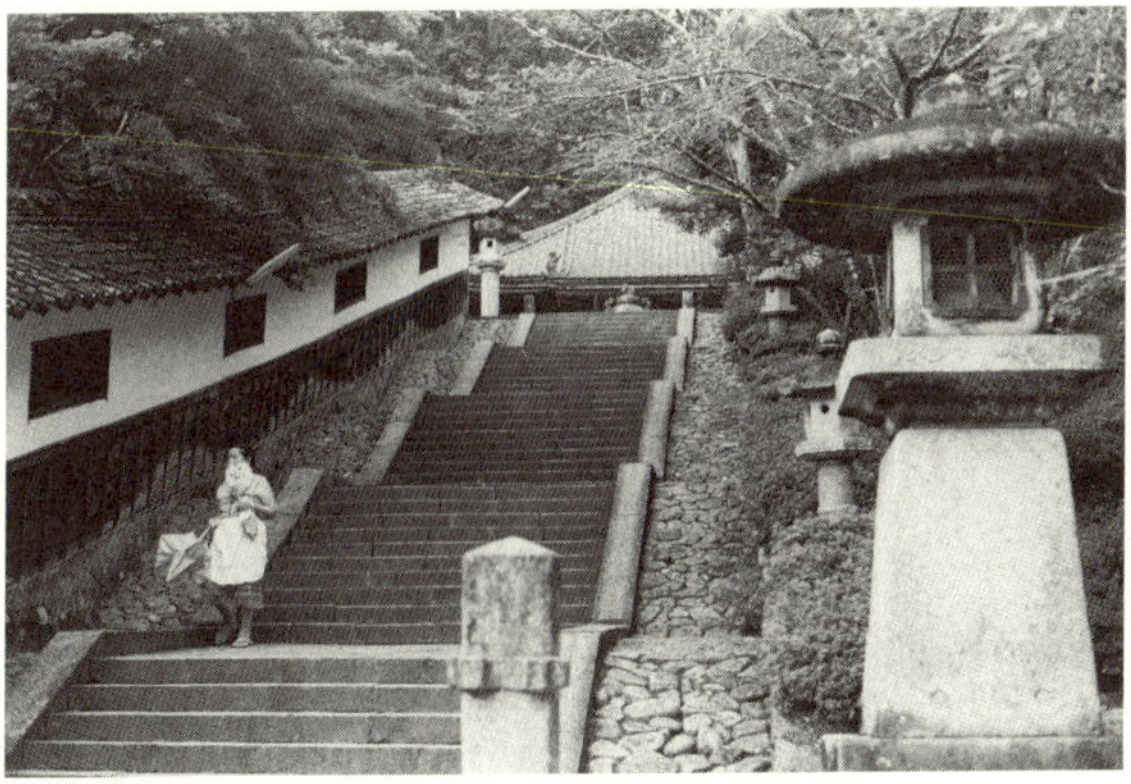

写真29　丹生大師
（三重県多気町勢和）

川」である。諸書においては毒水にしているが、これは後人の付会という。『西遊記』と同じく『雨月物語』巻三(23)仏法僧には

> 玉河てふ川は国々にありて、いづれをよめる歌も其の流のきよきを誉しなるを思へば、ここの玉川も毒ある流にはあらで、歌の意も、かばかり名に負河の此山にあるを、ここに詣づる人は忘るるも、流れの清きに愛て手に掬びつらんとよませ玉ふにやあらんを、後の人の毒ありといふ狂言より、此端詞はつくりなせしものかとも思はるるなり。又深く疑ふときには、此歌の調今の京の初の口風にもあらず。
>
> おほよそ此国の古語に玉蘰《たまかずら》、玉簾《たれ》、珠衣《たまぎぬ》の類は、形をほめ清きを賞る語なるから、清水をも玉水、玉の井、玉河ともほむるなり。毒ある流れをなど玉てふ語は冠らしめん。強に仏をたふとむ人の、歌の意に細妙からぬは、これほどの訛は幾らをもしいづるなり。

毒水であれば、なんで玉川という誉めたたえる語を、そ

図Ⅳ-1-7　肥後の毒水（西遊記）

の流れに容れようか。仏や歌に通じていない人にとっては、これぐらいの誤解があるのも当然だというのである。しかし『大和本草』巻之三 砒石には、「高野の玉川」に「其水上ニ砒石アルカ」と記している。ただ砒石も礜石も毒水であるが、少量であれば薬用になりうることが『本草綱目譯義』巻之十には記載されている。この毒水は温泉、河川、採鉱地で確認できるようで、全国に散見する玉川に、そのような水面が玉水となって見られる。ちなみに、この石は飲用というよりも外科治療に多く用い、諸国によっては鼠コロシとか、ハイコロシとも呼んでいる。

ところで、「六玉川」のひとつで「野路の玉川」にも毒水の風評がたった。「野路の玉川」の風評は滋賀県栗東市の古刹、金勝寺本堂裏に「御香水井跡」があり、昔は清水が湧き、その水を宮中に献上していた。宮中では正月十五日にその水で「小豆粥」を煮ていたが、ある年宮中に運ぶ途中、寺僧が玉川の水の美味しさにまどわされ玉川の水に取り換えたことから、いくら焚いても粥が煮えないので不思議に思い聞きただすと、途中で「野路の玉川」の水とすりかえたことが分かり、それ以来「野路の玉川」の水を再び使用することを恐れて毒水の風評がたったというのである。(24)

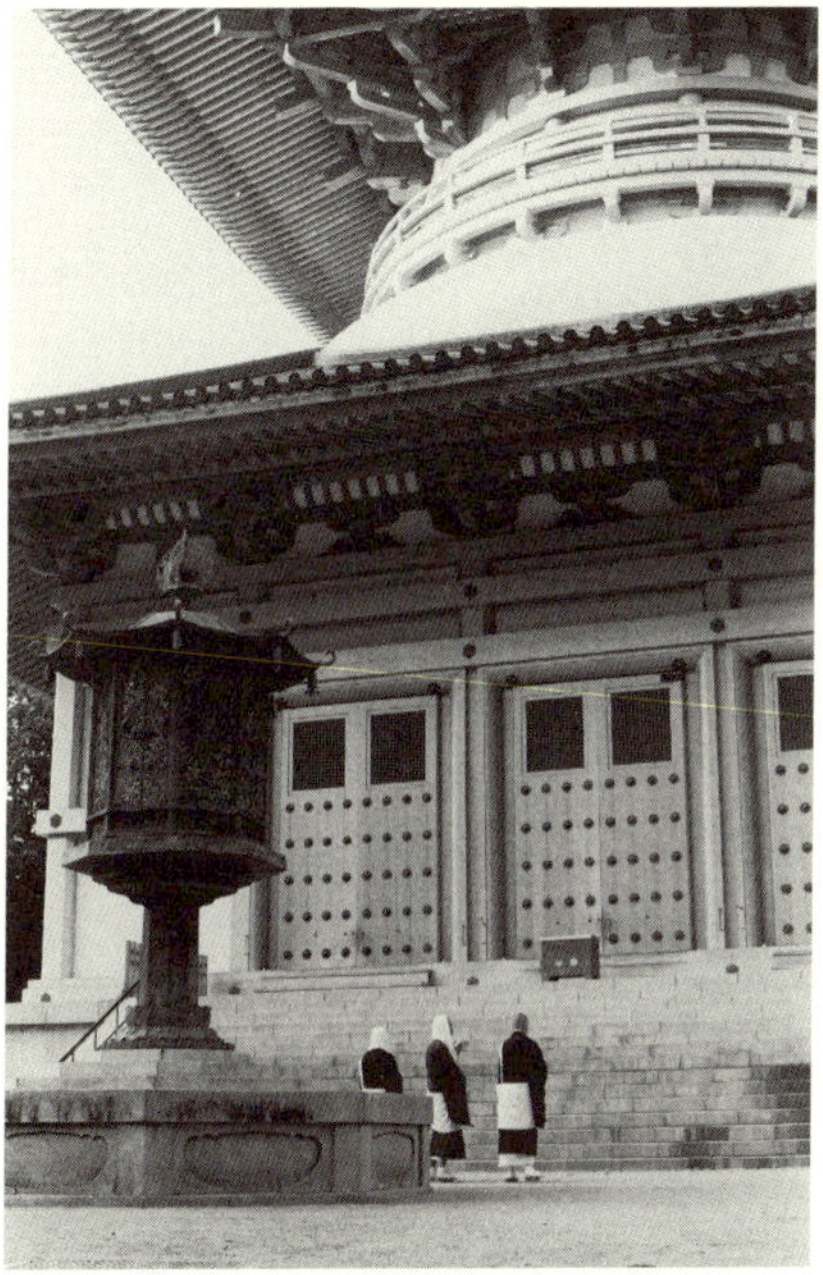

写真30　高野山大塔
（和歌山県高野町）

五、丹生の系譜と丹生地名

毒水で知られていたこの水銀を、史学や地理学、さらには地域学の立場をとる科学からも、鉱物を表舞台にだし論考する場合には、鉄（くろがね）、銀（しろがね）、銅（あかがね）、鉛（あおがね）などを主役にして、それらの処理に不可欠である水銀（みずがね）を脇役においている感がある。日本の中古における鉱産資源の歴史や生活文化史をひもといて、その記録や語りをみると、水銀の利用範囲は広く、現代の評価基準よりもむしろ高い。

水銀の用途は、鉱物資源の精錬にはじまり、鍍金（メッキ）、更には伊勢白粉[25]（水銀と塩を焼いて得られる白色の粉末、軽粉のこと）のような顔料と丹朱の化粧[26]、石棺のなかに塗られる塗料、西陣織など機で織られた布の染料にも、また、不老長寿の霊薬にまで含有されている。むろん、高温多湿のわが国にあっては防腐剤として即身仏の秘法（遺体のミイラ化）の役目も担っていた。

邦光史郎著『朱の伝説—古代史の謎—』においても「水銀は朱砂、丹砂という形で採掘され、原始時代は魔除けの呪術に用いられ、古代では寺院建築の防腐、装飾のために塗られた、いわゆる青丹よしの丹塗の原料で、仏像や仏具の金メッキの触媒となり、鏡や刀剣の研磨材料でもあった。また、古代には薬用として仙人の薬、仙薬として用いられた。[27]」と記し、黄金と朱は等価値であって、古代人の暮らしになくてはならない、大切な物資であったことを語っている。

古代の赤色には水銀系（硫化水銀）と鉄系（酸化第二鉄・ベンガラ）の二種があって、鉄系の赤色を赭《そほ》、水銀系を赭に対して真赭と称して、これを「丹・朱」といって使用していた。[28]仏教によって国家を鎮める方策で配置された国分寺など、金色に輝く古刹の仏像も、やはりこの水銀を用いて鍍金している。[29]アマルガム法による金メッキを可能にさせたことが、はじめて巨大な大仏が金色に輝いたのである。

水銀には、丹生、丹、朱砂、辰砂、真朱などの漢字を当てるが、なかには丹生、仁保、入野、玉生、邇、新田の土地名で、その所在を知らせる場合もある。

辰砂は中国湖南省沅陵県の辰州産が最も勝るので辰砂[30]というが、太古から土着の日本人は水銀を「に」と呼んできた。後に大陸から表意を付けた「丹」の文字が導入されると、この漢字を「に」と訓んだことで、「丹」の文字と「に」の発音が水銀と深く結びつき、諸国の山里に記録されてゆく。このことから、一般に丹生を水銀と同義にとらえて伝承されるのである[31]。

古代の時期、空海は丹生の利用法を大陸から学びとり、すでに熟知していたと言われている[32]。その水銀は西南日本を構成する中央構造線に沿って多いが、とくに紀州の高野山から大和の吉野一帯、それに伊勢の櫛田川流域にかけて、広く分布している。紀伊の山中に居住する水銀を司る技術者集団丹生一族の古里へ、空海が真言宗の大寺院を建立できたのも、用途の広いこの水銀が高野山の霊域に存在したことにほかならない。空海が活躍するこの時期は、まさに水銀隆盛の時代であった。

高野山系真言宗の護持のもと、後に修験も加

図Ⅳ -1-8　水銀（天工開物）

わって、水銀採鉱は宗教布教のなかに組み入れられて、山稜の細かい諸国の山間盆地に波及根付かせた。奈良時代、七堂伽藍の大寺院を建築するにしても、空海の伝言に丹生氏の技と伝法の加勢があったからこそ、金属鉱物の精錬や染料、塗料も確保が可能であった。つまり水銀の魔力を熟知する空海に、水銀採取技術にたけ、鉱脈を求めて移動する丹生一族の協力関係があったことを高野山は語りかけている。とくに丹生一族の拓いた谷筋には、いくつかの土地名が水銀のありかを知らせてくれるし、その地名が手立てとなって土地の歴史をひもとくこともできる。

丹生一族はニウヅヒメ命を祖神として崇め、一族の拓いたところ、あまねく丹生神社や仁保神社、また合祀されて別社・末社名をのこしている。千数百年余りという時代のながれによって、すでに朽ちて跡形もなく消滅してしまった古里もあろうが、丹生都比売命・生都比売命・爾保都比売命・丹生津姫命などと記録するニウヅヒメ命は天照大神の妹神で、稚日女《わかひるめ》の別名をもつ水銀を掌る女神である。古代丹生氏の水銀鉱床の開発には、このニウヅヒメ命と仏教が伴って、諸国へ散らばっていった。

その時代、黄金の精錬にはアマルガム法を用いたことから、アマルガムを掌る女神としても崇拝されていたが、しかしその後農耕文化が浸透し、水田稲作が定着してくると、アマルガムの含意が天や雨であるがごとくとって変わり、ついに水を掌る女神（ミズハノメ命）を祀る社に変容する場合まで生じている。もともと分水嶺の尾根

写真31　丹生神社
（和歌山県かつらぎ町天野）

に沿った国境の神、ミクマリ（水分）が水田の開発につれて村里に下り、水利を司る神に結びつき変化してゆく。またタカオカミ（高龗）やクラオカミ（闇龗）という、大陸の竜神信仰にもとって変わってゆくが、後世ニウヅヒメ命が消滅しなかったのは空海が大陸から帰朝した後、水銀の経済価値を宗勢の基盤に取り込んだからという。むしろ空海は地下資源を手中におさめながら、寺院を配置し、丹生を活用していった。こうした丹生の経緯については、松田寿男[33]の『丹生の研究』が詳しい。だが池田末則[34]によると、「丹生」は水主で、龍王信仰に結びつき、ただちに水銀と結びつくとは考えられないと論じている場合もある。

ともあれ、そうした丹生の系譜が連綿と生きづいてきたことは、古代の鉱工業の開発にとって、水銀が欠かせない役割を担ってきたことを意味している。その水銀に関わる地名と古社が、丹生氏や空海の活躍跡を記録しているのである。

丹生地名については、四国西南部の地域を大字名だけにとどまらず、より正確をきすために小字名で、その分布[35]をおさえてみた。もちろん図Ⅳ―1―9に記録した地名が、すべて水銀地名と結びつくものではない。なかには地形を意味する地名であったり、開拓地名、更には村落の入会地を意味した地名も図示されているものと思われるが、そうした地名は極力さけたつもりである。しかし、鉄系のベンガラ（酸化第二鉄）はこの地名群に含まれている。

図には空海との関わりで、四国八十八ヶ所霊場を卍の記号で記し

写真32　高野明神　高野町
（和歌山県高野町）

てみた。それによると、それぞれの霊場から十キロメートル以内に丹生もしくは、それと深く関わる地名にたどりつく。ただ八十八ヶ所の起源については不明な点も多く、寺の建立位置でさえ、中古からみると移転している場合がある。それに、ある霊場寺院から他の霊場寺院へ札所の移動を余儀無くされた時代もあった点を考慮しても、霊場から二十キロメートル圏内に丹生地名の所在が明確になる。ただし、現場を検索し図化作業をしてみると、丹生もしくは丹生と関わる図中の地名総てが水銀と結びつくというよりも、もっと広義に地下資源の所在を知らせる地名といった立場で把握しなければならない地名もある。

　空海誕生以前に丹生一族の進出によって採取されていた水銀産地であっ

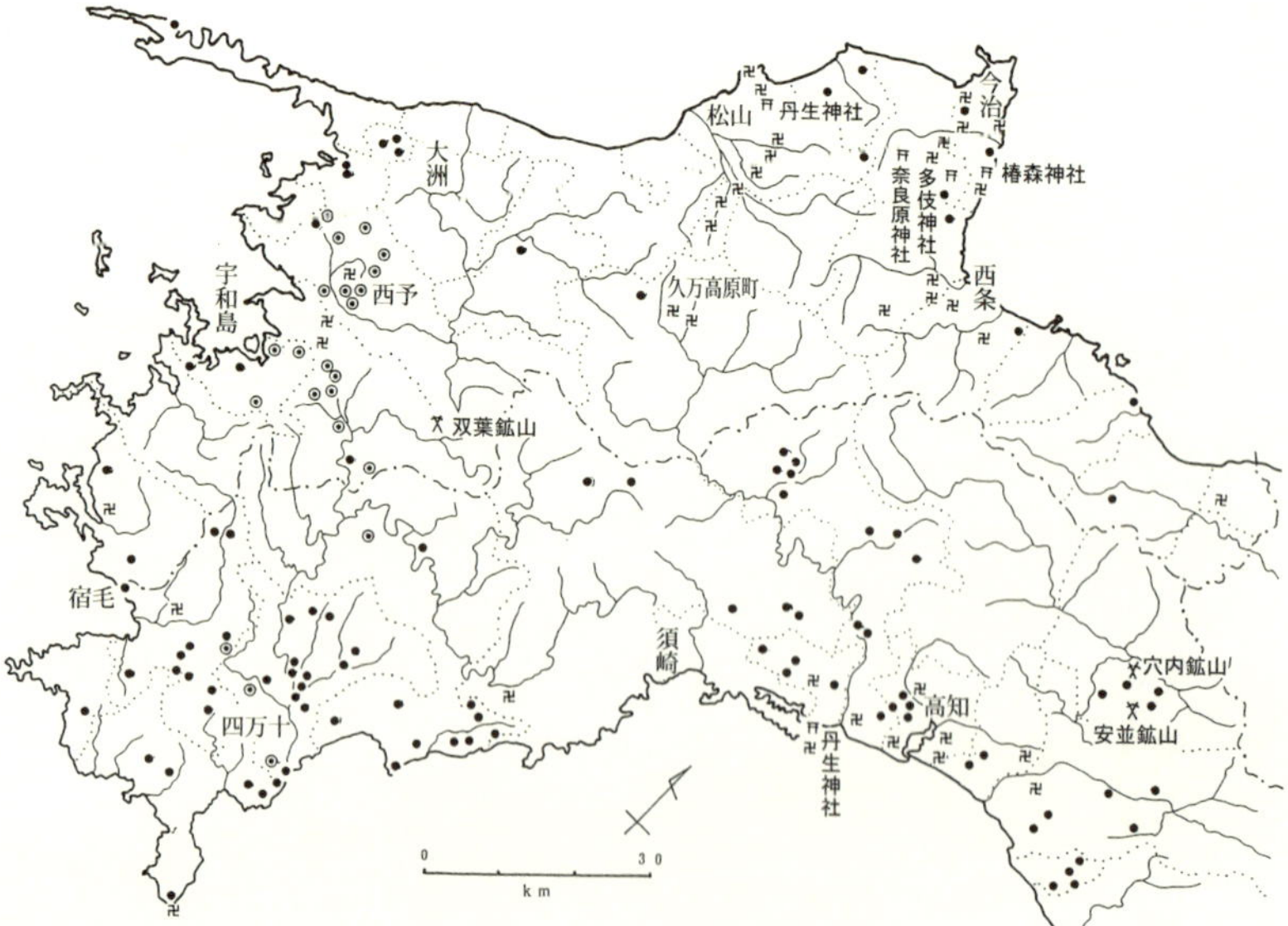

⊙ 入字（ニウ、ニュウ、イリウ）　卍・四国八十八ヶ所霊場

● 入道（ニウト、ニュウト、ニュウドウ）　水銀鉱山

⛩・丹生又は水銀と関係の深い神社

大字・小字地名を基に玉井作成

資料：『明治前期地誌資料　郡区町村一覧』『四国鉱山誌』
松田寿男著『丹生の研究』等を参考にした。

図Ⅳ-1-9　四国西部地域の丹生地名

ても、空海と深く関わりをもつ四国八十八ヶ所霊場とその遍路みちをたどってみると、やはり空海が水銀鉱床や他の鉱脈の情報を得て寺院を開基し、七堂伽藍の整った大寺院に仕立てていったのであろう。(36) ただ、八十八ヶ所霊場の寺院建立時代が「五十カ寺は大師誕生以前、三十七カ寺は生存中のもので不明一カ寺」(37)と、空海の誕生以前の古寺を基本にして整備されているが、それでも丹生一族の鉱脈さがしの跡と霊場の重なりは著しい。ましてや、四国そのものが、中央構造線の通過する道筋でもあるから、よけい鉱石資源の宝庫としての土地柄を熟知した霊場配置である。

詳細には後述するが、愛媛県今治市の第五十四番札所延命寺から、西条市小松町の第六十番札所横峰寺にかけた地域では地名や古社が丹生の存在を知らせてくれる。

今治市を流れる蒼社川の河口付近に、朱盛（朱砂）神を合祀した椿森神社があって、上流の今治市玉川町には鈍《にぶ》川、つまり丹生川の転訛と口伝する河川名まで(38)ある。第五十八番札所仙遊寺から光林寺にかけた山肌では、朱砂採鉱跡が、旧玉川町と旧朝倉村が接する天道《てんと》ヶ頭《とう》や作礼山などの山地周辺には、空海と関係が深い高野、高野山、古谷（こうや・こや）とか、朝鮮半島からの帰化人たちが開発したと言われる高麗、畑、秦、旗（こま・はた）の地名も分布し、屯田《とんだ》川も朝倉の土地が屯田（みた）・屯倉（みやけ）であったこと、旧村名の朝倉が農産物を収納する「校倉」の倉庫に由来する(39)とか、土地柄を語る記録も多い。

今治市朝倉の北端、古谷には一七九八年に設置された鹿子（かのこ）池(40)がある。この池はもともと鉱山跡を溜池にしたので、かつては金子（かねこ）池だったらしく、古代人の活躍の跡がしのべる場所である。

また今治市朝倉には多伎神社があって、祭神が丹生都姫命から高龗神命・罔象女命・多紀姫命・須佐之男命に変容したが、やはり朱砂採鉱跡がある。古社前の谷筋を上流約一キロメートル入ると、多伎神社の飛び地境内社で、「川上ノ巌」とよばれている巨岩、奥ノ宮磐座《いわくら》神社(41)がある。ここにもとの社があった。今の社殿や農耕の発展とともに、里へ降りてきたのであって、「水がね」（水銀）が「田に水を分配する神や耕地に雨を降らせる神」（ミクマリ）に変容したことを物語っている。

更に西条市に、河川名ではないが地名で、壬生川《にゅうがわ》（かつては丹生川）[42]があり、隣接する旧町の丹原《たんばら》（丹生を産出する野面）とその町内の独立する神域丘の福岡八幡神社、青滝山・黒滝山・赤滝山など、中央構造線に沿って形成された水銀鉱床の一部と関連する地相を、これらの史跡が語ってくれる。閉山になったが別子銅山の鉱脈も、見逃してはならない。同じく横峰寺の山肌も、丹生のありかを知らせてくれる。

伊予の国域でも、ここは古代伊予文化のふきだまりで、国府や国分寺など当時の中枢機能が集中できたのも、まさに水銀鉱床や他の鉱物資源と深くかかわる土地柄であったからであろう。

四国中央市土居町の入野は現在「いりの」と読む。しかし、かつてはこれを「にゅうの」と読んだらしい。この「入」の地名は高知県側の四万十川水系や仁淀川《がわ》水系にも多い。とくに上流が久万盆地になる仁淀川は入野、入道、イリノ、イレノなどの地名が多く、まさしく仁淀川（水銀など地下資源の淀む川）である。喜代吉榮徳著『四国辺路研究』三号（平成六年）の「四國順禮道中記録」（天保四年）において、仁淀川を入道川と記している。[43]

気掛かりな地域として南予がある。宇和盆地と鬼北盆地は、そのなかでも古墳[44]や溜池の築造が最も早くから見られていて、暮らしの舞台が整えられていた盆地である。そこに丹生に関する地名群もある。

肱川上流の宇和盆地と四万十川支流広見川にそう松野町、広見町、三間町、それに宇和島市にかけた地域に「入宇」の小字名（十八ヶ所）が分布しているのである。それぞれニウ、ニュウ、イリウなどの読みの区別はあっても、極端にこの地域へ集中している。入宇の地名が直ちに丹生もしくは水銀と関係するかは、今後の詳細な調査に委ねなければならないが、宇和盆地から鬼北盆地にかけた地域は丹波、仁土、丹土の地名、そして双葉水銀鉱山（旧日吉村）があって、水銀の存在を知らせてくれる土地柄であるから、入宇も丹生に関する地名群としてとらえられる。ただ、入宇が丹生地名だといっても、それが水銀を意味する地名なのか、あるいは山田薬師裏の山肌が語りかけるように、ベンガラなど広義な地名として解さなければならないかもしれないと思う。

長山源雄は、「宇和郷と宇和津彦神社に就きて」の論文で宇和について次のように述べている。それによると、松葉（卯之町）付近は「遅くも奈良町時代より以前、他の郷に比して開化の度の進み居たりし」[45]地域であったことを論考し、更に「上古より戦国時代の終り即ち西園寺氏滅亡に至るまでは、郡に於ける行政上の中心は宇和（卯之町）にありしが、藤堂氏入国と同時に板島に移れるを以て、板島は宇和郡の首府なりと云ふ意味より宇和を採って宇和島と命名」[46]したと述べている。前述のごとく古墳や遺跡、それに溜池の分布が、この地域に集中していて、南予における文化の吹き溜まりであったところに、「入宇」地名も確認できる。

さてこうした丹生地名を探り、その地名が直ちに「水銀の所在を示す地名の決め手」となると、決定的な指標が見出せない。空海や丹生一族は八十八ヶ所の霊場に沿って、何を基準にして水銀を掘り当てたのか。古代では化学分析が行えなかったとすれば、その土地に繁茂する植物から水銀のありかを認証していたように思える。

例えば有毒な銅分を含んだ所にホンモンジゴケ（銅ごけ）が生えるが、このこけは銅がなければ育たないのではなく、多量の銅分があっても耐えられるだけの繁殖力をもっているということらしい。同じ立場で水銀をみつめると、水銀の存在によって、他の植物がどうしても繁茂できない土壌においても、ヘビノネゴザ（オシダ科）[47]が最も繁茂できているものと思われる。ヘビノネゴザの分布を指標の一つに加えて、四国西南地方の丹生地名の土地柄をみつめてみるとそれらは一致してくる。ただ他の鉱物資源[48]が分布する鉱脈付近にもヘビノネゴザが繁茂するから、丹生地名の場所であっても一概に水銀鉱床と結びつけることはできない。また空海がこのシダをもとに水銀のありかを、古代において決定したか疑問である。こうした点については今後の課題にしたい。丹生（水銀）と玉川の関係については、今治市玉川町を事例として後述する。

―愛媛県今治市玉川町の事例―

伊予の国府は高縄半島東部、今治市の郊外に存在した。松山よりも畿内よりの、ＪＲ予讃線伊予富田駅にほど近い、瀬戸内の海路に恵まれた頓田川北側の上徳にのこる。そこは道前と道後に対して、まさに道中にあたり、伊予文化の中心である。

今治市の南郊、かつて水田地帯であった国府跡も、近年の土地利用の改変で宅地化が進行するなか、小御門や丁地など国府の所在を知らせる小名、更にその周辺には大化改新以前から施行されていた条里が、長地型の土地割りで分布[49]する。

ここ桜井の古里に、国府が置かれていたことを推定するのには諸説があるものの、中央の史料『倭名抄』や『延喜式』をもとに、今治藩医半井梧庵の著した『愛媛面影』[50]と、東予の寺社が所蔵する古文書類などを綿密に考証した片山才一郎の説[51]を採用したからである。国府の位置づけに関しては藤岡謙二郎[52]も、ほぼ一致した見解を記している。

国府の置かれた桜井は政治的な中枢管理機能のみでなく、文化施設の国分寺や国分尼寺など、国府にそえるように唐子の岡にのこる。また上徳の東方、拝志の集落は頓田川の河口にあって、政庁への玄関口の役割をはたす砂丘上の古里だったという。銅川もここを河口にして、山里から搬出される地下資源を精錬した、丹生の守護神、朱盛神（朱砂神）を祭神にする椿森神社[53]が老松にしずむ。更に丘陵には古墳群[54]、桜井駅西方には大陸の技術者が拓いた、高麗の古池名がある。

こうした昔時の活躍舞台となった今治の野面は、蒼社川が大量に土砂を運んで生活の舞台をつくり、そこを古人たちが加工演出させてきた野面である。奥が深くて広い舞台は、歴史も深い。だから伊予の国域でも、ここだけは探索の小径が多く、中古の文化環境の語りが聴ける。

さて蒼社川を遡ると、その支流に玉川があり地名も今治市玉川町となる。玉川町は昔時においては丹生川保であることを、鈍川（にゅう川から、にぶ川へ転訛）[55]の地名が知らせてくれる（写真33)。『神鳳抄』には丹生川保を「玉河御厨」と記して、玉川保が伊勢神宮の御厨であった。奈良之木の小名、土居に「宮の上」があり、ここに伊勢天照大神の宮がおかれていたという。鈍川(丹生川)では楢原山（奈良原山）の谷奥から湧出する木地川の水の脈が、角礫を研磨する楠窪付近で玉川といい、この清水を神田に引水して栽培する稲穂を臨時祭料にあて、伊勢神宮へ寄進したと伝言している。

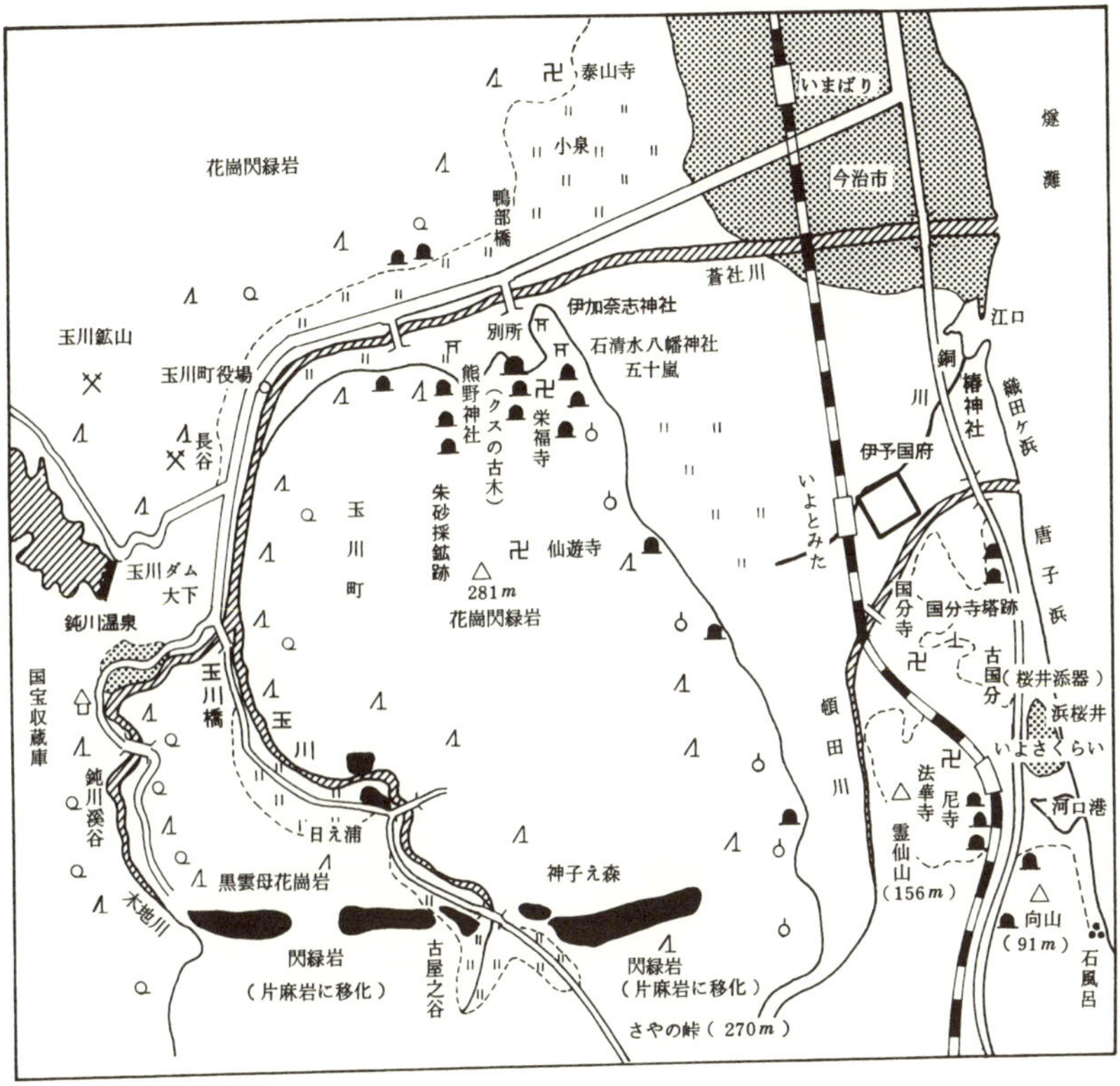

図IV -1-10　今治市玉川の概要図

伊勢神宮の領地であった昔時、鈍川には玉川の呼称がみられたが、それを乃間の大沢愛太郎の発案[56]によって、昭和二十九年町名に採用している。また諸書によると、鈍川の流れが大変美しいので、町名に採用したともいう。どちらも、それは後世の附会であって、玉川が記録にのこるのは建仁二年（一二〇二）と古い。

そもそも高縄山は修験と結びつき、楢原山もその関係から役小角が朱鳥四年（六八九）に開祖したが、空海は大同年間（八〇六～八〇九）にこの山と光林寺で伝授していることから、真言密教との関連も深い。空海はこの時期、丹生の利用法を大陸から学びとり、すでに熟知していたと言われている。空海が高野山に大寺院を建立できたのも、用途の広いこの丹生（水銀）が聖域に存在[57]したことにほかならない。だから空海の行脚の跡は、前述のごとく水銀鉱床とその採鉱とが結びつき、山稜の細かい諸国山間盆地にまで、宗教布教という名目で波及浸透している。奈良時代、七堂伽藍の大寺院を建築する場合、空海の伝承に丹生氏の技の加勢があったからこそ、金属鉱物の精錬や染料、塗料も確保が可能であった。[58]

写真 33　鈍川温泉
（愛媛県今治市玉川町）

今治市の椿森神社や玉川町の鈍川が、水銀との関係が深いことを先に記したが、現に第五十八番札所仙遊寺から光林寺にかけた山肌では、朱砂採鉱跡がよみとれる。また旧朝倉村古谷には多伎神社[59]があって、丹生都姫命に関係深い祭神[60]である。そこで丹生と玉川の関係であるが、『玉川町誌』によると「南朝九代記」に「越智郡丹生杣川高野玉川里」の記録があり、次の歌が詠まれている。

世にあらば光りを月も宿すらん
丹生玉川の清き流れに　　元中二年（一三八五）

また同じく町誌には、「聖明紹襲録」の記述「越智郡高野山玉川里」を載せている。用途の広い水銀はもともと毒性が強く、飲用すれば有毒となることは知られている。にもかかわらず、「丹生玉川の清き流れ」と詠んでいる。水銀で汚染された毒水が、なんで清き流れになろうか、玉川は自浄作用による清流でなければならない。こうしたことから、水銀と玉川という一見矛盾する内容がのこされる。しかし、それを解いてくれる河川が和歌山県の高野山奥の院を流れる玉川である。[61]

この玉川は六玉川のひとつで「高野の玉川」と呼ばれ、古歌をのこしている。

わすれても汲やしつらむ旅人の
高野のおくの玉川のミつ　　弘法大師

高野山を流れる玉川は毒ある流れだから、ひと皆汲んで用いてはならない、というのである。先に『大和本草』巻之三の砒石で、「其水上ニ砒石アルカ」[62]と記したように、やはり毒水である。それについて筆者は、聖域の高野山そのものが丹生つまり水銀鉱床で、なかでも玉川流域が最も高品位の水銀が分布していることから、玉川を毒水でとらえたと報告した。もちろん、空海の行脚の跡にのこる貴重な水銀としての「玉」がひそんでいる。だから水銀と玉川の関連には、その背景に信仰が絡んでいるのである。

愛媛の今治市玉川町玉川の古歌、「丹生玉川」は、四国八十八ケ所霊場と丹生に関する神社など、空海を通して高野山との関係が密であったことを語りかける。更に「越智郡高野、また高野山」がこや（古谷・高野・古屋）と読まれる場合もあろうが、こうや(こうやさん)地名が存在して、その歴史は古い。ただ玉川地名が成立するのは、「高野の玉川」の成立を大師が登嶺する弘仁八年（八一七）以後であるとすると、どんなに早く見積もってもそれ以降ということになる。玉川の由来は水銀と空海、それに「高野の玉川」の影響を受けた川名である。幾世代にもわたって踏み固めてつけた丹生玉川の道には、古人の祈りと丹生探索の跡がしのべる。[63]

以上のように今治市玉川町を流れる玉川は、丹生と空海、それに六玉川のひとつで「高野の玉川」の影響を受けた川名である。成立時期は弘仁八年（八一七）以降、建仁二年（一二〇二）までの間である。

引用・参考文献と注

第Ⅳ章　第一節
（1）藤岡謙二郎著『国府』吉川弘文館　昭和四十四年
（2）松川二郎著『名物をたづねて』博文館　大正十五年
『江戸名所花暦』日本名所風俗図会　巻三所収　角川書店　昭和五十四年　頁九六
（3）浜玉町史編集委員会編『浜玉町史』上巻　平成元年三月　頁一三一
（4）玉島神社社務所『玉島神社参拝の栞』
（5）高槻市　西面玉川の里保勝会編『名所（三島）玉川の里』昭和五十五年二月　頁二七
（6）浜玉町史編集委員会編『浜玉町史』下巻　平成六年三月頁五四六

（7）『日本書紀』上　日本古典文学大系六七　岩波書店　一九六七年
（8）山口県文書館編集　『防長風土往進案　第二十一巻　奥阿武宰判』　発行山口県立山口図書館　昭和三十九年　頁二九七
（9）『日本書紀』上　日本古典文学大系六七　岩波書店　一九六七年
（10）厚木市編纂委員会『厚木市史』史料集（三）考古編　昭和四十八年　頁一四〇～一四四
厚木市編纂委員会『厚木市史料集　調査報告書』第二集　昭和四十七年　頁二七～三一
（11）楠原佑介編著『古代地名語源辞典』東京堂　昭和五十六年　頁一九七
（12）『玉来物語』—観光の「窓」に—　昭和四十七年
（13）『躍進する田万川町』　防長新聞阿北支局　昭和四十六年
（14）山口県教育委員会　『須佐唐津窯』　山口県埋蔵文化財調査報告第七十一集　昭和五十八年
（15）小諸市教育委員会『小諸市誌』歴史編Ⅱ　昭和五十九年三月
（16）荒巻重雄「浅間山」『日本の火山』　アーバンクボタ十五所収　昭和五十三年　頁一〇～一一
（17）萩原進著『碓氷峠』　有峰書店　昭和四十八年十一月
（18）御代田町公民館『御代田物語』　昭和五十五年一〇月
（19）三宅也来著『萬金産業袋』生活の古典双書五　八坂書房　昭和四十八年　頁七九
（20）『本朝食鑑』Ⅰ東洋文庫二九六　平凡社　昭和五十一年
（21）『大和本草』　有明書房　昭和五十三年
（22）『東西遊記　北窻瑣談』　有朋堂書店　大正二年　頁三六八
（23）『雨月物語』　講談社　昭和五十六年
（24）中神良太著『草津風土記』　宮川印刷　平成七年　頁二一九～二二〇
（25）小葉田淳著『鉱山の歴史』至文堂　昭和三十一年　頁四七～五〇

(26) 村上道太郎著『色の語る日本の歴史①』そしえて 平成元年 頁九四〜九五
(27) 邦光史郎著『朱の伝説—古代史の謎—』集英社 平成六年 頁一一一
(28) 水野祐著『評釈 魏志倭人伝』雄山閣 平成元年 頁三〇一〜三〇三 頁三五四〜三五五
(29) 小田治著『山伏は鉱山の技術者』馬六舎 昭和五十一年
(30) 難波恒雄著『和漢薬百科図鑑二』保育社 昭和五十五年 頁三六四〜三六六
(31) 市毛勲著『増補 朱の考古学』雄山閣 昭和五十九年
(32) 佐藤任著『空海と錬金術』東京書籍 平成三年
(33) 松田寿男著『丹生の研究』早稲田大学出版部 昭和四十五年
松田寿男著『古代の朱』学生社 昭和五〇年
(34) 池田末則「丹生の神」歴史手帖十二ー六 一九八四年 頁一八〜二四
池田末則著『日本地名伝承論』平凡社 昭和五二年 頁二五三〜二五五
(35)『明治前期地誌資料 郡区町村一覧』ゆまに書房 昭和六〇年
(36) 近藤善博著『四国遍路研究』三弥井書店 昭和五十七年
(37) 横山昭市「辺(遍)路と霊場」『文化愛媛』第二十六号 平成三年
(38) 玉井建三著『武蔵玉川における生活環境に関する地誌学的研究』とうきゅう環境浄化財団 昭和六十三年 頁一二五〜一二九
玉井建三「愛媛における玉川の文化環境とその成立」『愛媛の地理』十二号 平成六年
玉川町『玉川町誌』昭和五十九年 頁四八〜四九
(39) 朝倉村誌編さん委員会『朝倉村誌』上巻 昭和六十一年 頁七八
(40) 前掲(39)頁一四〇
(41) 朝倉村誌編さん委員会『朝倉村誌』下巻 昭和六十一年 頁一三六九〜一三七〇

(42) 東予市編さん委員会『東予市誌』昭和六十二年　頁一四四二
富永道人「道前みやげ話」『伊予史談』第八巻四号　大正十一年　頁二三
(43) 喜代吉榮徳著『四国辺路研究』三号（平成六年）の「先國順禮道中記録」（天保四年に筆録されている。自費出版）。
(44) 文化庁文化財保護部『全国遺跡地図　三八　愛媛県』国土地理協会　昭和四十九年
『角川日本地名大辞典　三八　愛媛県』国土地理協会　昭和五十六年
(45) 長山源雄「宇和郷と宇和津彦神社に就いて」『伊予史談』第一巻二号　大正四年　頁二一
(46) 前掲（45）頁二三
(47) 倉田・中池編『日本のシダ植物図鑑　分布・生態・分類―六』東京大学出版会　平成三年
(48) 金鉱脈近くでは、金を取り込む植物としてヤブムラサキ・クロモジ・イヌツゲ・モチが繁茂するらしく、またイタドリなども重金属を吸収するらしい。
(49) 愛媛県教育委員会『伊予国府跡確認調査概報』一九八一年～八三年
(50) 半井梧庵著『愛媛面影』愛媛出版協会　一九六六年
(51) 藤岡謙二郎著『国府』吉川弘文館　一九六九年　頁二三六
(52) 前掲（51）頁二三六～二三七
(53) 今治市教育委員会『今治の歴史散歩』一九八〇年　頁一五六
(54) a今治郷土史編さん委員会　今治市遺跡分布地図『今治郷土史　考古』付図　一九八八年
b玉川町誌編纂委員会『玉川町誌』一九八四年
c朝倉村誌編さん委員会『朝倉村誌』上巻　一九八六年
(55) 前掲（54）b
(56) 玉川町教育委員会『玉川の民話』一九六九年
(57) 高野山金剛峯寺の大塔の西には丹生都姫命を祀る高野明神が位置している。この場所は高野山の中心にあたり、空海が水銀を重視していたことを物語る。

(58) 松田寿男著『古代の朱』学生社 一九七五年
佐藤 任著『空海と錬金術』東京書籍 一九九一年
蓮生観善編『弘法大師伝』高野山金剛峯寺 一九三一年
近藤喜博著『四国遍路研究』三弥井書店 一九八二年

(59) 多伎神社の奥の院と呼ばれる所が磐座（いわくら）である。

(60) 朝倉村誌編さん委員会『朝倉村誌』下巻 一九八六年

(61) 高野の玉川は、現在御廟前の河川をあて、ほとりに標柱と天保玉川歌碑がある。しかし筆者が調査（一九八五年と一九九三年）してみると、一の橋を渡り奥の院参道に入るとすぐ参道がわかれて、再び合流する場所がある。その左手奥に羽後佐竹藩墓所があって、前に旧玉川碑（慶長玉川碑）がある。この佐竹藩墓所と隣の筑後久留米藩有馬家墓所の間、そしてその奥の山口毛利家墓所付近を「高野の玉川」は流れていたと思われる。

(62)『大和本草』有明書房 一九七八年

(63) 前掲（54）b

第二節　茶道における玉川庭

―愛知県知立市無量寿寺と愛媛県大洲市の事例―

一、愛知県知立市の概要と煎茶道の茶庭作り

中国唐代の文人で東洋における茶道の開祖、陸羽(1)の影響をうけた茶庭造りがある。そのなかに「玉川庭」という作庭法がある。客ひとり一品の茶をもちより玉川卓で飲んで楽しむための庭で、庭中に流水を入れ、二石を組んで造る。

この造園法が日本へ伝播して、煎茶の普及発展に伴い全国各地の茶道家に影響をおよぼしたのである。玉川誕生の背景には茶道（煎茶）や歌謡を下地にして、貴人たちが集う野点の庭園にも確認できる。ただ煎茶式玉川庭の作庭法の場合は「ギョクセンテイ」と読ませるのが一般的である。

こうした立場から、愛知県知立市の無量寿寺が『古今集』や『伊勢物語』によって、一躍東海道の名所となりながら、なぜ中古の歌謡には玉川が織り込まれていないのか。また何時の時代に玉川が誕生したのか。ここでは無量寿寺における玉川庭の造園者とその年代を明らかにする。その後、愛媛県大洲市五郎の煎茶道の影響を受け

た玉川を報告する。

池鯉鮒は愛知県の西三河にあって、現在は知立と地名を改めたが、街村の屋並みから発展して、昭和四十五年になって市制を施いた旧宿場である。池鯉鮒の地名は古社の知立神社境内の古池に鯉と鮒がいたことに由来するという。また、かつては三河木綿の集散地であったし、街道筋だったことから馬市(2)（毎年四月二十五日から五月五日の十日間）も開かれて、おおいに賑わった宿でもある。

地名について、『和名抄』(3)には碧海郡智立と記され、『郡郷考』(4)では「智立の傍訓チタチとあるは訛なり、知里布にて今の池鯉鮒に同じ」、と時代によって変化している。元禄や宝永のころの宿は木綿市が盛んにおこなわれ、江戸では池付白《いけつきしろ》という銘柄で知られていた。松尾芭蕉も賑わう池鯉鮒の木綿市の様子を「不断たつ池鯉鮒の宿の木綿市」(5)と作句している。現在この句碑は知立神社境内に建てられている。

その後、馬市にとって代わったようで、『東海道名所図会』には

駅の東の野に駒を繋ぐ事四、五百にもおよべり。馬口労・牧養《うまかひ》集まりて馬の価を極むるを談合松といふ。この野の東北に駒場村といふあり、駒を宿す所なり。また野中に桜の馬場といふあり。近き年まで桜多し。毎歳この市の間は、駅中大いに賑ひて、諸品の市店を飾

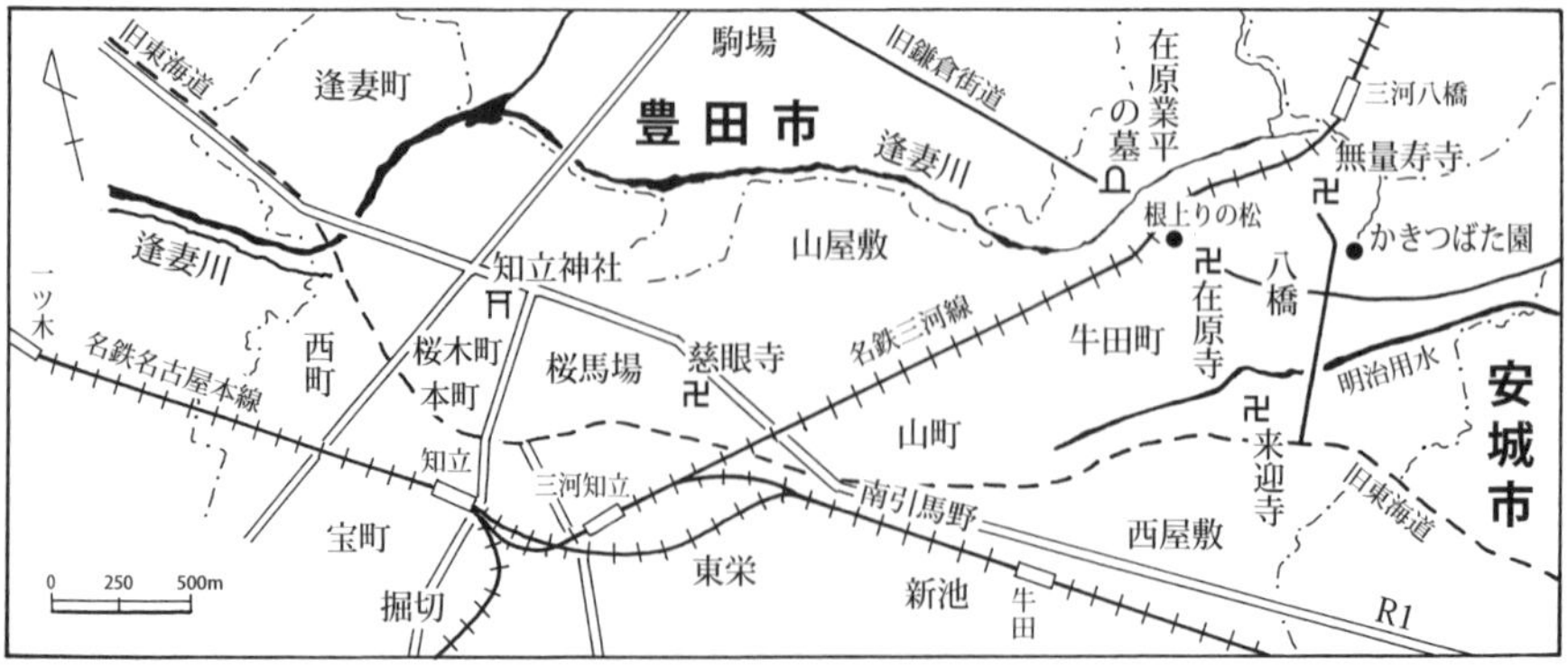

図Ⅳ -2-1 知立市概要図

りて、近国より控馬卒《うまかた》・馬長《ばしやく》聚まる事多し。この所を引馬野といふは、契沖の『吐懐編』によるならん。賀茂の真淵がいひし如く、引馬野《ひくまの》は遠江国浜松なるべし。

と池鯉鮒の馬市に関しては図示しながら、詳細に記されている。『東海道名所記』には

左の方一里斗の浜辺に、刈谷の城見ゆ。御茶屋は町はずれ左の方にあり。右の方に狭奈岐《さなき》大明神の社あり。爰に池あり。明神の使者とて、鯉鮒多し。この故に池鯉鮒といふと申伝へたり。毎年四月のうちは馬市あり、四方より馬を出して、市立の人に契る。さるままに馬を売りて、その代をほつきあげ、手と身とになりて戻るもあり。瘡をうつりて、一期病ひになるもあり。円の馬を売買いすれば利分もあれど、ざうやくを買うものは皆倒るる也と、心ある人々は手を叩きて笑ふ。

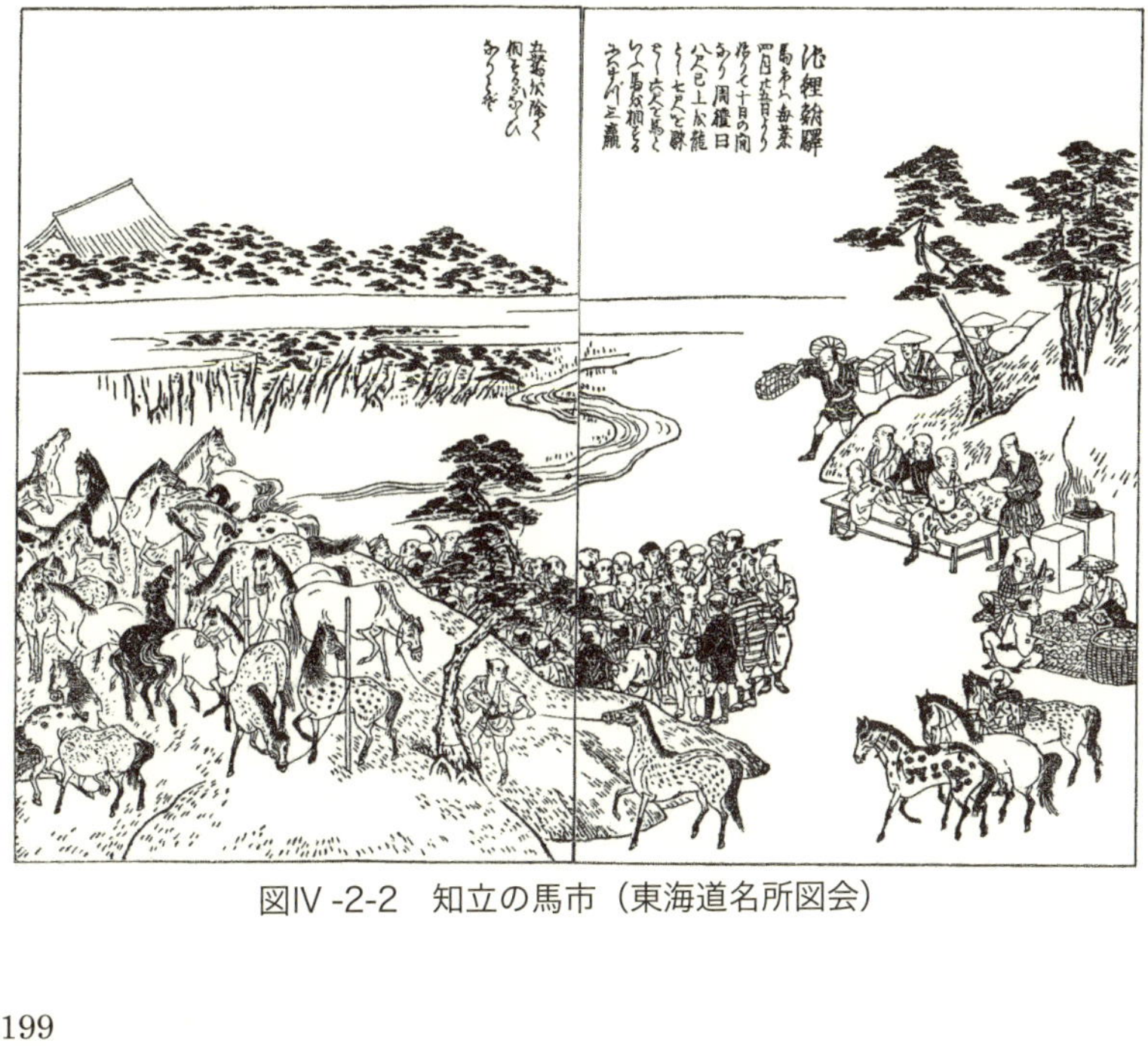

図Ⅳ-2-2　知立の馬市（東海道名所図会）

文中の狭奈岐大明神とは今の知立神社のことである。馬市が盛んだったことが読みとれ、絵図中には馬の売買代金を使いはたし無一文になる者や、駄馬を買った者など、当時の賑わいを鮮明に描写している。先の『東海道名所図会』の池鯉鮒駅の絵図は、やはりこの馬市を描いていて、馬飼いと博労との売買の様子が良く描かれている。池鯉鮒については広重も、馬市をとり上げていて、手前には多くの馬が繋がれ、中央奥の松の古樹の下で市の賑わいを描きだしている。つまり近世のころの池鯉鮒は、古文献に記されているごとく、馬市で代表される土地柄であったのである。この野は古くから引馬野と称され、旅人の往来が多かったようで、文政三年（一八二〇）田能村竹田の『豊後紀行』[6]には「池鯉鮒　ちりう野の松の木かげに立よりて　ゆきかふ人の下すゞみする」と街道の様子を詠んでいる。

以上のように、木綿市や馬市が繁栄した時期の歴史を詳細にみても、池鯉鮒（知立）の土地では「玉川」の記録と伝承はない。

二、知立市の文学と風土

ところで、池鯉鮒の土地でどうしても触れなければならないのは、八橋の旧蹟である。古くから池鯉鮒よりも、むしろ八橋の方が有名であった。東国への鎌倉古道がここを通っていたから、よけい貴人たちが八橋を景勝の地に仕立て、平安時代以来の歌枕の優雅な地として讃えてきた。都びとにとって、ここは富士山と近江の琵琶湖にならび、東下りの三名所のひとつであったのである。

十世紀のころ貴人たちにもてはやされた、在原業平にちなむ『伊勢物語』[7]には、八橋を次のように記している。

むかし、男ありけり。その男、身をえうなきものに思ひなして、京にはあらじ、あづまの方にすむべき國もとめにとてゆきけり。もとより友とする人、ひとりふたりしていきけり。道しれる人もなくて、まどひいきけり。三河の國、八橋といふ所にいたりぬ。そこを八橋といひけるは、水ゆく河の蜘蛛手なれば、橋を八つわたせるによりてなむ、八橋といひける。その澤のほとりの木の蔭に下りゐて、乾飯食ひけり。その澤にかきつばたいとおもしろく咲きたり。それを見て、ある人のいはく、「かきつばたといふ五文字を句の上にすゑて、旅の心をよめ」といひければ、よめる。

　　から衣きつつなれにしつましあればはるばるきぬる旅をしぞ思ふ

とよめりければ、皆人、乾飯のうへに涙おとしてほとびにけり。　　　　（九段）

まだまだ道に迷うような街道であったが、平安の歌人在原業平は東下りの道すがら八橋に立ち寄り、すばらしい名歌をのこしたのである。ここでは恋の花が咲いたというよりも、都の妻をしみじみと思い、遠くまで来た旅情を歌に詠んでいる。この歌は『古今集』[8]（四一〇）にも同様に詠まれている。『更級日記』[9]（康平三年ころ成立）のころになると「八橋は名のみして、橋のかたもなく、なにの見どころもなし」と景勝地が一変したようであるが、歌謡の心は引き継がれていて、多くの歌人たちに詠まれてきた。

『夫木集』

　八橋にみどりのいとをくりかけてくもでにまがふ玉柳かな　　俊成

　駒とめてしばしはゆかじ八橋のくもでにしろきけさの淡雪　　順徳院

五月雨は原野の沢に水こえていづく三河のぬまの八橋　西行

関路こえ都恋しき八橋にいとどへだつる杜若かな　定家

『拾玉集』

旅人をたえず三河の八橋のくもでへだつる杜若かな　慈鎮和尚

『新拾遺集』

旅衣はるばる来ぬる八はしのむかしのあとに袖もぬれつつ　為家

『十六夜日記』[10]（弘安三年ころ）には女流歌人の阿仏尼が八橋に来て「八橋にとどまらむと人々言う。暗さに橋も見えずなりぬ。」と記し、「ささがにのくもであやふき八はしを夕暮かけてわたりけるかな」と詠んでいる。『海道記』[11]（貞応二年ころ）には「かくて、参河国に至りぬ。雉鯉鮒が馬場を過ぎて数里の野原を分かくれば、一両の橋を名づけて八橋と云う。砂に眠る鴛鴦は夏を辞して去り、水に立てる杜若は、時を迎へて開きたり。花は昔の花、色もかはらずさききぬらん、橋も同じ橋なれば、いくたび造りかへつらむ。」と当時の紀行文にも載せられている。また『東関紀行』[12]（仁治三年ころ）には「行き行きて、三河国八橋の渡を見れば、在原業平、杜若の歌よみたりけるに、みな人乾飯の上に涙おとしける所よと、思ひ出でられて、そのあたりを見れども、かの草（杜若）とおぼしきものはなくて稲（水田）のみぞ多く見ゆる。」と記し、「花ゆゑに落ちし涙の形見とや稲葉の露を残しおくらむ」と故事をしのんで詠んでいる。このように、十三世紀には人びとも諸国を広く旅するようになって、八橋もありのままの姿が描写され詠まれている。

近世になると、中古文学が幾度となく引き合いに出された作品が多い。とくに『伊勢物語』の八橋の件を引用して、延宝四年（一六七六）『増補江戸道中記』には海道より半里ばかり北の方に八橋の旧跡あり。南より北へながるゝ小川也。橋も一丈ばかりにて、四角なる木のちいさきを八つわたしたり。八つ橋という在所の中に有。むかし業平の朝臣、此八橋の沢辺のかきつばたを見て、すなハちかきつばたといふ五文字を句の上にすえて旅の心を、

から衣きつつなれにしつまし有れバ
はるばるきぬる旅をしぞ思ふ

とよめり。又この在所に業平の石塔もあり。

また『東海道名所記』も、それまでの作品の引用である。

海道より北の方一里ばかりに、八橋の旧跡あり。そのかみは定めて東海道にて有りけるにや。業平朝臣あづまの方へ下り給ひし時、爰にして杜若の歌を詠み給へる事伊勢物語にあり、爰を八橋といひけるは、川の水竪横に落合て、ひとしく流れず。

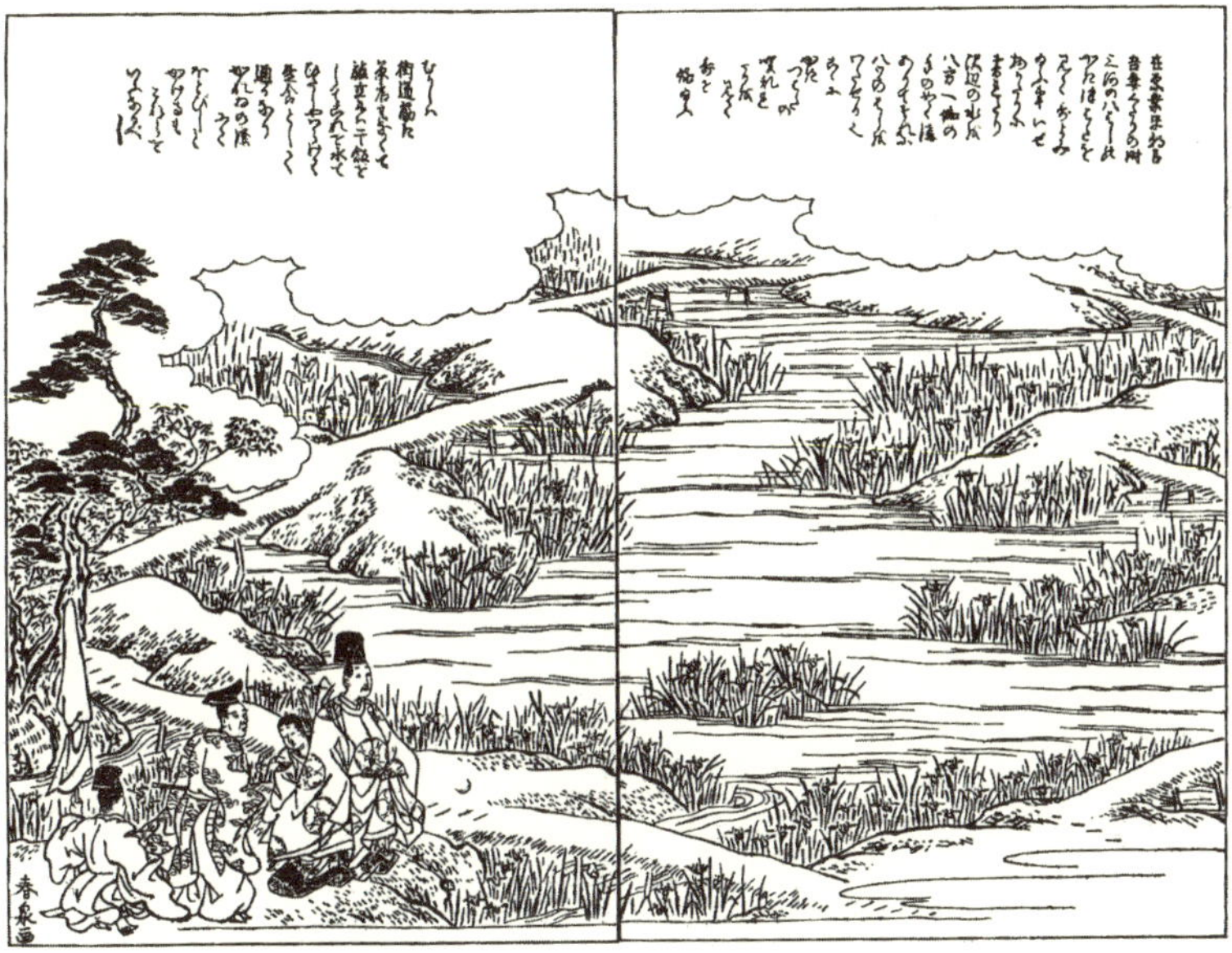

図Ⅳ-2-3　八橋（東海道名所図会）

その水に従ひて、橋を竪横にかけ渡し、蛛手のごとくに、橋を八かけたれば、八橋と名づけたりといへり。その沢に杜若ありとかや。今は在所になり、杜若は薪となりて絶果て、沢は又鋤かれて田と成りにけり。わづかにその名ばかり、橋杭少し残りたり。又業平の石塔とて、昔の形見に是あり。男かくぞ読みける。

八橋の沢田に立てる賤の

男の痩せたる顔はかきつばたかな

かくて男申しけるは、「そのかみ業平殿も、かきつばたといふ五文字を句の頭に据へて旅の心を歌に読給へり。……」

と『伊勢物語』を皮肉った筆さばきのなかにも、八橋の変容がしのべる。更に『東海道中膝栗毛』[13]は「八ツ橋の旧跡を思ひて　八ツはしの古跡をよむもわれわれがおよばぬ恥をかきつばたなれ」と弥次郎兵衛と北八の滑稽を、狂歌を盛り込んで描いている。

八橋に関する文献は、この他にも近現代までに膨大な数の書籍が出版されてきたが、その多くは、古の『伊勢物語』を底本にして、時代ごとの情景を写し、作者によってそれぞれの趣を出して詠みあげているのである。これによって『伊勢物語』や『古今集』の時期から、富士山や琵琶湖と肩を並べるほどの、東国三名所のひとつに成りえたのである。

それについては『知立市史』下巻の八橋の章[14]にその理由を四つ指摘している。それによると「八橋の位置が鎌倉街道という主要街道に沿っていたこと」「八橋が、都と東国とのほぼ中間地点にあったこと」「八橋には、その入江で一度に二人の愛児を失った悲哀の伝説があったこと」「八橋を取りあげた伊勢物語のヒーローといわれる在原業平その人への憐愍と同情と憧憬の念を持ったこと」によると述べている。現在、八橋の地は逢妻《あいづま》川の流域で男川が流れ、僅かに沼沢地をなしていて、無量寿寺のカキツバタ園や古碑は古い時代の文学と風土をしのばせている。

以上『東海道中膝栗毛』の著された十九世紀初頭までの文学作品の概要をのべた。しかし、その後の近代文学や詩歌をひもといてみても、「玉川」に関する記述は全く記載されていない。歌謡の世界において、中古から「六玉川」が歌枕として存在しながら、八橋の地では地名には表れてこないのである。

三、無量寿寺の縁起と売茶翁方巌

無量寿寺は知立市の北東端に位置し、旧東海道の道筋から北へ七百メートルほど入った八橋町にある。名勝八橋の中心をなす名刹で、杜若で名高い。

寺の縁起では慶雲元年（七〇四）の創建で、当時は東海山慶雲寺と称した真言宗の寺であった。その後火災によって焼け落ち、弘仁十二年（八一一）になって密円法師が往持して、寺名も東海山無量寿寺と改めた。延喜二年になって山号を八橋山と改称したころ、寺は豊田市駒場町平古、下馬付近から現在の八橋の地に移転したという。延文五年（一三六〇）の中世になると、臨済宗の高僧慧玄《えげん》が中興し、文安五年（一四四八）になって禅源大済禅師によって復興した。

江戸時代に入ると寛文十年（一六七〇）一巌《いちがん》点《てん》和尚が、さらに再興につとめ、宝永八年（一七一一）になって臨済宗妙心寺派に属すようになった。また文化九年（一八一二）になると、宝暦一〇年（一七六〇年）筑前福岡藩士笠原四郎右衛門勝富の三男として誕生した、方巌《ほうがん》売茶翁が往持して大いに繁栄したという。寺の縁起について、『大日本地名辞書』は「日本名勝地誌」を引用して次のように記載している。

無量寿寺は牛橋村大字八橋に在り。寺伝を按ずるに、昔文徳天皇深く密円上人の道徳を嘉みし、勅して諸堂を此地に創立し、勅願所となす。文明年間南溟禅師之を再建し、禅宗に改宗せり、文化年間に至り自在宅梅谷（売茶翁方巌和尚のこと）と云へる僧あり、来りて錫を止め、遂に此寺を再興して八橋の古蹟を伝ふ。寺を距ること数町なる字駒場の側に一堆の小丘あり、古松五六株散生し、其側に凹なる池の形の如き芝地あり、是れ昔杜若のありし跡といふ。

やはり方巌売茶翁が再興したことを記している。方巌の系譜をたどると、売茶流煎茶道の初代高遊外《こうゆうがい》売茶の流れをくんでいる[15]。高遊外[16]は延宝二年（一六七四年）肥前の蓮池（佐賀市蓮池町）の出で、貞享二年（一六八五）十一歳で蓮池の龍津寺に入寺した。姓は柴山氏、還俗した後は高氏を自称し、名は元昭、号は月海、宇治万福寺の隠元の影響を受け、畸人伝中の人となった僧である。九州から京へ、京から江戸へ、江戸から奥州へと、諸国を行脚し、陽のあるかぎりは都の辻で茶を売って暮らした、まさに売茶流の祖である。ただ、煎茶が売茶翁以前に飲まれていなかったとは考えられず、すでに黄檗山万福寺（写真34）などによって抹茶道に代わる飲茶として普及していたと考えられる。

写真34　黄檗山万福寺
（京都府宇治市）

高遊外の門人で、荻生徂来の朱子学を修めた大典《だいてん》禅師は名を顕常、号を梅荘とか淡海と称し、陸羽《りくう》著『茶経』を日本人にも容易に理解できるようにと、『茶経説』(17)を著した近江出身の僧である。この大典から売茶流煎茶道を伝授されたのが方巌和尚である。

方巌は寛政のころ江戸に出て、下谷の上野寛永寺下に住んで、茶筅を背負って毎日寛永寺境内で茶を売ったという。その後方巌の売茶行為は江戸から姿をけし、ここ八橋の地で煎茶の作法と茶の効用を説き、その普及にあたっている。この方巌が終の栖とした無量寿寺の杜若池の庭園を、煎茶式の庭に改園したのが文化十一年（一八一四）である。

四、方巌の遍歴と玉川庭の作庭

方巌は先に述べたように、宝暦十年（一七六〇）筑前福岡生まれであるが、凶年の続く明和三年（一七六六）から安永七年（一七七八）のころ久世家に貰われ、幼名を織之助と呼んだ。仏門に入った年代は定かではないが、隠元禅師の流れをくむ長崎の黄檗宗崇福寺で二六歳のころまで修行をつんでいる。その後、都に出たのが天明六年（一七八六）で、臨済宗妙心寺に入寺している。

京の妙心寺での修行の折、売茶流煎茶道の初代、高遊外の、世俗に抵抗し正道を求め都のなかを放浪する奇想天外な生活に魅せられ、二年後の天明八年（一七八八）高遊外の門人で相国寺の大典禅師から売茶流を学んでいる。寛政八年（一七九六）のころ、ようやく江戸に出て神奈川の沖で遊び、とくに上野の山での売茶行為は評判になっていたという。方巌三七歳のころである。

売茶伝授の江戸暮らしであったが、文化二年（一八〇五）春、突然江戸を立って東海道を西へ脚をはこんでいる。その年の九月には三河八橋に着いている。業平の故地を訪ねたかったのか、行ってみると逢妻川は河幅を狭めた細流となり、杜若の景色ではなく稲田となっていて、昔の杜若の池もその頃は小さな沼となっていたようである。そして在原寺を訪ねてみると、人影はなく本堂は荒れ果てて無住であった。この荒れ寺を、方巌は文化六年（一八〇九）に再興している。この再建が村人たちに認められ無量寿寺の本堂や庭園も、方巌が文化十一年（一八一四）に復興させた。(18)

無量寿寺の庭園は当時老松が残る荒れ果てた庭であったが、杜若を植えて業平ゆかりの杜若池を配置した。この改造にあたり、方巌は回遊式庭園、借景式庭園、刈り込み式庭園、煎茶式庭園の特色を組み入れて造園したのである。造園にあたっては、庭園予定地に古くからの起伏があるため、四段の段毎の境目を赤目樫の生け垣で仕切り、庫裡近くの心字池には築山の島を配し、その中央に三尊石、右に不動岩、左に滝見灯籠を設けて庭園の要にしている。

段毎には回遊できるように散策の小径を設け、遠望すると借景に蛇行する逢妻川と三河富士の村積山を取り入

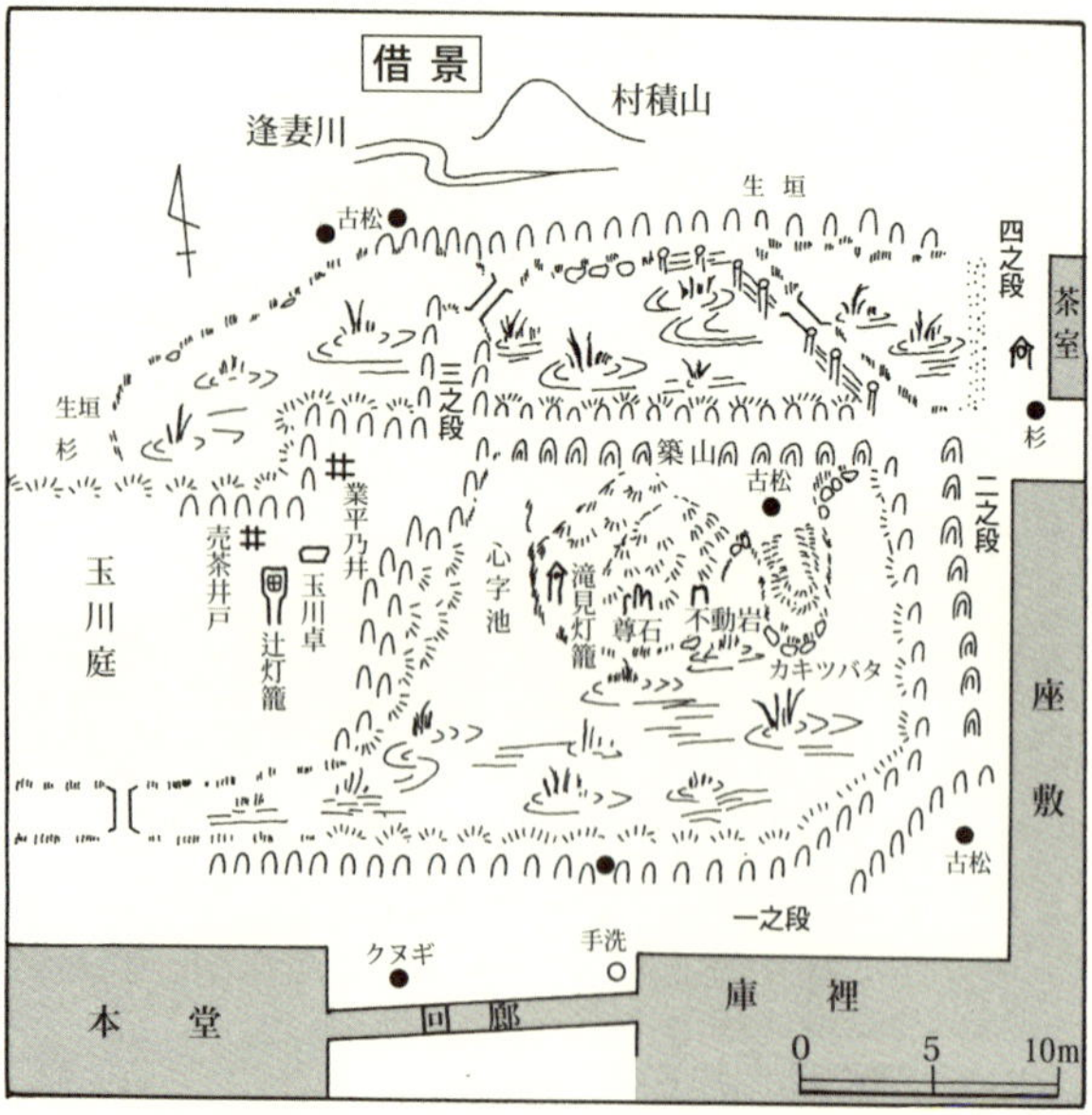

図Ⅳ-2-4　無量寿寺の煎茶庭園図

れ、また煎茶式野点ができる玉川卓を設けるなど江戸時代後期の名園を造りあげた。煎茶式庭園としての「玉川庭」は心字池の左隣に配置して、玉川庭の右奥の辻灯籠の左に「売茶井戸」、右手に奥行き三八センチ、幅七三センチの「玉川卓」（写真35）、その背後には「業平乃井」がある。玉川庭手前は広く開いており、現在は裸地のままであるが、この庭中に神潜石や霊報石、また流水を垣入れて風流をます煎茶家の好んだ庭であったように考えられる。この造園法は『築山庭造伝』後編上巻[19]にも、「玉川庭之図並造方」に詳細に図示掲載されている。

方巌は文政十年（一八二七）江戸の紀州屋敷で病にかかったことで、この年末に業平ゆかりの八橋への帰途についたが、僅か数カ月後の翌年二月五日、六九年の人生を無量寿寺で閉じている。古くから歌枕の八橋の故地は、幾多の盛衰のなかで語り継がれてきたが、文化十一年（一八一四）以来、この歌詠みの舞台を提供してきたのが「玉川庭」である。戦後活躍した歌人で、工芸作家の藤井達吉はここで煎茶道を嗜んだのか、「野点して昔偲びつ語りつつ　このかきつばたの懐しきかな」[20]と詠んでいる。

以上、煎茶式庭園で「玉川庭」[21]という造園法（図Ⅳ―2―5）の影響によって、玉川の名称が地名や河川名、あるいは庭園内にのこることが確認できる。とくに煎茶式庭園内にのこる玉川が、諸国名園に存在することを、無量寿寺の事例は示している。つまり、売茶翁方巌が文化十一年（一八一四）に煎茶式庭園を導入したことで「玉川庭」が誕生したのである。またその

写真35　無量寿寺　玉川庭の玉川卓（愛知県知立市八橋町）

庭内には、蛇行する玉川の細流が存在していたと考えられる。

なお、高遊外売茶翁と方巌売茶翁は煎茶道の普及を図る目的で、諸国行脚の紀行の旅に出ていて、その売茶翁の宣布が諸国の玉川庭導入に影響を及ぼしたものと思われる。ただ、玉川庭の「ギョクセン」は中国唐代の詩人玉川子盧仝（〜八三五年）の号に基づくことにその由来がある。

五、愛媛県大洲市の忘れ去られた名勝「五郎玉川」

大洲市にのこる古城は七十[22]近くあるといわれる。その多くは苔むした石垣や土塁、また堀跡がのこり、郭がなくても昔がたりをしのぶ小径がつづいている。

大洲といえば高い石垣のうえにそびえた櫓、蛇行する肱川の水面に映える大洲城跡を、だれもが想像するが、ほかにも城塁は市域のいたる所にあった。とくに古社寺や公園に名をかえて、土地柄の系譜を語りかける歴史のみちが多い。そんななか、蒼蒼の五郎玉川も埋もれている。

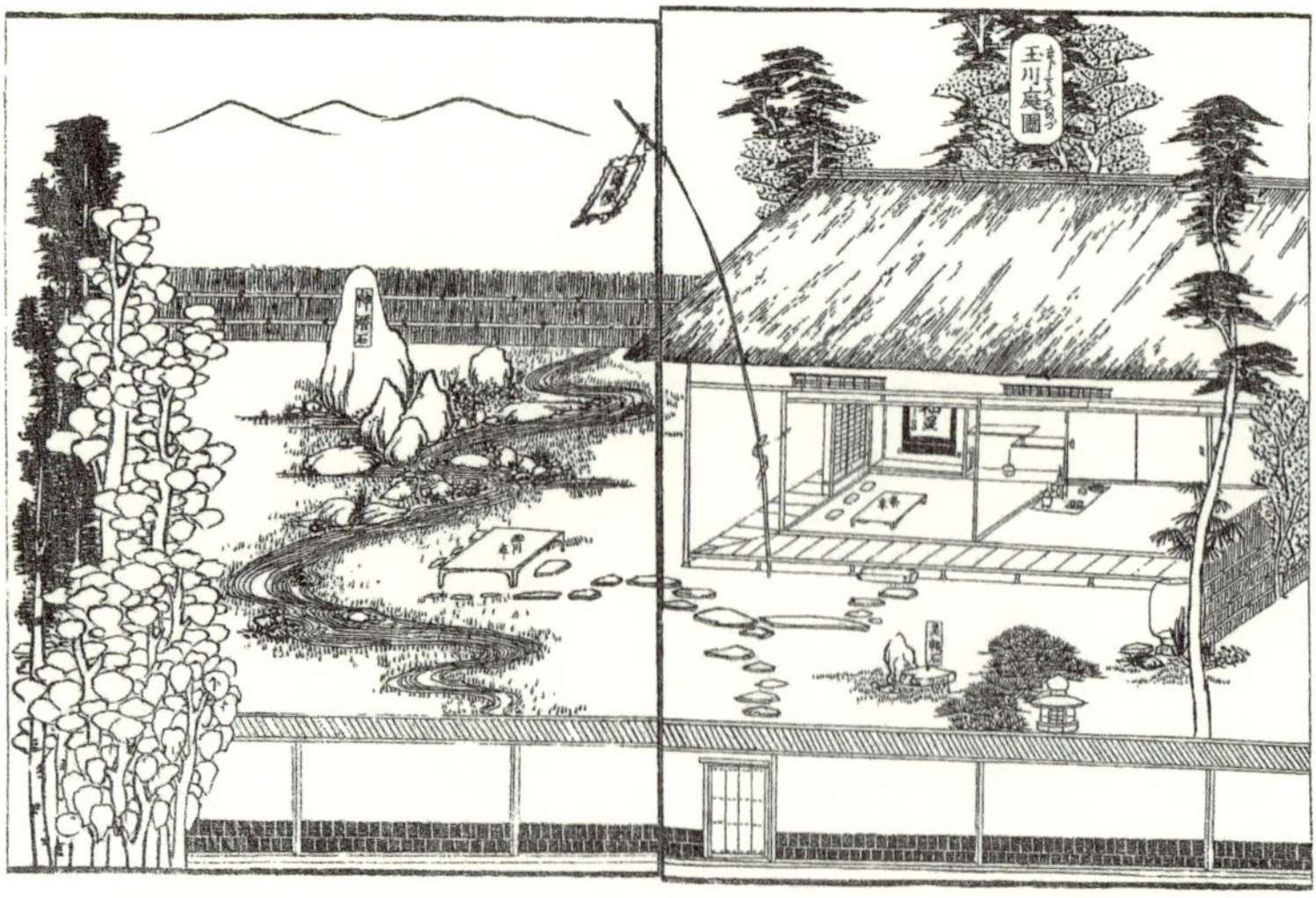

図Ⅳ-2-5　玉川庭（筑山庭造伝）

丁度「名水百選」が選定されたように、かつて「日本三景」とか「近江八景」にちなんで、名所名勝を国域のなかで選定する時期があった。外なる自然を内なる庭園に映す作法とか美しい自然を保持する環境を、時代を超えて継承してきたのだ。そこには日本列島における照葉樹林の植物群落が下敷きとされ、中央の貴人たちの庭園思想というか、演出法を加えながら造形してきた。川の生活文化誌が、肱川の川筋に広く深く詰め込まれ(23)ているように、忘れ去られた五郎玉川にしても、そうした文化交渉の跡を野面にのこしている。

五郎玉川は伊予大洲駅の北方、肱川にかかる五郎橋を渡って県道櫛生・大洲線を上る道路の左下を流れる細流である。どこの古里にもありそうな、何の変哲もない草莽のなかの小川であるが、かつては大洲盆地における景勝地として山川草木が交錯し、庶民の心もいやすほどの舞台構成がなされていたところである。

肱川のほとりの青木谷から、現代風に造成した玉川団地と大和工業の間を玉川の川筋に沿って脚を入れてみた。すると清水の流れに沿った水田の多くは、すでに栗園や杉の植林地に改変され、なかには鍬が入れられない荒れ地のままで改廃した湿地さえ散見する。蒼杉のなかには「五郎玉川焼」の窯跡ものこる。この焼き物は大洲藩十代藩主の

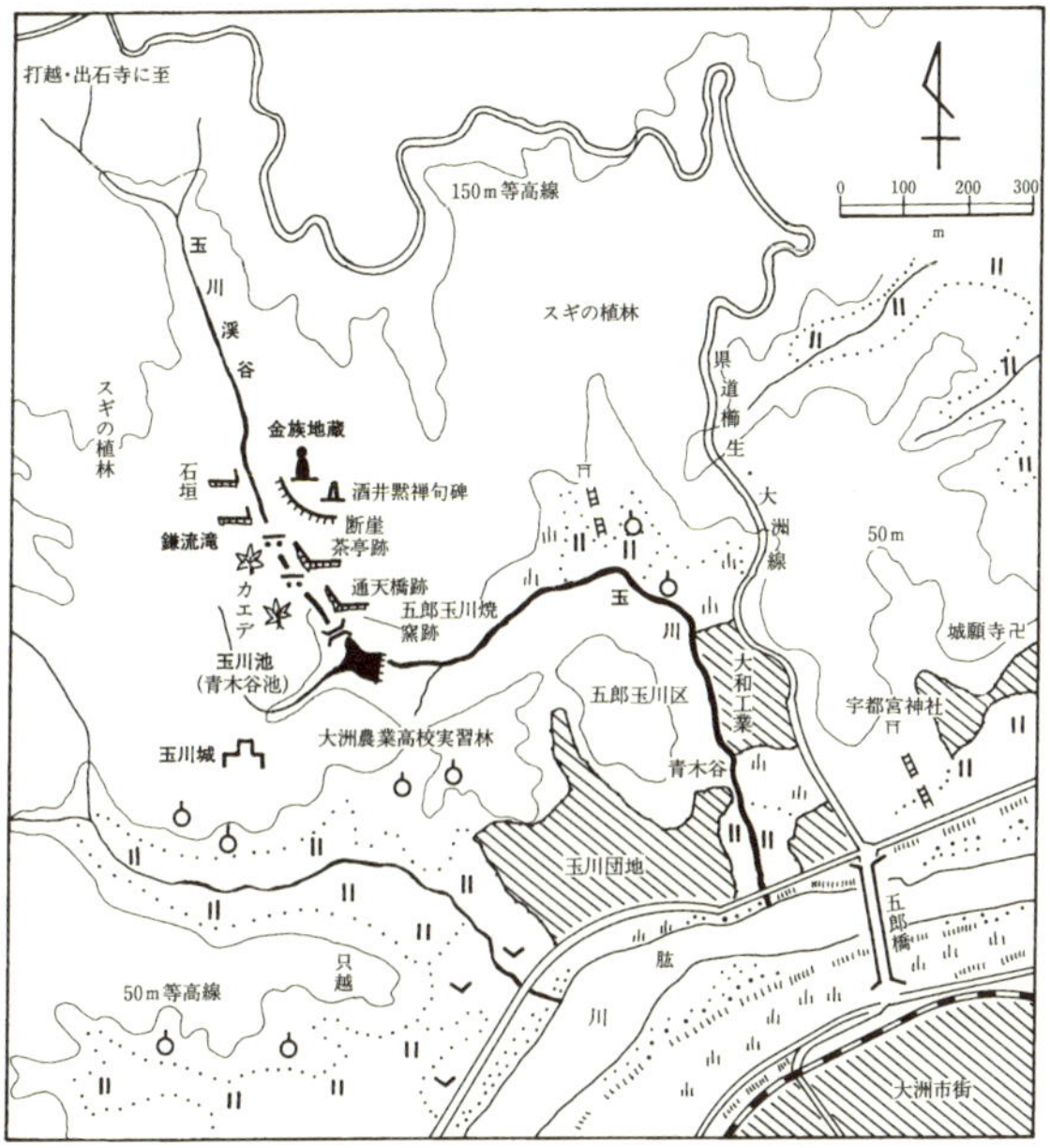

図Ⅳ-2-6　大洲市玉川概要図

加藤泰済《やすずみ》の時期に焼かれた楽焼である。それについて『大洲市誌』[24]には次のように記されている。

> 製作者を現存作品でみると、玉川別荘を再興した藩主泰済（文竜）、その叔父加藤泰周（乗化亭）、お茶方で御絵師の若宮養徳（文流）、家老大橋英信重固（墨雅・文養斎）、如法寺十五世靖山和尚その他である。
>
> 伝世品の中で現在もっとも古い年銘をもつものに、養徳作の布目織部釉角皿がある。これをみると皿の裏側にヘラ書きで、「文化丑（二年）十、文流作」とあるから、一八〇五年十月にできた・・・。

写真 36　鏃地蔵
（愛媛県大洲市玉川）

五郎玉川焼の創始はおよそ文化年間のころになるが、その作風は数奇の文化がやどるような皿に和歌をあしらったものも残る。いかにも文人墨客がたずね集う、そして玉川の勝景を作品に込めるにふさわしい窯であった。

大洲農業高校実習林を過ぎると、かつての茶亭跡なのか石組みがのこるし、名園の名残の玉川池がみえてくる。蒼苔のなか、すでに朽ちて自然にかえってしまったが、緑色片岩を積んだ石垣が清流にそってのこる。静寂の池のほとりに立つと、昔時の造園の枠組みと数奇者たちの作法が学習できるようである。

この谷筋を玉川と名づけ、ここに名園を設定したのはいつの頃か、「玉川由来記碑」[25]を要約すると、元禄から正徳（一六八八～一七一五）にかけて設けられたが、その後荒廃し文化四年（一八〇七）ころ加藤泰済が再興している。文政三年（一八二〇）になると茶亭を阿蔵村の八幡に移したが、玉川の渓流は庶民へも公開したらしい。

しかし、庶民を加えた遊里の場所も、廃藩にともなって再び荒廃して現在にいたっている。

盛衰のはげしかった玉川は大洲藩主加藤泰恒《やすつね》が宝永（一七〇四〜一七一〇）のころ玉川と名づけ、玉川の渓流に「鎌流滝」、磨崖仏の「鏃地蔵《やじり》」（写真36）、また流れに沿って桜や楓をあしらって、数奇者たちの風流な地に仕立てられたことに始まるというが、数百年という時間を超えて、その名残を今に留めている。

更に宝暦末年（一七六四）以降、大伴享によって編述されたという『大洲随筆』[26]によると、次のように記載されている。

鎌流滝
　喜多郡五郎村大戒谷といふ所也、宝永の頃、英久院君御別業を営せられ、滝の際ニ観音堂有、下ニ腰掛をしつらひ、弐丁斗ニて谷口へ出、沿ニ杜若を数多植させられ、三河の八橋を移し給ふ、名を玉川と号て、此所ニも御茶亭有て、いと興有所なりしか、寛保の頃より絶て名のミニなりぬ.

鎌流滝、観音堂（鏃地蔵）、それに杜若（カキツバタ）を植え、三河の八橋の景を模倣して、名を玉川としたというのである。

ところが、横山昭市氏[27]から借用した昭和五十二年度『溜池台帳』には、八橋や玉川の記載はなく、水田灌漑用に寛政二年（一七九〇）設置された溜池「青木谷池」で記録されている。玉川池を青木谷池で伝承するのは、文政三年（一八二〇）玉川渓流を庶民に公開する以前から、庶民が呼称していた溜池名である。つまり溜池をはさんで、数奇者たちは上流側の渓流から観て「玉川池」、下流側で用水目的の庶民は「青木谷池」と土地の小字名で呼称していたものと思われる。ただ『大洲随筆』の記載からみると、この溜池設置以前に古池か沼地のような形状が存在し、そこにカキツバタをあしらった八橋の景が模倣できたと考えられる。

謡曲の三河国八橋を模したと伝承していることから、その借景と造園法には八橋の土地柄と一致させる手法が導入されている。八橋は現在の愛知県知立市にあたり、逢妻川が八つに分流し、八つの橋が架けられていたことに由来して、「伊勢物語」の故事にちなんでカキツバタが橋のたもとに配されていた。(28) ここ五郎玉川の池のほとりにもカキツバタが植えられて、やはり水郷の景が観られたという。

『東海道名所図会』に描かれた八橋は沖積地で、田園のなかにあって五郎玉川のような谷間の風土とは異なる。多くの文学作品に現れる八橋が、川の分流する土地柄に対して、五郎玉川は谷口下の清流に位置していて、八橋を模倣し、その後玉川庭の造園法などが影響しているのである。つまり、煎茶式造園法とは、文政十一年(一八二八)刊行の秋里籬島(生没年不明)の『築山庭造伝　後編上』によると、「玉川庭の事」として、次のような記載がある。

「唐の庭記を考るに玉川庭ハ唐の代に陸羽と云人茶を飲する事を始む、又盧舎と云人是を肌ぶ事を翫ぶ事を始め其式を立て通仙式てふ有、是を玉川の辺りにて朋友と共に此式を楽しむ、客一人一品の茶を携来て又其風流をます、故に此式を改て玉川氏といふとなん、是よりして庭中に流水を垣入、粧をなし、二石を主として造を煎茶家となして玉川庭と云よし、寮草段の、庭の記に見えたり、(二石とは全図の通り神潜石《しんせんせき》、霊報石《りょうほうせき》の二組なり)故に今本邦にて此余風に随て玉川庭と云て相州鎌倉にあり、四奏庵夜話に此図あり、依て爰に略す、又樋仙玉川式の義ハ通仙茶具にゆづりてただ是ハ庭相の君なれバ庭説ばかりを載。」

このような内容からすると、江戸時代における茶に関する芸道が抹茶に代わる新しい茶の飲み方として、煎茶道が定着していたものと考えられる。

つまり「三河八橋の模倣」といっても、その造園の下地には玉川の故地がひそんでいるように思われる。すなわち玉川は地形的変換点を過ぎ、谷口下の清流に当てられる場合が多く、文化的環境もこの流域に集積することが多い。とくに六玉川の河床縦断面と文化環境[29]をみると、歌枕の故地（遊里の場所）と玉川の川名を誕生させた流域の設定とが一致してくる。

『大洲市誌』の「地名のおこり」[30]によると、「他国の名勝地などに似た土地へ、その名を借用して玉川」と名付けたとあるが、この玉川とは全国に分布する多くの玉川が六玉川の影響を受けて命名されたごとく、六カ所の玉川の故地のうち、いずれかの水面と煎茶式庭園を模倣したのであろう。換言すると、玉川の命名が宝永のころであること、三河の八橋の景を模倣していること、それに文人墨客の集う遊里であったことを考慮すると、六玉川や、その後玉川庭を取り込んだ流れであることが考えられる。

玉川池から玉川渓流にかけた場所は名園の表舞台。お茶屋跡や通天橋跡、桜や楓をあしらった鎌流しの渓流、そして岩肌をみせる鏃地蔵に断崖に刻む句作のあとと漢詩、どれをとっても先人たちの文化環境をにじませている。

かつての名園は、現在二次的自然林となっているが、崖下の渓流から、つま先上がりで胸突きの小径を行くと、自然林に覆われた岩肌が観えてくる。訪れたひとの気配もない磨崖仏の鏃地蔵が、菴に鎮座する。右手の岩肌には「祀らるる鏃地蔵や岳の月」[31]、左手の岩肌には「満天満地緑蒼蒼」[32]と、近代の文化人たちの探訪のあとを岩に刻んでいて、風流の地を伝えている。

大洲市五郎を流れる玉川をまとめると、宝永年間に大洲藩主加藤泰恒が名付け整備した川筋であった。古文献によれば、教養人たちが三河の八橋（現愛知県知立市）を模倣して命名し川名と地名を玉川としている。つまり八橋の造園法の下地には、六玉川と後に煎茶式造園法を取り込んだ名所名勝地であったと考えられる。

引用・参考文献と注

第Ⅳ章　第二節

（1）諸岡存「陸羽と茶経」『茶道全集』巻一　創元社　昭和五十二年　頁一一五〜二六〇
（2）秋里籬島著『東海道名所図会』　日本随筆大成刊行会　昭和三年　頁三三六
（3）池邊彌著『和名類聚抄郡郷里驛名考證』　吉川弘文館　昭和五十六年二月
（4）吉田東伍著『増補　大日本地名辞書』　冨山房　昭和六十三年十二月
（5）『松尾芭蕉集二』　新編　日本古典文学全集七十一　小学館　平成九年九月　頁七一六
（6）知立市史編纂委員会『知立市史』下巻　昭和五十四年三月
（7）『伊勢物語』　新編　日本古典文学全集十二　小学館　平成六年十二月
（8）『古今和歌集』　日本の古典　第九巻　小学館　昭和六十三年五月
（9）『更級日記』　新編　日本古典文学全集二十六　小学館　平成六年九月
（10）『十六夜日記』　新編　日本古典文学全集四十八　小学館　平成六年七月
（11）『海道記』　新編　日本古典文学全集四十八　小学館　平成六年七月
（12）『東関紀行』　新編　日本古典文学全集四十八　小学館　平成六年七月
（13）『東海道中膝栗毛』　新編　日本古典文学全集八十一　小学館　平成七年六月
（14）前掲（6）頁七六一
（15）知立市史編纂委員会『知立市史』上巻　昭和五十一年三月　頁六三六〜六四二
（16）小川八重子著『煎茶入門』婦人画報社　昭和四十八年
槇林忠男著『煎茶の世界』徳間書店　昭和四十六年　頁三九〜七二

(17) 林・安居著『茶経』中国古典新書　明徳出版社　昭和四十九年
(18) 前掲（15）頁六四七～六五〇
(19)『築山庭造伝（後編）』　明治和綴本
(20) 前掲（6）頁八六五
(21) 八橋旧蹟保存会、三井博編『三河国八橋』平成二年
上原敬二編『造園大辞典』加島書店　昭和五十三年　頁二二七
(22) 山田竹系著『四国の古城』四国毎日広告社　一九七四年
(23) 横山昭市編著『肱川　人と暮らし』愛媛県文化振興財団　一九八八年
(24)『大洲市誌』大洲市誌編纂会　一九七二年　頁九二八
(25)『大洲市碑録』大洲市教育委員会　一九八一年
(26)「大洲随筆」『積塵邦語・大洲随筆』所収　伊予史談会（伊予史談会双書第一〇集　一九八四年
(27) 横山昭市先生から借用した愛媛県農林水産部発行の『溜池台帳』（昭和五十二年度）によると、「青木谷池」管理者・五郎、設置年・一七九〇年、目的・農業（田）、灌漑面積・田二・一、溜池・土堰堤、貯水量・四五〇〇、堤高・二メートル・堤長・三〇メートル、満水面積・〇、九ヘクタール、貯水方法・斜樋と記録されている。
(28)『東海道名所図会』巻之三　一七九七年
(29) 図Ⅰ―2―7の河床縦断面図中、①と②はともに「高野の玉川」であるが、現在玉川と呼称される河川を①で、慶長十六年に建てられた旧玉川碑のある場所の自然傾斜面を旧玉川の河床と判断して②で記した。
(30)『大洲市誌』　大洲市誌編纂会　一九七二年　頁八一五
(31) 元日本赤十字社松山病院長（野村病院初代院長）だった福岡県生まれ、酒井黙禅作句
(32) 窪田哲二郎作

第三節　城下町の玉川

一、金沢城下の玉川

北陸の小京都、金沢の城下は天正十一年（一五八三）に藩祖前田利家が七尾から入り、それまでの尾山御坊の寺から発展させた。織田信長に仕えた利家は、天正三年（一五七五）に越前北ノ庄の領主柴田勝家の与力で越前府中に三万三千石を領していた。その後加賀・能登・越中と支配地を拡大して、二代藩主利長の時代になって、徳川家康から百二十万石の石高を認められた。かつての領主畠山氏の支配がゆるぎ、一向一揆が鎮圧されたこともあって、「加賀百万石」の基礎がかたまった。この古い城下町のなかに、玉川がみられる。[1]

加賀の文化は藩祖利家の時代に、すでにめばえていた。利家は茶道を千利休と織田有楽斎からてほどきをうけ、能楽は自ら舞い、加賀宝生の伝統をのこす先がけになった。利家は秀吉の影響もあったが、加賀の文化が完全に爛熟するのは、五代綱紀の時代になってからである。

「天下の書府」と新井白石がうらやむほどの文献類の収集には、京都の朱子学者木下順庵や、順庵から儒学を学んだ室鳩巣らが招かれたためである。「百工比照」の標本にみられる美術工芸品は城内に細工所を設け、二十余の部門にそれぞれ細工職人をつけ、藩営工房の体制をかため贈答や藩邸内で使用していた。加賀金箔、加賀染、加賀蒔絵、加賀象眼のように、加賀を冠することによって、その工芸技術や製品を、藩自ら手元に留めようとする意図があった。

明治の象眼の巨匠、米沢弘安は城下玉川町の出身で、父清左衛門から細工師の基本を学び、近代から現代へと加賀象眼を継承させた白銀屋である。この米沢家など金沢の白銀師たちが居を構える街が玉川町（旧宗叔町）である。職人たちは京畿の技術者の指導のもとで腕をみがき、金沢の工芸を発展させた。彼らの勢いがあって隆盛をきわめた金沢城下の都市計画は寛永年間にほぼ完成をみている。諸国の城下よりも、武家地・寺社地・町人居住地が整然と区

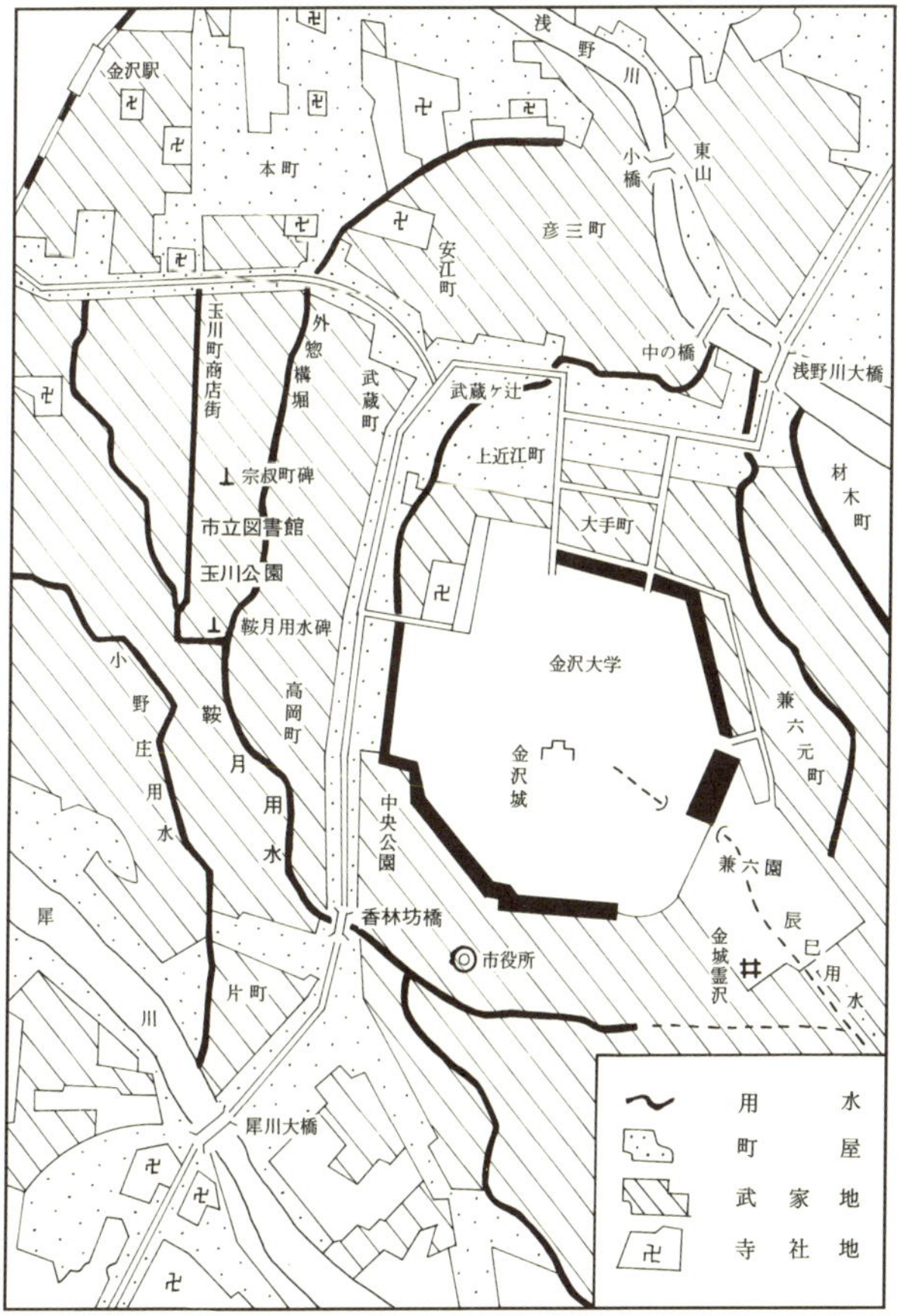

図Ⅳ-3-1　金沢市概要図

画[2]され、町人居住地は城下の約三分の一を占めていた。京づくりの格子が続く町屋は、更に本町と地子町、それに相対請町に分けられ、いずれも金沢奉行の支配下にあり藩の保護をうけていた。そのため、町人の暮らしは規制され、利益の追求というよりも、藩の御用に勢をださなければならなかった。

金沢城下において、商家の賑わいは枡形に配置した犀川から浅野川までの、北陸道に沿った町並みのなかにあったが[3]、城下の範囲はそれよりも広く、金沢の南端有松の一里塚から北端春日の一里塚に至る市井だった。この一里塚が城下と村里の境界である目印として松門を植えたという。現在も若松が植えられ伝承している。

現在の市域は、勿論それよりも拡大しているが、ただ現代人の感覚で改造を加えただけの都市構造である。その現代的に化粧をした部分を取り除けば、今でも年輪を刻んだ老舗の暖簾と格子など、昔ながらの甍が、時代を超えてみえてくる。香林坊から武蔵ヶ辻に至る道筋は城下のなかで最も賑わった家並みで、とくに香林坊界隈は街なかに藩政期の匂いがただよう。香林坊の下を流れる鞍月用水[4]は、用水の多くが暗渠になったが、かつては水量が多く御城を囲む外惣構堀であった。享保二年（一七一七）の『農業図絵』[5]をみると、橋桁が二脚あって、広い川幅と豊富な水量であったことが描かれている。今はないが堀の内には土塁があって、そこに竹や雑木が植えられていて風情のある用水であった。

写真37　辰巳用水管　兼六園
（石川県金沢市）

この流れは「伏越の里」と呼ばれるサイフォンの原理を応用した水道で、高度な技術工法の辰巳用水の清水と合わせて流れている。辰巳用水は兼六園内山崎山下に遺り（写真37）、日本三大名園の園庭の水面と名木を潤している。日本初の噴水からは百間堀の窪地を越えて、城内にまで引水したという。

そもそも城下町は紙と木と泥で創作した構造で、現代のように耐震耐火性には欠けていた。「火事と喧嘩は江戸の華」と呼ばれたように、諸国の城下においても防火対策には知恵を絞っていた。金沢の城下も同じで、北西の季節風やダシという東風と東南風のフェーン現象にあおられて、城下町を廃虚にさせる大火が多かった。[6]寛永九年（一六三二）には本丸を焼失させている。このため、防火用水と御城水確保の目的で、辰巳用水を難工事のすえ完工させたのである。

観光客で賑わう兼六園の名園も、伝統産業工芸館前から園内に引水している。その余水を小立野台地の灌漑用水や石引町から、台地下の鞍月用水にも落としている。こうして生命水である辰巳の清水が外惣構堀に流れ、香林坊橋から下流においても街を潤し、浅野川大橋下流で浅野川に流れ落ちている。その途中、玉川町の街中を流れて庶民の生活水になっている。

このように玉川には美称の語彙に加えて、名水であったから、川面で歌を詠まなくとも、自然がつくる玉川独自の環境となったのである。

二、松山城下の玉川

玉川町という町名は愛媛県の城下町松山に、一番町と二番町、それに勝山町にまたがって昭和三十九年まで存在した。いま松山を代表する歓楽街の一角をなしていて、昔の面影と語りは町名を冠した駐車場と寺町の風情をのこすその境内だけになってしまった。

玉川町の町名由来について、池田洋三氏の著した『わすれかけの街』(7)によると、「石手川がまだこのあたりを流れていたころ川の中心部に位置していたところから名付けた」と記している。また『角川　日本地名大辞典　三十八　愛媛県』(8)によると、「松山平野の中央部に位置する。町名は石手川がまだこの土地を流れていたころ、その中心部にあたるところから命名されたと伝える」と、ほぼ同じ経歴を記述している。どちらも、語り部というか、口碑としての伝承である。

ところで玉川町付近に石手川が流れていたという調査結果とその論考になると、松澤巌氏の「藩政時代の石手川（一）」(9)、村上節太郎氏の「重信川及石手川の舊河道」(10)、素鵞郷土研究グループの「石手川開発に尽くした人々」(11)、窪田重治氏の『城下町松山と近郊の変貌』(12)、それに『松山市史』(13)などがあり、先学諸氏がその伝承を裏打ちするかのように論じている。それによると、松山城の築城以前、石手川は岩堰から道後公園の湯築城付近に流れ、持田から玉川町、そして二番町を流れ八ツ股榎（いま市役

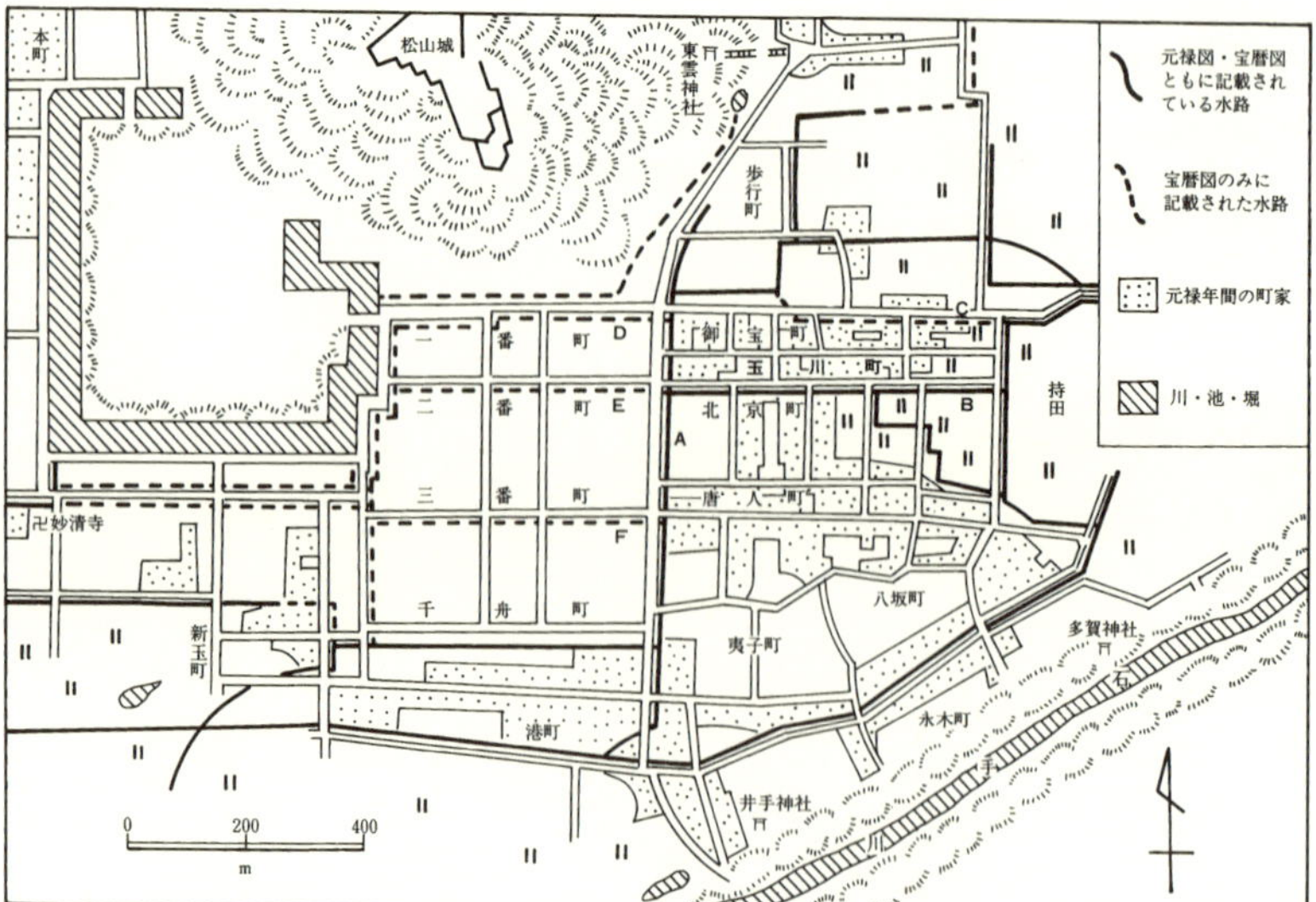

図IV -3-2　松山城下の概要図

所前）から南流し、妙清寺（三番町七丁目）付近を過ぎて吉田浜に流れていたという。

城下町の建築が慶長七年（一六〇二）に始まるといわれているから、当時この旧河道はまだ葦などで覆われた河原であった。一番町から三番町付近など、外側（とがわ）と呼ばれたその葦原を、町面に改変するのは加藤嘉明が会津に転封する寛永四年（一六二七）まで継続しておこなわれ、その頃になって、ようやく城下の顔立ちが整えられたことになる。こうした城下町の変貌に関しては、窪田重治氏の『城下町松山と近郊の変貌』がとくに詳しい。

松山のおいたちを探りながら玉川町をみつめていくと、長い歴史の過程で、いくつかの問題点がこもっていることに気付く。まず旧石手川が玉川町付近を流れていたのは、流路変更がなされるまで、つまり慶長七年（一六〇二）のころまでである。とすると、この旧石手川が玉川の流れだったのか。それとも町名が誕生する時期の、城下の水路なのか疑問がのこる。

全国の玉川を探索してみると、自浄作用による清流で、しかも城郭（国府）周辺で貴人（文化人）たちの遊里の場所に仕立てられた川であることが一般的であった。つまり、旧石手川の伏流水が玉水で湧き、川の自浄による清水であっても　築城以前においては玉川という流れは葦原のなかに存在しないのである。だとすれば、古文献に記録されている地名を遡る以外にその解明する方法がない。

そこで先の『角川　日本地名大辞典』[14]によれば「元禄期の記事を載せた『松山町鑑』の後筆の注記によると、宝永四年以前と思われる。」と記している。この記事からすると、城下の建設を始める慶長七年（一六〇二）から宝永四年（一七〇七）の、およそ一世紀の間に小唐人南片原町が玉川町に改名されたことになる。すなわち玉川町は城下町を整備する過程で誕生した町名で、「旧石手川のながれの中心部に位置していたから」といった口碑は、あくまでも語りにすぎず、当時玉川町はまだ存在しなかったと思われる。ただ町名に採用される場合は、まず玉川[15]の流れがあって、流路に沿って町家が存在することである。

どこの城下でも、武家地の呼称は「何々様のお屋敷」と呼ぶだけで、もともと町名はなかった。[16]現に元禄年間の松山城下町図（図Ⅳ―3―2）をみても、外側などには町名が記載されていない。玉川町の場合は武家地のはずれで、明楽寺・専念寺・円蔵寺・正法寺などの寺町になっていて、専念寺の建立が寛永八年（一六三一）であることからも、その頃はまだ町名が存在していなかったと考えられる。町家が誕生しても、小唐人南片原町が玉川町に改名されるのは、早く見積もっても寛永八年[17]（一六三一）以降、おそくとも宝永四年（一七〇七）以前ということになる。

これらの内容から、玉川の流れを設定するには寛永から宝永にかけた時期の、玉川町周辺における水路の変遷をみることで、流域設定が可能となる。そこで町名として最初の記載年代「宝永四年以前」を踏まえ、それよりも古く、水路が最もよく描かれている元禄の古図と、そして宝永より後の宝暦の古図を比較しながら、図中で野面から町面への変化をみた。すると玉川町周辺にはAとB、それにCの流れ（図Ⅳ―3―2）が認められる。

なかで北京町に沿う、現在の二番町一～二丁目の北寄り地域のBの流れ、それに大街道三～一丁目に流れるAの水路は、宝永四年をはさんで、それよりも古い元禄の時期と、後の宝暦の時代にも描かれているが、一番町一丁目（御宝町）を西に流れるCは元禄図には描かれていない。つまりCの水路は元禄図（一六八八～一七〇三）

写真 38　旧玉川町
（愛媛県松山市）

に描かれていないから、玉川ではないことになる。同じく武家地を流れたD・E・Fも存在しなかった。更にD・E・Fの流れに沿う武家地には町名（玉川町）がなかった点からも、玉川でない。そうなると、城下町を流れる玉川はBの流れで流域設定がなされていたことになる。

昭和三十九年まで松山市内に存在した玉川町は寛永八年（一六三一）から宝永四年（一七〇七）の間に成立している。それも金沢の城下と同じで、武家地には町名が存在しなかったから、城下町建設の過程のなかで町家の集中する土地柄に採用された。ただ、玉川という河川の所在は旧石手川を指すのではなく、玉川の町域に南隣した東西に流れる水路を指していたものと思われる。

引用・参考文献と注

第Ⅳ章　第三節
（1）金沢市教育委員会『金沢市歴史のまちしるべ案内』　昭和五十八年
（2）『金沢城下図』　文政十一年
（3）金沢市教育委員会『金沢の歴史的建築』（金沢市文化財紀要五七）　昭和六十一年
（4）金沢市役所『稿本　金沢市史　市街編　第一』　大正五年
（5）土屋叉三郎『農業図絵』　享保二年
（6）辰巳ダム関係文化財等調査団『加賀辰巳用水』　昭和五十八年
（7）池田洋三著『わすれかけの街』　愛媛新聞社　一九七五年
（8）『角川　日本地名大辞典　三八愛媛県』　角川書店　一九八一年

（9）松澤巌「藩政時代の石手川（一）」伊予史談四　一九一五年
（10）村上節太郎「重信川及石手川の舊河道」伊予史談一〇〇　一九三九年
（11）素鵞郷土研究グループ　『石手川開発に尽くした人々』一九八四年
（12）窪田重治著『城下町松山と近郊の変貌』青葉書店　一九九二年
（13）『松山市史』第一・二巻　松山市史編集委員会　一九九二～九三年
（14）前掲（8）
（15）地名のみ玉川が存在して、河川名の玉川が存在しない例は、時代が降りる過程で消滅した場合は別にして、全国的にはみられない。
（16）拙稿「野と田の地域文化誌」聖カタリナ女子大学研究紀要　創刊号　一九八九年
（17）「温泉郡松山部地理図誌稿」明治六年頃『松山市史料集』第九巻　一九八二年　頁六四

第四節　開拓の野に根付いた玉川

一、北海道の開拓

明治二年松浦武四郎が蝦夷を北海道と改名してから、和人の鍬跡が北の大地の奥深くにのこっていった。大正十二年関東大震災の罹災者を迎える前の、明治二年から大正十一年までの北海道移民は、約五十六万戸、二百四万人であった。内地からの移民者は、勿論全国からの移民者によって、都府県もしくは市町村単位の集団となって粗野な大地に入植している。

蝦夷と呼ばれていた時代においては、日本海文化の北漸、北前船の影響を強く受けていただけに、出羽や北陸からの移民者が明治になっても多い。だから北海道の開拓地名においては移民者の故郷の地名を、そのまま持ち込んだ例が少なくない。凍てる開拓地の地名に、出身地の県名、旧国家名、藩名、郡市町

表　明治19年〜大正11年間の主要北海道移民府県

府県名	戸数（戸）
青　森	49,800
新　潟	49,573
秋　田	44,973
石　川	41,606
冨　山	41,306
宮　城	39,452
岩　手	30,453
山　形	29,332
福　井	24,294

山口弥一郎による

村名、山川名などを冠し、故国を思うかっこうの土地柄に仕立て、住める舞台に整えてきた。

内地の地名を借りて、北の大地を拓いたところには、主に次のような開拓地がある。

津軽団体（黒松内町）、青森団体（中札内村ほか）、南部団体（士別市ほか）、岩手団体（占冠村ほか）、宮城団体（当別町ほか）、白石村（札幌市）、伊達町（伊達市）、越後村（江別市）、越中開墾（岩見沢市）、礪波（名寄市ほか）、石川団体（八雲町ほか）、福井団体（上富良野町ほか）、越前開墾（栗沢町）、群馬団体（大湧村ほか）、信濃開墾（札幌市）、岐阜開墾（栗沢町ほか）、山梨（豊浦町）、愛知団体（大湧村）、京都団体（陸別町）、新十津川村（新十津川町）、吉野団体（名寄市ほか）、三重（南幌町）、香川（苫前町ほか）、東予（沼田町）、広島村（広島町）、鳥取村（釧路市）、山口村（札幌市）、島根団体（更別市）、佐賀団体（和寒町）、日向団体（士別市）など。

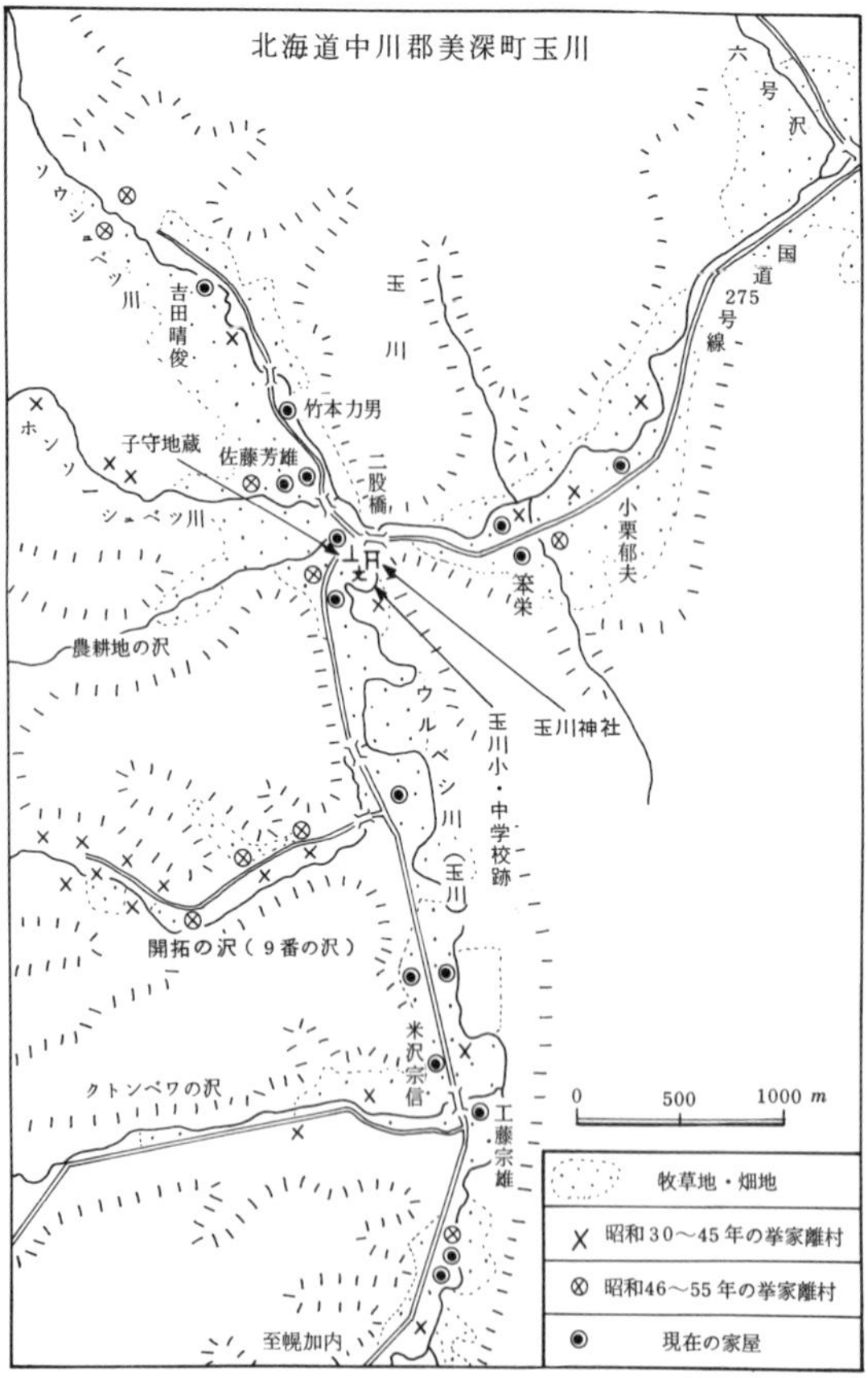

図Ⅳ-3-3 美深町玉川概要図

蝦夷から北海道へ改名される経緯に加えて、このような内地の地名を多く採用したことが、北海道の歴史や文化を特色づけている。その開拓者たちの故国の地名や文化が北の大地で根づいたなかにも玉川の流域がある。

二、天塩川流域の玉川

内陸に拓いた旭川の市街地から北方へ入ると、天塩川の上流奥に美深町玉川がある。この玉川は地名と川名に採用されているが、ここは昭和に入ってからである。ウルベシ川とも呼ばれる玉川を「島田鍬」で最初に切り拓いたのは、明治四十年四月のこと。佐々木勇五郎ら八名であった。当時は換金作物となる採種を中心に、自給用麦、いなきび、じゃがいも等を、ただ栽培するだけで、まったく生活の基盤を整える程度の暮らしであった。開拓者の住居はアイヌのチセを使用した小屋で、中央に炉を切り、その周りに筵を敷き、カンテラの燈火での暮らしであった。身にまとう衣服は、そまつな和服に草鞋履きという身なりであった。(1)

翌明治四十一年になると、ウルベシ川（玉川）流域にさらに入植者が増えて、四十八世帯に達している。この年には玉川小学校の前身であるウルベシ教育所も開校されるが、生徒は僅か十五名であった。明治四十三年になると肥沃な土地柄が伝聞されて、クトンベツ（広島団体クトンベツ入地）に広島県から六世帯が入植している。このころになると小学校の児童数も四十九名に増加して、共同体としての村機能も成熟し始めてくる。こうした開拓史のなかで、玉川の小字名と河川名が誕生するのは、昭和一〇年代になってからである。開拓三十周年にあたる昭和十一年、それまでウルベシと呼ばれていた谷間の郷は、この年に玉川と改名されている。それに伴って学校名も玉川尋常小学校と改称（写真39）され、また学校前の丸太を渡しただけの「丸太橋」（現在二股橋）を主にして玉川の郷が拓かれていった。(2)

さて玉川の由来であるが、かつて天塩川に注ぐ玉川をウルベシ川といい、小学校もウルベシ尋常小学校と呼ばれていた。昭和の初期のこの頃においては、まだまだ開墾の鍬が入らない沢地が多く、開墾によって入植する余地は充分に存在していた。そこへ肥沃なこの郷に大阪や東京方面から開拓者や、その後疎開者までも移り住んで原野を切り拓いている。移住者たちは二股橋よりも上流の、九番の沢（開拓の沢）に十二世帯入り、農業を主に、彫刻や絵画をたしなむ人たちも居住していた。彫刻家の高橋始次郎も、その移住者のひとりで、白髪のヒゲ長の彼が当時の世相に最低の願いを込めて玉川と命名した。ただ彼は戦後間もなく郷里の大阪へ帰郷したらしく、その経緯については不明である。

彫刻家高橋始次郎の作品をもって玉川小学校の校章（昭和二十六年一月）とし、校歌には「玉川ふじのみどりこく　泉の流れ水清く　自然の恵み身にあびて　わが学舎ぞかがやける」と詠んでいる。大阪出身の高橋始次郎が古歌に詠まれた「六玉川」のひとつ「三島の玉川」を偲んで呼称した、と当時を知る古老はふりかえる。

写真39　玉川小学校跡とウルベシ川（玉川）
（北海道美深町玉川）

三、金沢前田藩の影響を受けた共和町赤玉川

共和町赤玉川は加賀金沢の開拓者たちが拓いた前田の郷にある。開拓の鍬が入ったのは江戸末期の安政四年(3)（一八五七）で、幕府は松前藩から分離させ官費をもって、その統治と開拓を前田幌似と発足常見に御手作場を設けさせた。本格的に開拓が行われたのは、明治十三年の岩橋轍助の開進社と、明治十六年に金沢前田藩が士族授産の意味で結成した起業社が設けられてからである。

前田起業社について、『共和町史』によれば「明治十六年、金沢の盈進社長遠藤秀景氏の尽力によって、旧金沢藩主前田利嗣候から士族授産のため金一〇万円を受けて資金とし、千島択捉の鮭鱒業とリャムナイにおける農業経営を兼業とする起業社を設立し、西田三郎氏にこれを管理させた。地積百五十万坪を払下げ約三万円を費やして、事務所および居小屋数一〇棟を建築し、翌十七年から三回にわたり七十九戸を移住させ、一ヵ年間農具、食糧などを給与した。これが前田村の始まりで現今の起業社と称する地域がそれである。」(4)と記している。

現在共和町大字前田の字名に、幌似、岩崎、起業社、宿内《そこない》、梨野舞内《りやむない》、老古美《おいこみ》、浜中、赤玉沢、それに前田などがある。赤玉沢の字名は役所の地籍上に記載されただけで、民家もすでになく、消滅した字名になったが、起業社とともに早くから開拓の鍬を入れた土地であったことは、古老の語りからも確認できた。故郷の守り神、前田利家が祭神の前田神社は、その開拓地を見下ろす位置に鎮座している。

この赤玉沢の開拓地はすでに赤玉川の河川名だけになってしまったため、今日ではその由来を探るてだてもないが、金沢前田藩の開拓者たちによって名付けられた河川名であることは継承されている。現在も前田神社の大祭には、石川県金沢市から、近親者が毎年おとずれるという。字前田に居住する黒田や西田等の姓を名乗る世帯

は、先祖の系譜をたどっていくと金沢である。（町史編纂委員会談[5]）

石川県金沢市にはサイフォンの原理を応用した日本初の辰巳用水の分水、鞍月用水沿いにある町に玉川町が存在している。今も用水には清水が引かれている。この玉川町と赤玉川が、何らかの関係があるのか、金沢市を探索したが結びつく資料[6]は得られなかった。

そこで再び『共和町史』を見ると、次のような記述がある。「移住した当時はどういうものか井戸を掘ることをせず、川水を飲料とするため、赤玉川（室岡氏の側を流れる川）などの川沿いに居を構えたが、丘の上の人のために、辻野氏から二十町くらいのところから中の川の水を引いて飲用に供していた。上川氏が一〇歳の頃（明治三十一、三十二年頃）父庄蔵が赤玉川の水を引いて、水田一反歩（田二枚）試作した」[7]と記されているように、赤玉川の河水が、飲料水としての鞍月用水にも劣らない清流だったことがわかる。

では赤玉川の語源、「赤」については、赤木三兵著『アイヌ語小辞典』[8]によれば「アカ（aka）とは水を意味し、

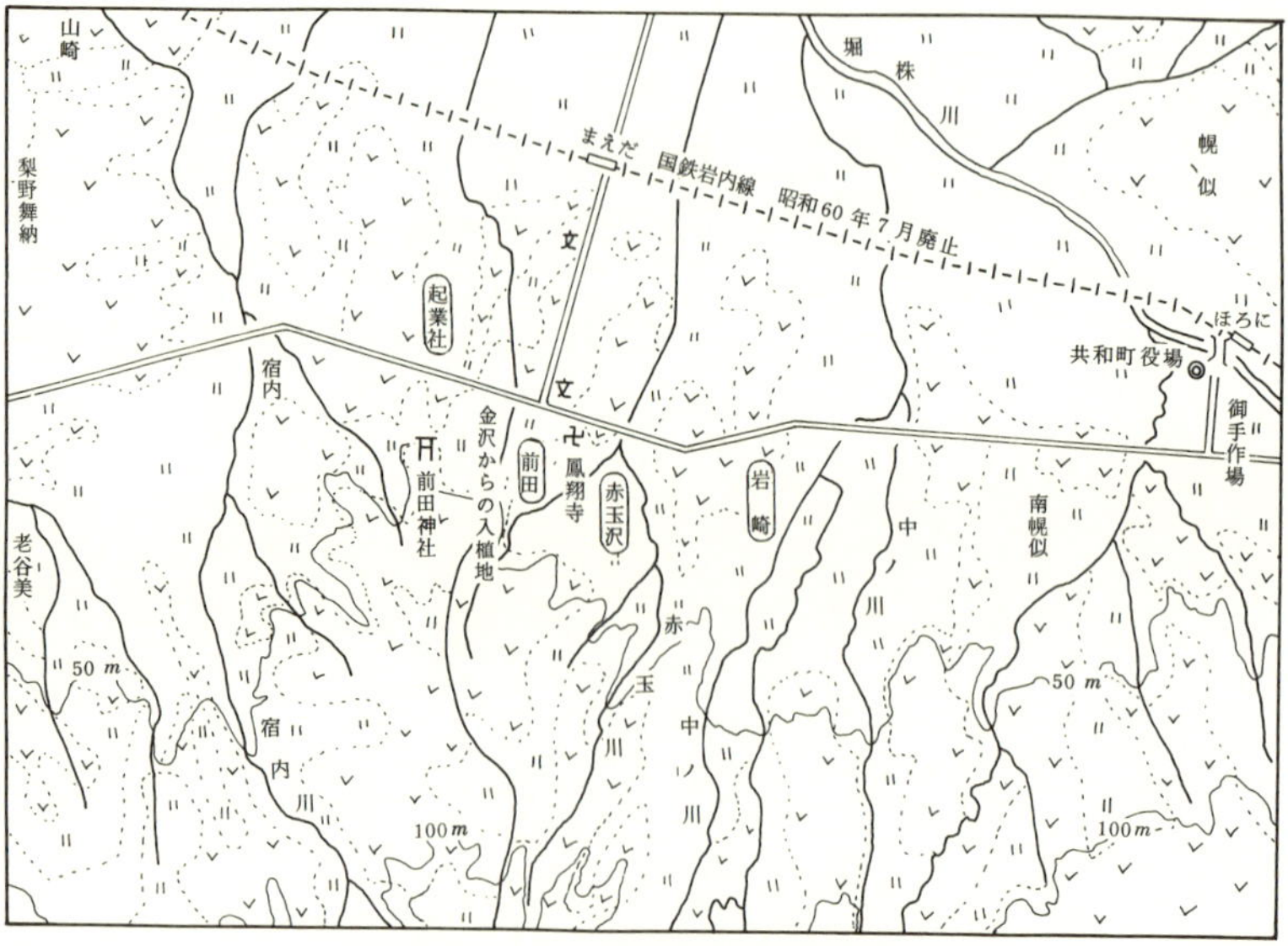

図IV-3-4　共和町玉川概要図

wakka とも言う」とあり、アイヌの語彙と交錯している。

四、会津藩士が開拓した北檜山町

北海道瀬棚郡北檜山町の丹羽《にわ》の郷(9)にも玉川がある。その由来は前人未踏の曠野を、丹羽五郎が開拓者たちの住みかに仕立てた、明治期まで遡らなければならない。時の指導者丹羽五郎が最初に鍬入れを行った場所に丹羽玉川がある。北檜山町は、丹羽のような内地からの移住者たちの手によって、粗野な大地を鍬と鋸で拓いた野面が多い。町の郷土資料館には阿波人形浄瑠璃の衣装道具や開拓当時の家屋と家財道具が展示されていて、町の歴史は開拓の歴史でもある(10)。

丹羽五郎という人物は旧会津藩士（福島県）の出身で、戊辰の役によって家禄を失ってから東京に出ている。彼は江戸の風情が残る、神田界隈の警察官であったが、子供の頃から抱いていた北海道開拓の志だけは、街中を守りながらも捨て切れなかったようである。

警察官の職を振り切る気持ちで、ついに腰をあげたのが明治二十二年七月のこと。まず開拓地選定のための行動を開始するが、立場上、街の治安も守らねばならず思案した結果、わざわざ休暇をとって道庁の永山長官の視察に同行し、旭川付近を調査している。しかし、資金不足もあって、旭川開拓は断念したが開拓の夢はさめず、翌二十三年七月再び北海道へ渡っている。この年は旭川と気候風土の異なる渡島半島の日本海側に調査地域を移し、活気のある沿岸から内陸の利別川流域に入っている。

この流域を熟知しているアイヌ人二人を先導者に、丹羽五郎は丸木舟で原野に分け入って、その支流、目名川、ポン目名川での定住が可能かどうか探索している。この調査で、彼が希望していた入植地がほぼ決定したという。そこで明治二十四年三月には長年なじんできた警察官の職を辞し、親族と知人合わせて十八人の名義で事前に入手していた利別原野百八十万坪に最初の鍬を入れている。この入植が丹羽五郎の夢が現実のものになる年である。

北海道へ渡るとともに、彼は故郷の猪苗代千里村の大関栄作に入植者募集の依頼を行っている。その結果十二戸（四十九人）の希望者を得たという。まだ雪深い明治二十五年の三月一日、岩代国の会津を出発した一行は、塩釜で一泊、荻の浜から郵船会社定期船東京丸で函館に三月四日、函館からは江差そして十九日瀬棚梅花都《せたなばいかと》に入港して利別川に分け入るが、北の大地を初めて経験する者ばかりであった。クマザサの原野を踏み分けながら、荷物を背負って重い脚を進めていくには目的地にまだまだ遠い距離であった。そこで水松《おんこ》（イチイの樹）と呼ばれる老樹の緑陰で野宿をしている。このオンコが「荷卸松」（写真40）と名付けられ、丹羽の郷はずれ国道

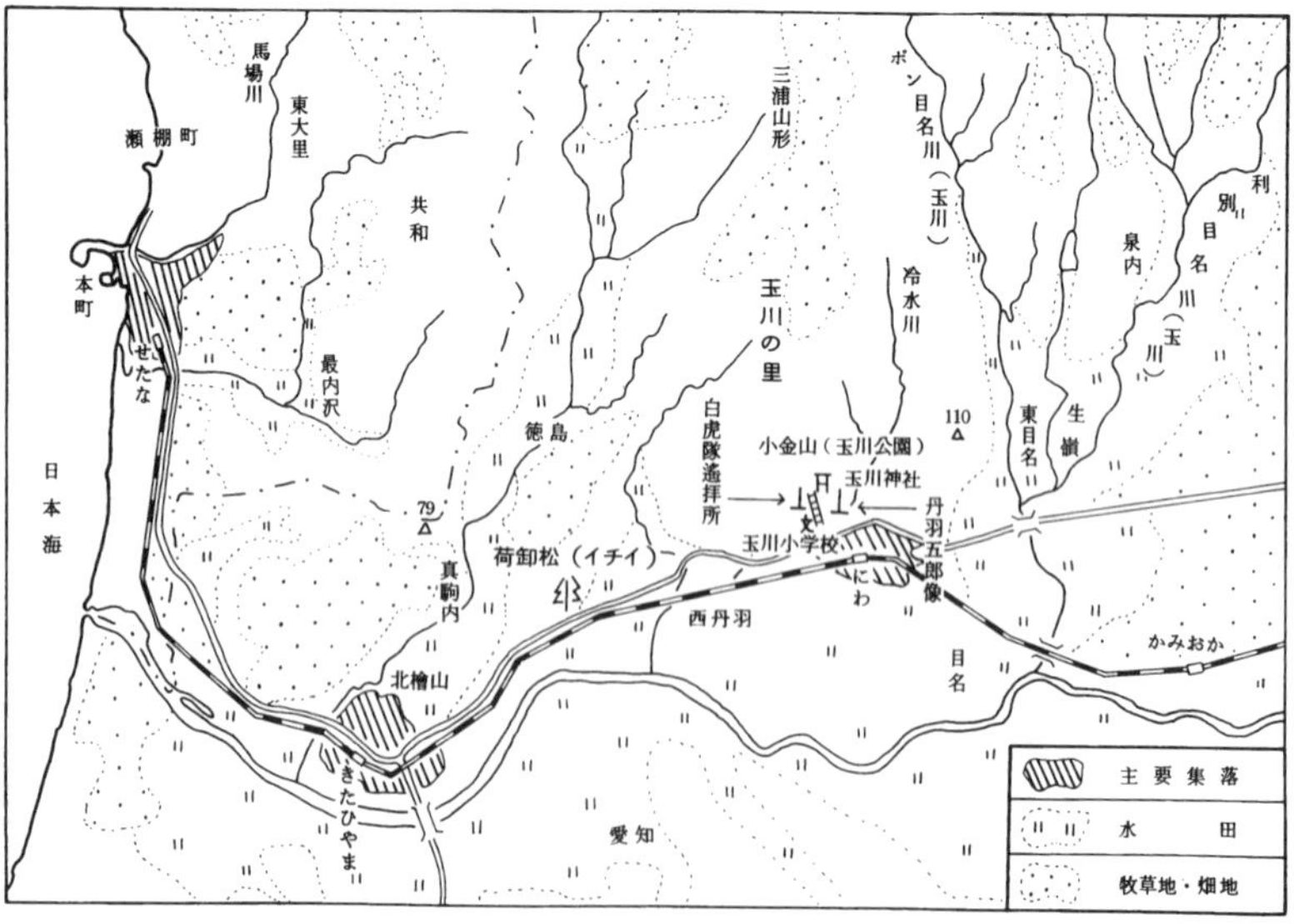

図Ⅳ-3-5　北檜山町概要図

二三〇号線沿いにたたずんでいる。「荷卸松」の石柱には「玉川里丹羽村」と記されていて、開拓当初の歴史がしのべる。[11] 丹羽は丹羽五郎の影響によって、福島県との縁が根強く、会津藩飯盛山で散った白虎隊遙拝所も玉川神社参道左隣に設けられている。

ところで、丹羽の玉川であるが、河川名では記載がなく、神社名と小学校名に確認できるのみである。玉川神社は廃線になった丹羽駅の北西小金山《おきんざん》にあり、明治二十五年岩代国の入植者たちを引率して入植するさい、青森県岩木山神社の坂上刈田麻呂、坂上田村麻呂の祭神を勧請したのが始まりという。朱塗りの社は玉川公園の高台にたたずみ、丹羽五郎の銅像とともに丹羽の郷なかを見守ってきた。二七二段の男坂とだらだら坂の女坂、白樺の古木が疎林となった境内、スイセンの花が咲きほこる公園は、開拓の歴史をかみしめる里人の小径である。

玉川地名の経緯についてであるが、丹羽五郎が著した『我が丹羽村の経営』[12]第一章「玉川里丹羽村は後志国瀬棚郡にあり……」と冒頭に記載しているように、かつては丹羽村に玉川を冠していたものと考えられる。入植者たちが内地から持ち込んだ故国名や郷名が多く残っているなか、玉川の地名が字名等で残されていないか町役場で探ってみたが確認できなかった。

そこで玉川小学校前の丹羽五郎の子孫宅を訪ねてみると「玉川の文字は大字丹羽村の村名の接頭辞として常に付されていて、地名では存在しない」という。河川の流れに付す玉川については、先の

写真40　玉川の里の「荷卸松」
（北海道北檜山町）

『我が丹羽村の経営』のなかで次のように記されている。

「めな川」は源を「メップ岳」に発し、奇岩怪石の間を縫ふて泉内に至り、緩流して利別川に注ぐ。聞説く日本に六玉川あり其水皆清冷なるを以て、此名ありと。「めな川」の清澄透明なる六玉川に譲らす、依って「めな玉川」と称し、此地を玉川の里と名つけたり、……

この「めな玉川」とは、現在のポン目名川と目名川を指している。水脈を道標に流域をたどってみると、曠野というよりも歌謡を詠む場所に仕立てられた風情があった。六玉川の故地にたとえるならば、朱が映えるナナカマドの故地の玉川といったところである。

では丹羽に玉川がいつ頃設けられたのか、記録には残されていないが、警察官であった丹羽五郎が最初にこの地を訪れた明治二十三年から、小学校名に冠される明治三十年九月までの間に設けられたことになる。丹羽五郎とともに村の創建にあたった大関栄作（初代校長）が五十六坪の校舎を新築して玉川小学校[13]（生徒四十四人）と名付けたのが始まりである。

丹羽中学校校歌の歌詞にも、玉川を取り込んでいる。

豊かに拓く　利別の　　その名も清き　玉川に
遠き昔を　しのびつつ　　共に進まん　学びやの
ああ　その名ぞ丹羽

また丹羽には近江八景を擬して、「荷卸の夜雨、長牛山の秋月、利別の帰帆、不逢の晴嵐、湯淵の夕照、めなの暮雪、ネト井の隅雁、能教寺の晩鐘」を玉川八景に仕立てて、玉川の郷を風流な故地に編んでいる。これも丹羽五郎や大関栄作たちが、内地の歌謡を取り入れた開拓当初の作為によるものである。

引用・参考文献と注

第Ⅳ章　第四節
(1)　美深町郷土研究会『ピウカ』研究集録二　昭和六〇年五月
美深町農業協同組合『びふか農協史』　昭和五十四年三月
美深町郷土研究会『ピウカ』研究集録一　昭和五十八年七月
(2)　美深町立玉川小学校廃校委員会『玉川小学校廃校記念「七六年の歩み」』昭和五十九年三月
美深町史編さん事務局『美深町史』　昭和四十六年十一月　頁五一八
(3)　共和町『共和町勢要覧』　昭和五十九年
(4)　共和町史編さん委員会『共和町史』　昭和四十七年　頁一三三
(5)　前掲（4）頁一三六～二〇〇
(6)　高室信一著『金沢・町物語　町名の由来と人と事件の四百年』　昭和五十七年十一月
(7)　前掲（4）頁二三九
(8)　赤木三兵編『アイヌ語小辞典』　昭和四十七年八月
(9)　北檜山町役場『北檜山町勢要覧』　昭和六十年十一月
(10)　北檜山町『北檜山町史』　昭和五十六年十一月　頁二七一～二七八

(11) 丹羽五郎著『我が丹羽村の経営』昭和二年
(12) 前掲(11)
(13) 前掲(10)頁五〇九～五一五

第Ⅴ章

日本の玉川の分布

（資料）

井手の玉川碑（京都府井手町）

一、玉川の河川名一覧

玉川（玉）等に関する河川名一覧

番号	河川名	主要流域地域（場所）	現在の状況 現存	現在の状況 消滅（暗渠）
	北海道			
1	玉川	中川郡美深町	○	
2	玉川	瀬棚郡せたな町丹羽（ポン目名川）	○	
3	埼玉川	利別川流域	○	
4	玉川	古宇郡泊村	○	
5	玉垣沢川	石狩川流域	○	
6	赤玉川	岩内郡共和町	○	
	青森県			
7	玉川	青森市浜田	○	
8	玉川	東津軽郡外ヶ浜町平舘野田（野田の玉川）	○	
9	玉坂川	西津軽郡深浦町	○	
	岩手県			
10	玉川	一関市藤沢町	○	
11	小玉川	九戸郡軽米町小軽米	○	
12	玉川	九戸郡野田村（野田の玉川）	○	
13	玉の脇川	久慈市	○	
	秋田県			
14	玉川	仙北市田沢湖町	○	
15	上・下玉田川	由利本荘市鳥海	○	
	山形県			
16	玉川	西置賜郡小国町	○	
17	小玉川	西置賜郡小国町	○	
18	玉川	鶴岡市羽黒町	○	
19	白玉川	酒田市八幡町	○	
	宮城県			
20	玉川	塩釜市（野田の玉川）	○	
	福島県			
21	玉川	いわき市小名浜野田（野田の玉川）	○	
22	玉造川	いわき市	○	
23	玉星川	伊達郡	○	
24	氷玉川	会津美里町本郷	○	
25	玉川	大沼郡昭和村	○	
	茨城県			
26	玉川	常陸大宮市大宮町	○	

	埼玉県			
27	玉川	ときがわ町玉川（玉壺川）	○	
	東京都			
28	多摩川	東京都下（調布の玉川）	○	
29	玉川上水	武蔵野の人工の上水	○	
30	玉川	小笠原村母島	○	
31	玉川	千代田区永田町（参議院議長公邸内）		●
32	玉川	文京区関口と目白台の境（関口芭蕉庵）		●
33	玉川	新宿区（新宿御苑内）	○	
	千葉県			
34	玉川	我孫子市布佐（布川を玉川）	○	
35	玉川	鴨川市	○	
	神奈川県			
36	玉川	厚木市	○	
37	新玉川	伊勢原市	○	
38	玉川	小田原市石橋	○	
	山梨県			
39	玉川	都留市玉川	○	
40	須玉川	北杜市須玉町	○	
41	玉川	甲斐市竜王町	○	
42	玉ノ入川	秋山川流域	○	
43	玉川	北都留郡小菅村	○	
44	丹波川	北都留郡丹波山村	○	
45	玉峡川	北杜市武川	○	
	新潟県			
46	珠川	十日町市馬場	○	
47	玉川	佐渡市玉崎	○	
48	玉川	糸魚川市（姫川）	○	
	長野県			
49	涌玉川	北佐久郡御代田町	○	
50	玉川	飯田市上久堅	○	
	静岡県			
51	玉川	三島市	○	
52	丹間川	掛川市	○	
53	荒玉川	浜松市亀玉	○	
	愛知県			
54	玉川	知立市（無量寿寺）		●
55	玉野川	春日井市玉野町	○	
	富山県			
56	玉川	高岡市伏木	○	
	福井県			
57	玉川	丹生郡越前町	○	
	滋賀県			
58	玉造川	近江八幡市（日野川）	○	
59	玉川	草津市（野路の玉川）	○	
	三重県			
60	玉川	度会郡玉城町	○	
	京都府			
61	玉川	綴喜郡井手町（井出の玉川）	○	
	奈良県			

62	玉置川	吉野郡十津川村	○	
	和歌山県			
63	玉川	伊都郡高野町（高野の玉川）	○	
64	玉川峡	伊都郡九度山町	○	
65	玉置川	東牟婁郡	○	
	大阪府			
66	玉川	大阪市福島区	○	
67	玉川	高槻市（三島の玉川）	○	
68	玉串川	柏原市から大阪市	○	
	兵庫県			
69	玉落川	佐用川の支流	○	
70	玉川	淡路市津名町（宝珠川）	○	
	鳥取県			
71	玉川	倉吉市	○	
	島根県			
72	玉造川	八束郡玉造町	○	
	岡山県			
73	玉川	高梁市玉川町（玉谷川）	○	
74	玉田川	真庭市八束	○	
	広島県			
75	玉万里川	竹原市	○	
	山口県			
76	矢玉川	下関市豊北町	○	
77	玉江川	萩市	○	
78	田万川	萩市田万川町	○	
	香川県			
79	田万川	綾川町綾上	○	
80	玉浦川	さぬき市志度町	○	
	徳島県			
81	玉笠谷	海部郡海陽町	○	
	愛媛県			
82	玉川	松山市一番町		●
83	玉川	今治市玉川町（蒼社川）	○	
84	玉川	大洲市五郎玉川	○	
85	玉谷川	伊予郡砥部町広田	○	
	福岡県			
86	玉川	福岡市南区玉川町	○	
	佐賀県			
87	玉島川	唐津市浜玉町	○	
	大分県			
88	玉来川	竹田市玉来	○	
89	真玉川	豊後高田市真玉町	○	
	鹿児島県			
90	戸玉川	奄美市住用	○	

二、玉川の地名一覧

玉川（タマ）等に関する地名の一覧

地名	所在地	備考
北海道		
玉川	中川郡美深町	
玉川	瀬棚郡せたな町丹羽	（旧北檜山町）
玉川	古宇郡泊村	
丘珠	札幌市東区	
青森県		
玉島	青森市大野	
玉川	青森市浜田	
玉水	青森市宮田	
玉作	青森市	
漆玉	上北郡東北町本町	
玉掛	三戸郡南部町	
玉水	西津軽郡つがる市柏	（旧泊村）
玉ノ沢	西津軽郡深浦町岩崎	（旧岩崎村）
玉堤	西津軽郡深浦町	
岩手県		
玉の沢	久慈市山根町	
玉山	陸前高田市竹駒町	
玉ノ木沢	奥州市江刺玉里	
玉里	奥州市江刺玉里	
玉山	盛岡市	旧村名
奥玉	一関市千厩町	
玉川	一関市藤沢町西口	
根玉	下閉伊郡岩泉町	
小玉川	九戸郡軽米町小軽米	
玉川	九戸郡洋野町	（旧種市町）
玉川	九戸郡野田村	野田の玉川
玉の脇	久慈市	
生玉	盛岡市	
秋田県		
玉ノ池	由利本庄市	
玉の池	男鹿市若美町	
玉内	鹿角市宮麓	（旧八幡平村）
玉川	仙北市田沢湖町	
玉米	由利本荘市東由利町館合	
玉田	由利本荘市鳥海町	
山形県		
小玉川	西置賜郡小国町	
玉川	西置賜郡小国町	
高玉	西置賜郡白鷹町	
玉作	鶴岡市上清水	
玉井	山形市	旧町名
玉ノ井	西村山郡朝日町	
玉庭	東置賜郡川西町	
玉川	鶴岡市羽黒町	

玉虫	東村山郡山辺町大蕨	
玉ノ木	米沢市	
玉庭	米沢市	旧地名
高楡	天童市	たかだま
高揃	天童市	たかだま
玉野	尾花沢市	
舛玉	最上郡大蔵村	
玉平	鶴岡市金峰山	
玉谷山	鶴岡市金峰山	
宮城県		
玉川	塩釜市玉川	野田の玉川
楡木	大崎市	たまのき(旧古川市)
玉の木	角田市君萱	
玉浦	岩沼市押分	
玉崎	岩沼市南長谷	
玉出清水	仙台市	旧地名
玉貫	伊具郡丸森町	
玉造	玉造郡	郡名
大玉	登米市登米町白根牛	
浅部玉山	登米市中田町浅水	
敷玉	大崎市	旧町名(旧古川市)
福島県		
玉子湯	福島市庭坂	
玉川	郡山市熱海町	
高玉	郡山市熱海町	
玉露	いわき市泉町	
玉川	いわき市小名浜野田	野田の玉川
小玉	いわき市瀬戸町	
玉沢	いわき市勿来町白米林崎	
馬玉	いわき市常磐馬玉町	
玉山	いわき市四倉町	
玉広	いわき市四倉町薬王寺	
高玉	いわき市四倉町薬王寺	
小玉	いわき市小川町西小川	
山玉	いわき市山玉町	
玉造	いわき市	
玉坂	白河市双石	
小玉	須賀川市塩田	
玉野	相馬市	
大玉	安達郡大玉村	
玉井	安達郡大玉村	
玉川	石川郡玉川村	
玉梨	大沼郡金山町	
氷玉	会津美里町本郷	
玉野	東白川郡棚倉町	
群馬県		
飯玉	高崎市飯玉町	
玉村	佐波郡玉村町	
南玉	佐波郡玉村町	なんぎょく
栃木県		
玉田	鹿沼市玉田町	
田間	小山市	

玉田	矢板市	
埼玉	那須塩原市	（旧黒磯市）
飯玉	佐野市田沼町小見	
玉東	塩谷郡塩谷町喜佐見	
玉東	塩谷郡塩谷町熊ノ木	
玉生	塩谷郡塩谷町熊ノ木	
茨城県		
玉戸	筑西市玉戸	（旧下館市）
田間	結城市	
玉田	鉾田市旭	（旧旭村）
阿玉	鉾田市大洋	（旧大洋村）
玉造	常陸太田市金砂郷町	
玉	常陸太田市金砂郷町下利貝	
玉取	つくば市大穂町	
玉川	常陸大宮市大宮町	
小玉	常陸大宮市緒川	（旧緒川村）
玉造	行方市玉造町	
玉川	行方市玉造町	旧村名
玉里	小美玉市玉里	旧村名
船玉	筑西市関城町	
大国玉	桜川市大和	（旧大和村）
玉	常総市石下町若宮戸	
玉川	那珂市瓜連町	
玉簾	日立市	
埼玉県		
埼玉	行田市	県名

玉井	熊谷市	
玉川	ときがわ町玉川	旧村名
児玉	本庄市児玉町	
玉作	神川町大里	（旧大里村）
若小玉	行田市	
田間宮	鴻巣市	旧村名
東京都		
多摩川	大田区	
玉川台	世田谷区	
玉堤	世田谷区	
玉川	世田谷区	
玉川田園調布	世田谷区	
玉川	昭島市	
豊玉	練馬区	
多磨	府中市	
玉川学園	町田市	
多摩辺	昭島市拝島町	
多摩平	日野市	
多摩湖	東村山市	
多摩	多摩市	
玉川向	あきる野市草花	
大丹波	西多摩郡奥多摩町	
小丹波	西多摩郡奥多摩町	
玉川附	羽村市羽	
玉ノ内	西多摩郡日の出町大久野	
玉川	小笠原村母島	

千葉県		
水玉	館山市	
玉造	香取市	
玉造	成田市	
田間	東金市	
仁玉	旭市	
玉前	市原市	
蔵玉	君津市	
玉川	鴨川市	
矢玉	いすみ市大原町若山	
阿玉川	香取市小見川町	
阿玉台	香取市小見川町	
編玉	香取市小見川町	
玉造	香取郡多古町	
小玉	香取郡多古町南玉造	
玉野	袖ケ浦市	（旧袖ヶ浦町）
白玉	山武市山武町	
玉浦	旭市飯岡町	
神奈川県		
多摩	川崎市多摩区	
玉川向	川崎市中原区下沼部	
玉川淵	川崎市中原区上平間	
玉縄	鎌倉市	
新玉	小田原市浜町	旧町名
玉川	小田原市石橋	
才玉	秦野市名古木	西玉
玉川	厚木市七沢	
山梨県		
国玉	甲府市国玉町	
玉宮	甲州市	旧村名
玉井	甲州市竹森	（旧塩山市）
玉川	都留市	
須玉	北杜市須玉町	
多麻	北杜市須玉町	
丹波	北都留郡丹波山村	
玉川	甲斐市竜王町	
玉穂	中央市玉穂	（旧玉穂村）
三珠	市川三郷町三珠	
新潟県		
珠川	十日町市馬場	
玉崎	佐渡市	（旧両津市）
赤玉	佐渡市	（旧両津市）
玉郷立	岩船郡関川村上関	
見玉	中魚沼郡津南町秋成	
玉の木	糸魚川市青梅町市振	
富山県		
玉川	高岡市伏木	
玉免ヶ丘	高岡市野村	
大玉生	富山市八尾町	
土玉生	富山市八尾町	
岐阜県		
玉姓	岐阜市玉姓町	

玉姫	岐阜市玉姫町	
玉川	岐阜市鷺山玉川町	
玉森	岐阜市玉森町	
玉宮	岐阜市玉宮町	
玉井	岐阜市	旧町名
玉井	加茂郡八百津町	
玉	不破郡関ヶ原町	
玉姫	飛騨市神岡町釜崎	
玉川	飛騨市神岡町船津	
長野県		
玉川	茅野市	
蚕玉	松本市蚕玉町	
お玉ヶ池	松本市	
尾玉	諏訪市	
玉の井	東御市北御牧	（旧北御牧村）
児玉	北佐久郡御代田町	
涌玉	北佐久郡御代田町塩町	
小玉	飯綱町牟礼	
小玉	上田市真田町本原	
玉根	東築摩郡筑北村坂井	（旧坂井村）
登玉	木曽郡上松町	
静岡県		
有玉	浜松市	
玉江	沼津市	
玉川	三島市	
赤玉	三島市	あこお

玉沢	三島市	
玉川	静岡市	旧村名
玉越	磐田市	
玉穂	御殿場市中畑	旧村名
丹間	掛川市	
相玉	下田市	
玉川	駿東郡清水町	
鎮玉	浜松市引佐町	旧村名
麁玉	浜松市宮口	旧村名
玉取	藤枝市岡部町	
前玉	牧之原市榛原町	
愛知県		
児玉	名古屋市西区	
玉水	名古屋市瑞穂区	
玉ノ井	名古屋市熱田区	
玉川	名古屋市中川区	
玉船	名古屋市中川区	
玉川	豊橋市石巻本町	旧村名
玉川	春日井市玉野町	
玉野	春日井市	
小玉	豊田市岩滝町	
玉野	一宮市尾西	（旧尾西市）
玉ノ井	一宮市木曽川町	
玉野	豊田市足助町	
玉袋	豊川市御津町下佐脇	
石川県		

玉川	金沢市	
玉鉾	金沢市	
玉井	金沢市	旧町名
小玉	金沢市小玉小路	
玉才	加賀市	旧郷名
福井県		
玉川	福井市	
玉井	福井市	旧町名
生玉	小浜市	
玉前	小浜市	
玉置	若狭町上中	(旧上中町)
玉木	あわら市	(旧芦原町)
玉井	坂井市三国町	
玉ノ江	坂井市三国町	
玉川	丹生郡越前町	
滋賀県		
玉屋	近江八幡市	
玉木	近江八幡市	
玉屋	大津市	旧町名
白玉	大津市	旧町名
玉緒	八日市市大森町	旧村名
玉津	守山市赤野井町	旧村名
玉屋	蒲生郡日野町大窪	
三重県		
玉置	津市	
玉泉	松阪市茅原町	

玉垣	鈴鹿市	
小玉	伊賀市	旧町名(旧上野市)
玉滝	伊賀市阿山町	旧村名
玉川	度会郡玉城町	
玉城	度会郡玉城町	
田間	度会郡度会町	
京都府		
玉頭	京都市右京区	
玉津	京都市右京区	
玉屋	京都市上京区	
玉岡	京都市左京区	
玉津島	京都市下京区	
玉屋	京都市下京区	
玉本	京都市下京区	
玉水	京都市下京区	
玉蔵	京都市中京区	
玉植	京都市中京区	
玉水	京都市東山区	
泉玉	京都市東山区山科	
玉ノ井	南丹市八木町	
玉水	綴喜郡井手町	井出の玉川
奈良県		
玉手	御所市	
玉足	宇陀市榛原町萩原	
玉垣内	吉野郡十津川村	
玉置川	吉野郡十津川村	

和歌山県		
玉藻	和歌山市	
玉川通	伊都郡高野町	高野の玉川
玉伝	白浜町日置川	
玉置口	新宮市熊野川町	
玉出島	和歌山市	玉津島
玉川峡	伊都郡九度山町	
玉ノ浦	東牟婁郡那智勝浦町	
玉名	田辺市竜神	(旧竜神村)
大阪府		
玉江	大阪市北区	
玉造	大阪市天王寺区玉造本町	
玉水	大阪市天王寺区	
玉出	大阪市西成区玉出本通	
玉造	大阪市東区	
玉堀	大阪市東区	
玉津	大阪市東成区	
玉川	大阪市福島区	
玉屋	大阪市南区	
玉川	東大阪市岩田町	旧村名
美玉	東大阪市瓜生堂	
玉串	東大阪市	
玉井	豊中市	
玉瀬	茨木市	
玉川	高槻市	三島の玉川（梼衣の玉川）

玉水	茨木市	
玉櫛	茨木市	
玉手	柏原市	
兵庫県		
玉津	神戸市垂水区	
国玉通	神戸市灘区	
玉地	姫路市飾磨区	
玉手	姫路市	
玉屋	姫路市	
玉川	尼崎市水堂	
玉田	伊丹市中野	
玉瀬	宝塚市	
玉野	加西市	
玉丘	加西市	
玉置	朝来市和田山町	
玉田	姫路市夢前町	
玉巻	丹波市山南町	
玉見	養父市養父町	
鳥取県		
玉津	鳥取市	
玉鉾	鳥取市国府町	
白玉	八頭郡智頭町	
玉川	倉吉市	
島根県		
玉江	江津市郷田	
玉山	安来市伯太町上小竹	

玉湯	松江市玉湯町	
玉造	松江市玉湯町	
玉江浦	松江市美保関町	
岡山県		
玉柏	岡山市	
玉江	岡山市	旧町名
玉水	岡山市妹尾	
玉島	倉敷市	
玉野	玉野市	
奥玉	玉野市	
玉	玉野市	
玉原	玉野市	
玉川	高梁市	
玉	高梁市	
多麻	備前市吉永町	
玉津	瀬戸内市邑久町尻海	旧地名
玉川	高梁市備中町平川	旧村名
玉井	岡山市瀬戸町	旧村名
広島県		
田万里	竹原市	
玉浦	尾道市	旧地名
玉津島	福山市鞆町	
柞磨	福山市芦品町	
三玉	三次市吉舎町	
山口県		
玉江	萩市山田	

速玉	徳山市	
児玉	徳山市	
田万川	萩市田万川町	
湯玉	下関市豊浦町宇賀	
矢玉	下関市豊北町	
神玉	下関市豊北町	
玉島	萩市須佐町	
長府珠の浦	下関市	
香川県		
玉藻	高松市	
田万	綾歌郡綾川町枌所	（旧綾上町）
玉の井	丸亀市綾歌町	
玉島	さぬき市津田町	
玉井	丸亀市飯山町	旧村名
久万玉	丸亀市綾歌町	旧村名
玉の浦	さぬき市志度町	
徳島県		
玉笠	海部郡海陽町	（旧海南町）
玉取	吉野川市鴨島町上浦	
高知県		
玉水	高知市	
玉島	高知市横浜	
玉造	安芸市土居	
愛媛県		
玉谷	松山市	
新玉	松山市千舟町	旧町名

玉川	松山市一番町	旧町名
新玉通	西条市大町	
玉津	西条市	
新玉	松山市北条辻	（旧北条市）
新玉	松山市北条別府	（旧北条市）
玉谷	伊予郡砥部町広田	（旧広田村）
玉川	今治市玉川町	
玉之江	西条市	（旧東予市）
中玉	南宇和郡愛南町	（旧城辺町）
玉津	宇和島市	（旧吉田町）
玉垣	伊予郡松前町西古泉	
五郎玉川	大洲市	
福岡県		
玉川	福岡市南区	
玉川	大牟田市櫟野	
緒玉	八女市	
玉来	朝倉郡東峰村鼓	（旧小石原村）
玉満	久留米市三潴町	
玉屋	田川郡添田町英彦山	
玉虫	朝倉郡筑前町曽根田	（旧夜須町）
佐賀県		
浜玉	唐津市浜玉町	
玉島	唐津市浜玉町南山玉島	
長崎県		
玉園	長崎市	
玉江	長崎市	
玉浪	長崎市	旧町名
玉之浦	五島市	（旧福江市）
田間	壱岐市	（旧勝本町）
豊玉	対馬市豊玉町	
玉調	対馬市豊玉町	たまつき
玉崎	壱岐市郷ノ浦町	
玉之浦	五島市玉之浦町	
熊本県		
玉名	玉名市	郡名
久玉	天草市牛深	（旧牛深市）
玉目	阿蘇郡山都町蘇陽	（旧蘇陽町）
玉虫	上益城郡御船町滝尾	
玉東	玉名郡玉東町	
玉水	玉名市天水町部田見	旧村名
垂玉	阿蘇郡南阿蘇村河陽	（旧長陽村）
玉来	阿蘇郡高森町	
玉来	上益城郡御船町田代	
大分県		
玉沢	大分市	
玉川	日田市十二町	
玉来	竹田市	
御玉	豊後高田市	
玉津	豊後高田市	
玉井	豊後高田市	
タマラカキ	豊後高田市蕗	
玉来	臼杵市獄谷	

柚玉来	日田市小野	
玉来	日田市小野	
玉洗	日田市小山	
玉洗	日田市堂尾	
玉洗	日田市鶴河内	
玉田	豊後大野市三重町	
玉来	宇佐市院内町田所	
玉来	豊後大野市犬飼町高津原	
欠玉来	豊後大野市大野町酒井寺	
玉洗	日田市上津江川原	（旧上津江村）
三玉	豊後大野市清川	（旧清川村）
玉井	大分市佐賀関町白木	
真玉	豊後高田市真玉町	
玉ノ木	日田市天瀬町	
宮崎県		
玉利	都城市大岩田	
鹿児島県		
玉利	鹿児島市下福元町	
玉里	鹿児島市	
玉虫野	南さつま市内山田	（旧加世田市）
玉利	指宿市	
玉利	霧島市溝辺町麓	
玉井	指宿市開聞町十町	
玉城	大島郡和泊町	
玉林	南さつま市笠沙町	
沖縄県		
玉城	南城市玉城	たまぐすく（旧玉城村）
玉城	南城市玉城	たましろ（旧玉城村）
真玉橋	豊見城市豊見城	まだんばし
玉上	北谷町	
玉城	今帰仁村	
玉取	石垣市玉取崎	

三、玉川に関する分布図

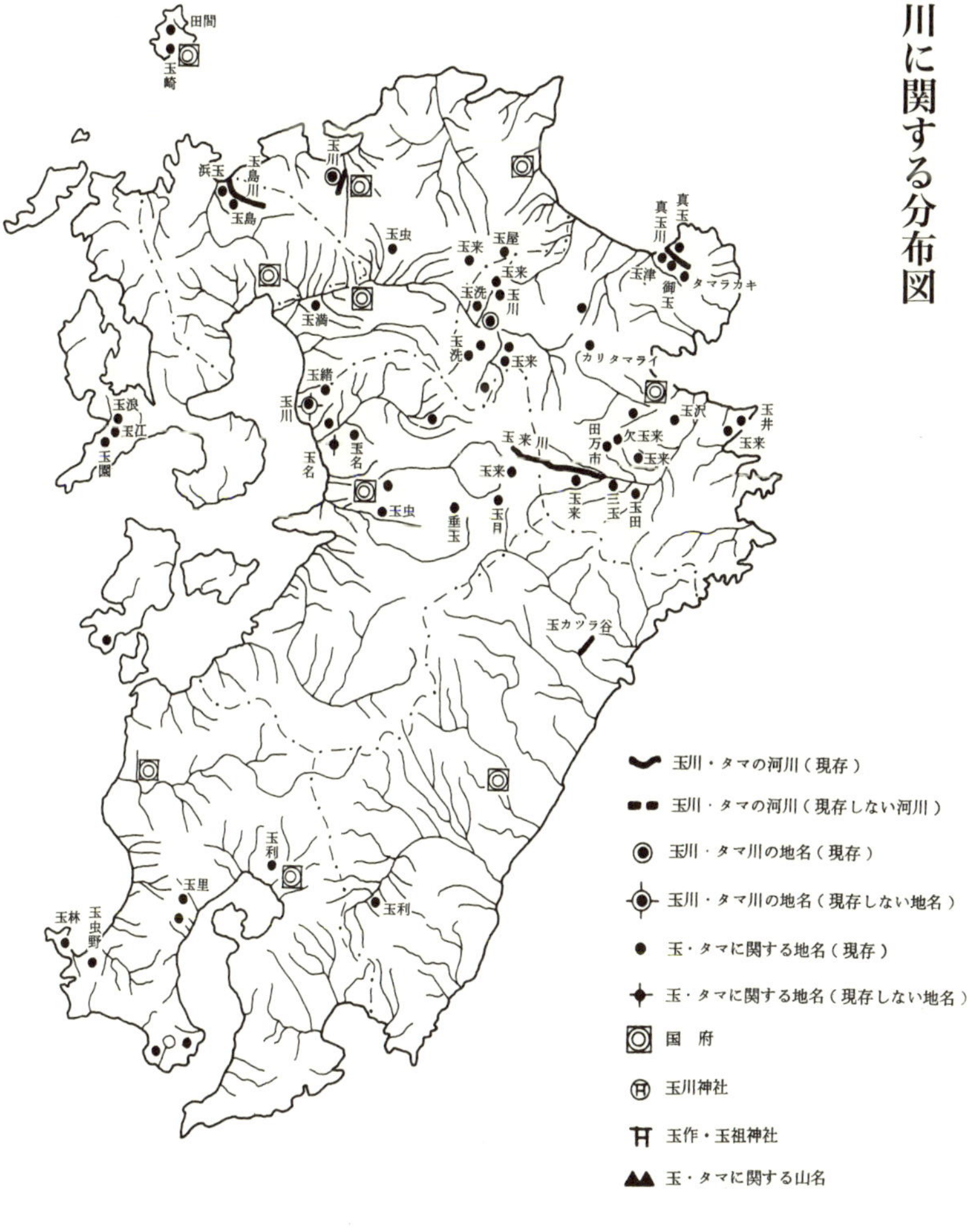

図V -3-1　九州地方の玉川

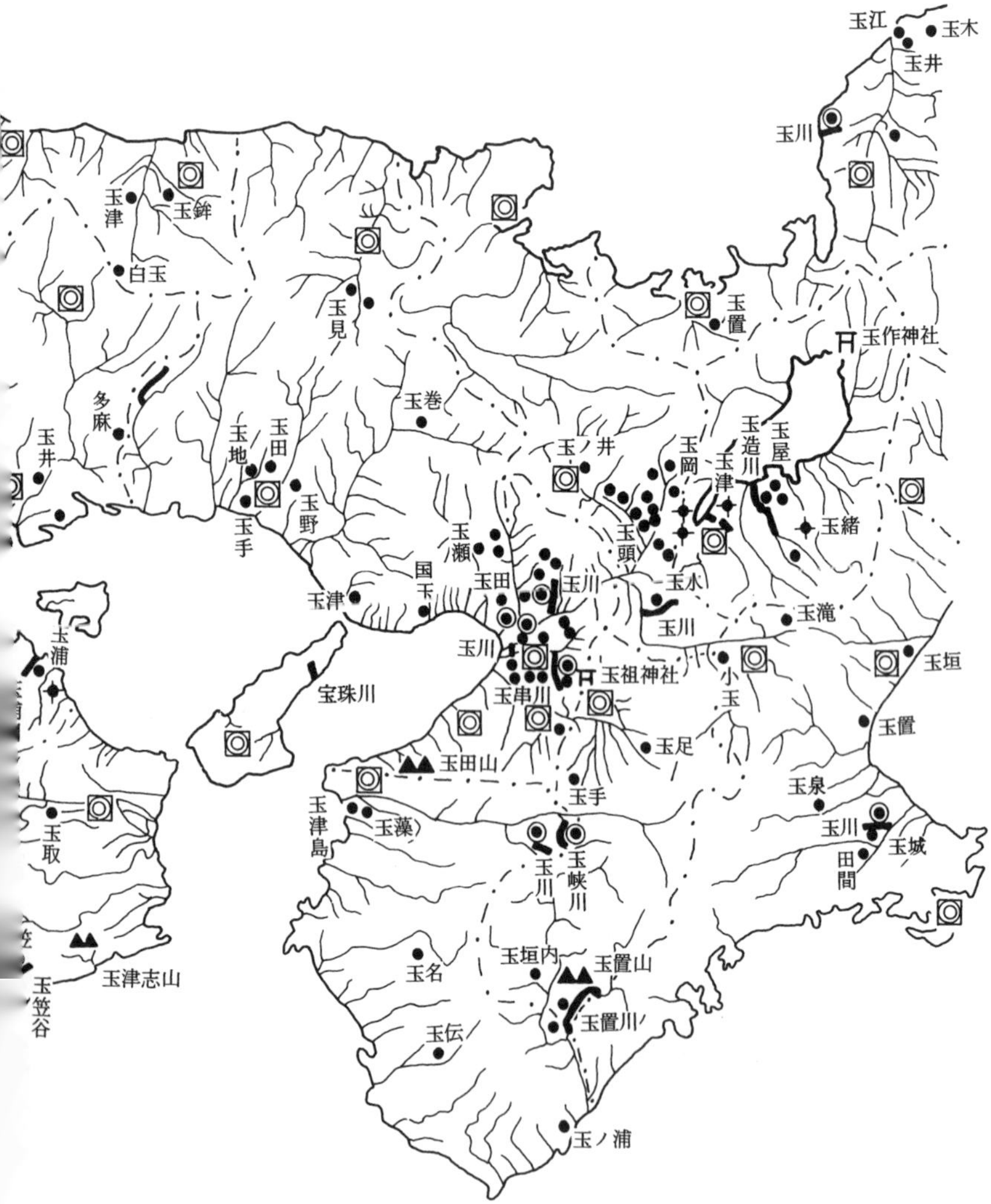

図 V -3-2　中国・四国・近畿地方の玉川

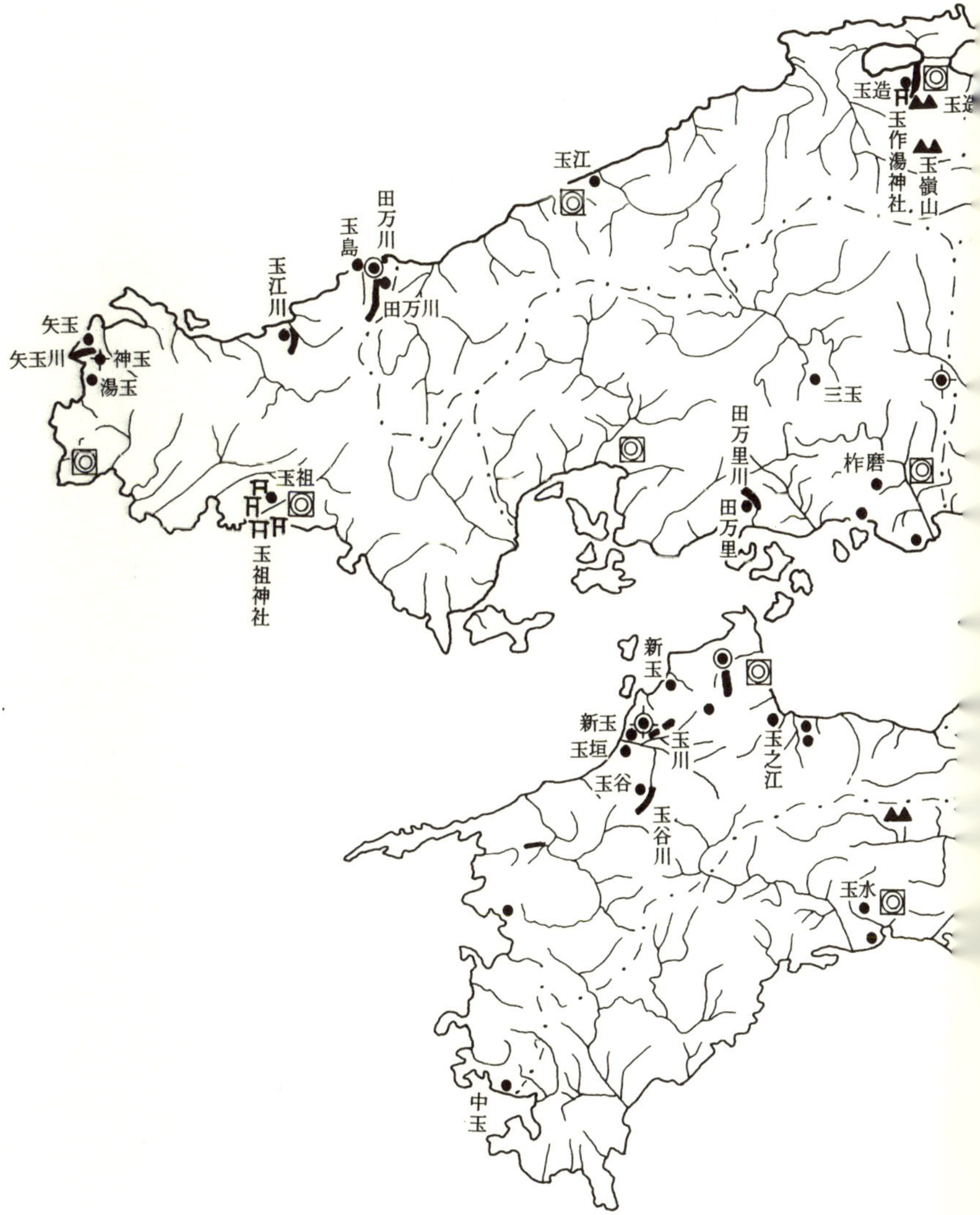
玉造
玉作湯神社
玉嶺山
玉江
田万川
玉島
玉江川
田万川
矢玉
矢玉川
神玉
湯玉
玉祖
玉祖神社
三玉
田万里川
田万里
柞磨
新玉
新玉
玉垣
玉川
玉之江
玉谷
玉谷川
玉水
中玉

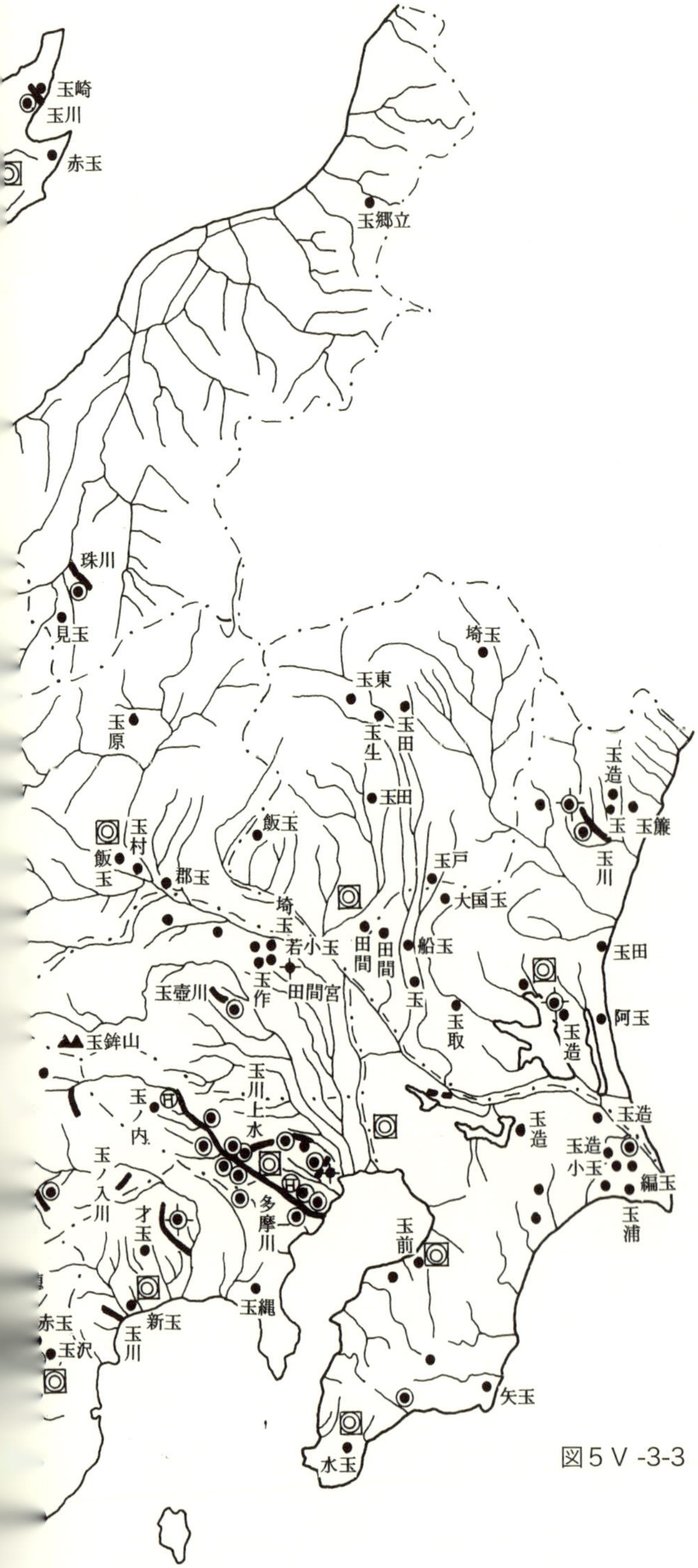

図5Ⅴ-3-3　中部地方の玉川

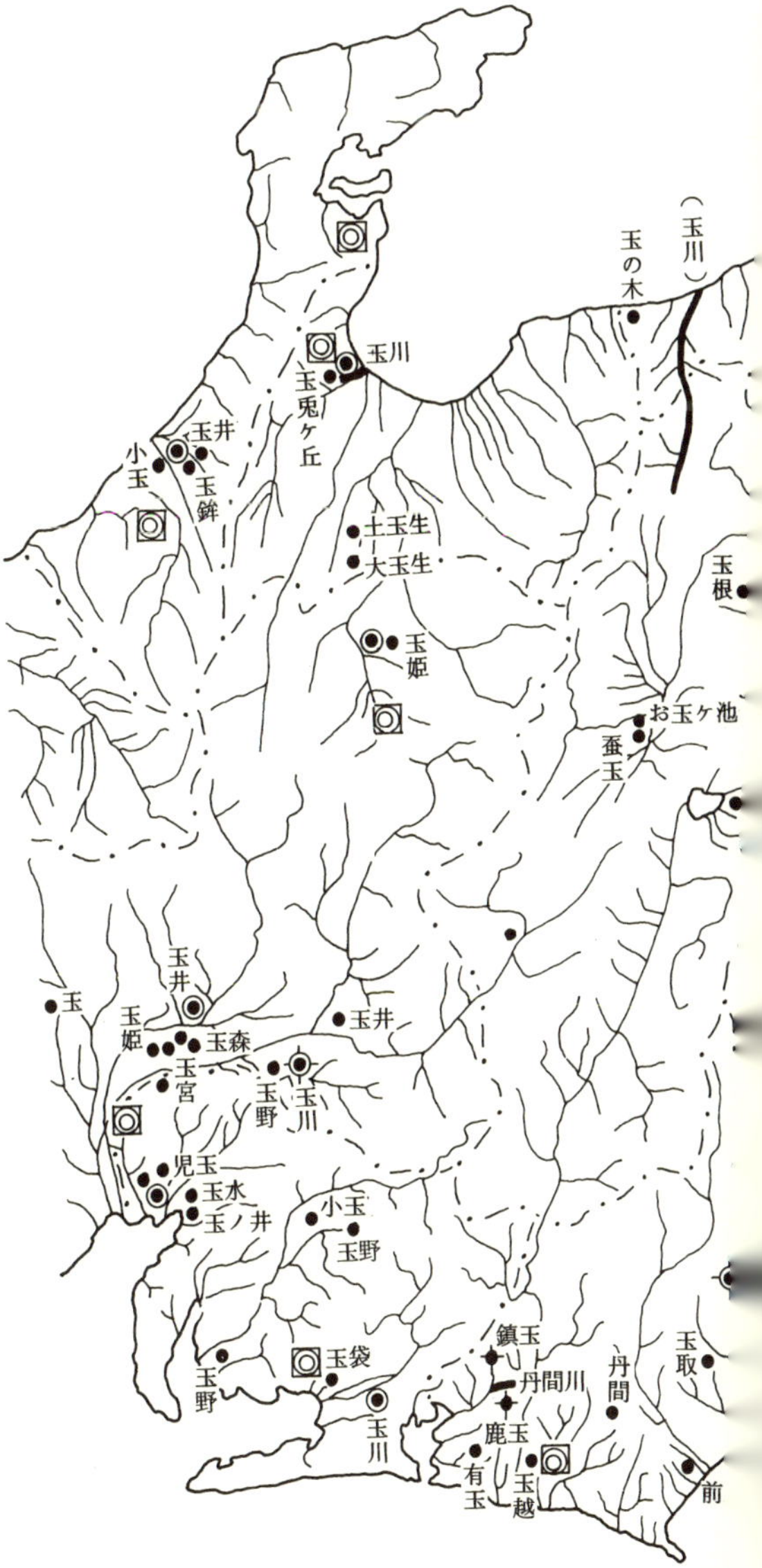
（玉川）
玉の木
玉川
玉兎ヶ丘
玉井
小玉
玉鉾
土玉生
大玉生
玉根
玉姫
お玉ヶ池
蚕玉
玉井
玉
玉姫
玉森
玉井
玉宮
玉野
玉川
児玉
玉水
玉ノ井
小玉
玉野
鎮玉
丹間川
丹間
玉取
玉袋
玉野
玉川
鹿玉
有玉
玉越
前

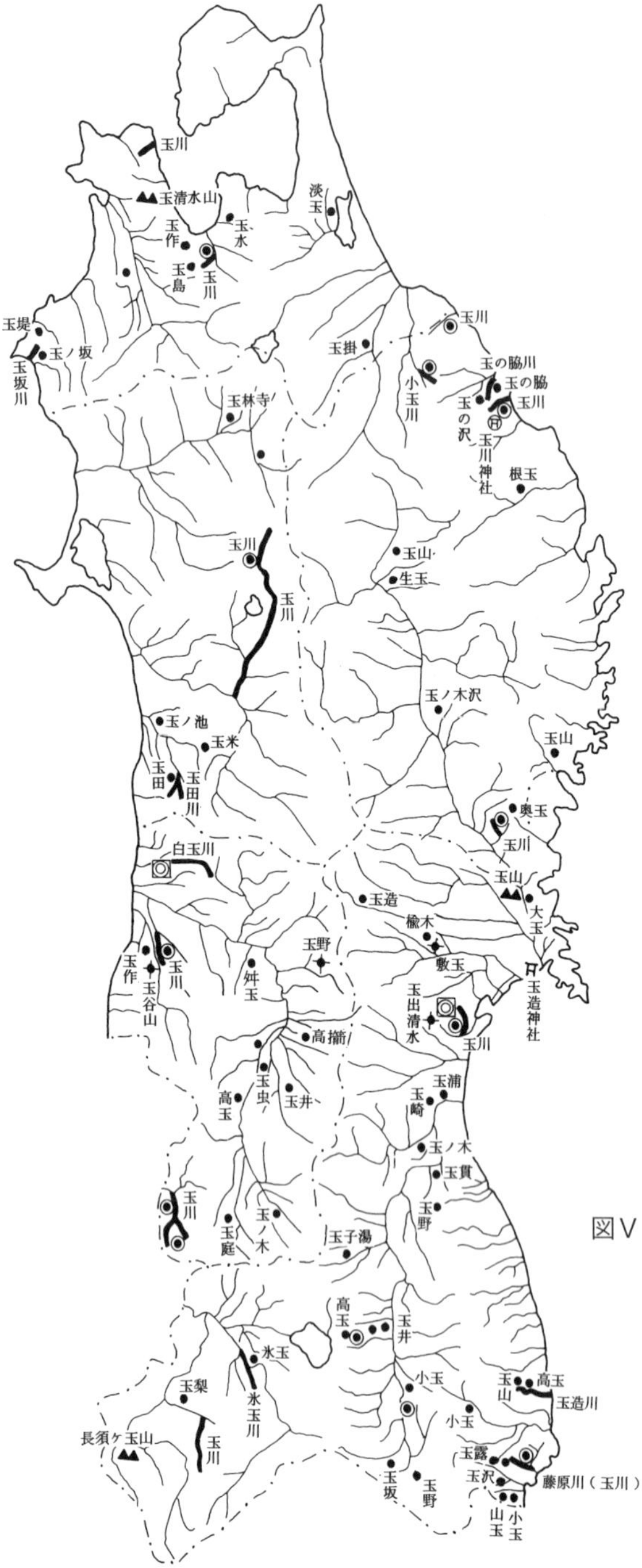

図Ｖ -3-4　東北地方の玉川

図V -3-5　北海道地方の玉川

あとがき

玉には、宝石類、ひとしずく、客商売の女の称、事物に冠して貴重で美しいといった内容、更には尊称と荘重、それに神秘性の意味までひそんでいる。『万葉集』においては玉川、新玉などの歌枕から、玉垂、玉衣などの修飾句、貴重な宝石、それに霊、魂にも玉をちりばめて歌の固めにしている。『万葉集』のまろやかさは「玉」をちりばめ添えることで一層引き立たせている。

山紫水明の国土にあって、玉川の水音はけっして素性の違う水ではない。自然の摂理に従って野面を流れ、大地と人びとが組成する土地柄をうみ、隣郷に誇るに足る名水になりうることを里人は熟知していた。一条の流れは山肌を侵食した土砂を伴いながら、角礫を研磨し、谷口下の河床に丸い良質の砂利を堆積させる。この砂利が河水の浄化をはかる玉であり、美しい川面を創作する玉川になる。

また、研磨された玉礫が河原を覆う玉川は、古人たちが珍重した玉石を産出する場所でもあった。更には先人たちが歌を詠み、風流の場に仕立て、用途の広い水銀や茶道（煎茶式作庭）にも玉を容れて流伝している。

こうした古人の使用例が、現代の玉川にどのようにいきづいているのか、玉と深くかかわる河川、地名、名水の故郷を訪ね調査を重ね編んだのが本書である。

古歌で詠まれた「六玉川」と各地の玉川はおよそ九〇箇所の流れが確認できた。近代以降になって、河川名の変更によって消滅した玉川とか、合成された河川名などを含めると、その流れは更に増加する。玉の地名にいたっては、全国に約五〇〇箇所も分布している。本書に記載した玉川の分布からは、単に玉川や玉の借用にとどまらず、先人たちの歴史や文化風土が土地に広く深く編みなされているように思える。玉川は奥が深い。

本書は、とうきゅう環境浄化財団の研究助成（昭和五十九年四月から昭和六十二年四月）によって報告した「武蔵玉川における生活環境に関する地誌学的研究」を骨子とし、その後の「奥州野田玉川の流域設定」「中国ホータンの玉河と玉の伝播」「丹生の系譜と丹生地名」「「茶道における玉川庭」「城下町の玉川」等の調査によって編んだものである。北は北海道から南は沖縄県まで、玉川をてがかりに、先人から受け継がれ、語られてきた玉川の語源とその流域の生活姿勢を知り、日本人のなかに息づいている歴史と文化を身近に感じた一方、驚かされもした。最後になりましたが、調査に協力いただいた方々に、心からお礼を申し上げます。

平成二十六年七月七日

玉井　建三

索　引

※玉川は河川名、寺社名、町村名、茶庭造園名、その他が含まれる。
※括弧「　　」は古書名、古地図名

ち

つ

て

と

な

に

ね

む

め

や

よ

り

れ

ろ

わ

著者略歴

玉井　建三（たまい けんぞう）

昭和21年（1946）生まれ

昭和49年駒澤大学大学院人文科学研究科地理学専攻博士課程 単位取得退学

駒澤大学応用地理研究所、亜細亜大学教養部、駒澤大学文学部、聖カタリナ女子大学を経て、現在 聖カタリナ大学教授 副学長

専門は文化地理学、地域文化論

［主な著書］

『江戸東京のなかの伊予』（第19回 愛媛出版文化賞受賞）

『日本の文化環境』

『中国の自然と社会』（共著）

『歴史細見 東京江戸案内』（分担執筆）

『歴史細見 東京江戸 今と昔』（分担執筆）など

聖カタリナ大学・聖カタリナ大学短期大学部研究叢書2

玉川の文化史 −六玉川の古歌と風土−

2015年3月25日　第1刷発行　　定価＊本体1600円＋税

著　者　玉井　建三

企　画　聖カタリナ大学・聖カタリナ大学短期大学部

〒799-2496 愛媛県松山市北条660番地

TEL.089-993-0702（代）

http://www.catherine.ac.jp

発行者　大早　友章

発行所　創風社出版

〒791-8068 愛媛県松山市みどりヶ丘9－8

TEL.089-953-3153　FAX.089-953-3103

振替 01630-7-14660　http://www.soufusha.jp/

印　刷　岡田印刷株式会社

ISBN 978-4-86037-219-4　　Printed in Japan